Die Singuläre Waffe

Constanze Eisenbart (Hrsg.)

Die Singuläre Waffe

Was bleibt vom Atomzeitalter?

Springer VS

Herausgeberin
Constanze Eisenbart
Forschungsstätte der Evangelischen
Studiengemeinschaft e.V.,
Heidelberg, Deutschland

Gefördert durch die Deutsche Stiftung Friedensforschung (DSF)

DSF Deutsche Stiftung Friedensforschung
german foundation for peace research

ISBN 978-3-531-18729-7 ISBN 978-3-531-18730-3 (eBook)
DOI 10.1007/978-3-531-18730-3

Die Deutsche Nationalbibliothek verzeichnet diese Publikation in der Deutschen Nationalbibliografie; detaillierte bibliografische Daten sind im Internet über http://dnb.d-nb.de abrufbar.

Springer VS

Einbandabbildung: MON – Fotolia
Einbandentwurf: KünkelLopka GmbH, Heidelberg

Gedruckt auf säurefreiem und chlorfrei gebleichtem Papier

Springer VS ist eine Marke von Springer DE.
Springer DE ist Teil der Fachverlagsgruppe Springer Science+Business Media
www.springer-vs.de

Inhaltsverzeichnis

Constanze Eisenbart

Einleitung

Am 9. Juli 1955 veröffentlichten elf weltbekannte Wissenschaftler, an ihrer Spitze der Mathematiker und Philosoph Bertrand Russell und der Physiker Albert Einstein, einen gemeinsamen Aufruf, in dem sie vor der unermesslichen Gefahr eines großen Krieges im Ost-West-Konflikt warnten. Ein Weltkrieg im Atomzeitalter würde nach ihrer Einschätzung nicht nur schreckliche Verwüstungen anrichten, er könnte durch großflächige Verteilung von Radioaktivität sogar das menschliche Leben auf Erden ganz auslöschen. Seit der Erfindung der Atomspaltung, die nicht mehr rückgängig zu machen sei, berge jede kriegerische Auseinandersetzung das Risiko in sich, außer Kontrolle zu geraten und im Weltuntergang zu enden. „Deshalb stehen wir alle vor einem harten, erschreckenden, unausweichlichen Dilemma: Werden wir die Menschenrasse ausrotten – oder wird die Menschheit dem Krieg abschwören?“[1]

In dieser schonungslos zugespitzten Frage gipfelt das berühmte „Russell-Einstein-Manifest“, das die Möglichkeit eines unbeherrschbaren Atomkrieges als bis dahin unvorstellbare Bedrohung der Menschheit identifizierte und den Anstoß gab zur Gründung der internationalen Pugwash-Bewegung. Die „Pugwash Conferences on Science and World Affairs“ haben sich in dieser Tradition seit mehr als einem halben Jahrhundert für die atomare Rüstungskontrolle und Abrüstung eingesetzt (1995 erhielt die Organisation zusammen mit ihrem Mitgründer Joseph Rotblat den Friedensnobelpreis), ohne allerdings dem Ziel der Abschaffung aller Atomwaffen nahe zu kommen. Fast in Vergessenheit geraten ist dabei die radikale Schlussfolgerung des Manifests: dass nukleare Rüstungskontrolle und Abrüstung „nur ein erster Schritt“ sein könnte auf dem Weg zur notwendigen Abschaffung des Krieges überhaupt.[2]

Indessen ist der Grundgedanke, dass es sich bei der Atomwaffe um eine einzigartige, singuläre Gefährdung der Menschheit handle, der mit einer einzig-

[1] http://www.pugwash.org/about/manifesto.htm (05.06.2011); vgl. den Beitrag von Constanze Eisenbart.

[2] Gemeint ist „das Ende des Krieges von Staat zu Staat“ – also die Abschaffung der Institution des Krieges zwischen souveränen Territorialstaaten, nicht das Ende gewaltsam ausgetragener Konflikte, so z. B. Carl Friedrich von Weizsäcker, „Mit der Bombe leben“, in ders., Der bedrohte Friede, München 1981, S. 62.

artigen, singulären Willensanstrengung zu begegnen wäre, immer wieder zum Ausgangspunkt von Abrüstungsinitiativen genommen worden. 1988 forderte Rajiv Gandhi, der indische Premierminister, die Vereinten Nationen auf, endlich „den Wahnsinn zu beenden", weil ein Atomkrieg „viertausend Millionen töten und damit das menschliche Leben, wie wir es kennen, auf unserem Planeten beenden könnte". Und wieder zwei Jahrzehnte später erhoben vier einflussreiche amerikanische Politiker, die ehemaligen US-Außenminister George Shultz und Henry Kissinger, der frühere Verteidigungsminister William Perry sowie der ehemalige Senator Sam Nunn, unter Anknüpfung an die früheren Initiativen und abermals mit der Begründung, dass die Menschheit mit der Atombombe auf die Dauer nicht leben könne, erneut die Forderung nach einer atomwaffenfreien Welt.[3] Zahlreiche Staatsmänner aus allen Erdteilen, unter ihnen der Präsident der USA, haben sich seitdem diesem Appell angeschlossen.

Der Gedanke, dass die Atombombe in einzigartiger Weise die Konfliktfähigkeit der Menschen überfordere, hat den Anstoß zu unserem Buch gegeben. Seine Schlussredaktion fällt – zufällig – in eine Zeit, in der das einflussreichste deutsche Nachrichtenmagazin auf seinem Titelblatt verkündigte: „Fukushima, 12. März 2011 – Das Ende des Atomzeitalters".[4] Tatsächlich scheint in Deutschland, mehr als in anderen Ländern, die Meinung verbreitet zu sein, dass mit dem „Ausstieg" aus der friedlichen Kernenergienutzung, der hier nach dem japanischen Super-GAU eiliger als anderswo beschlossen wurde, auch schon der Ausgang aus dem Atomzeitalter gefunden sei.

Demgegenüber vertreten wir in diesem Buch die Auffassung, dass das „Atomzeitalter" nicht beendet und sein Ende keineswegs beschlossene Sache ist, solange es Atomwaffen auf der Welt gibt. Die Möglichkeit des Atomkrieges besteht immer noch, und sie zu leugnen wäre grober Leichtsinn. So furchtbar die Folgen eines großen Reaktorunfalls sind, sei er auch so schwer wie 1986 in Tschernobyl und 2011 in Fukushima – mit dem Armageddon eines Kernwaffenkrieges sind sie nicht zu vergleichen. Unser Anliegen ist es, die Dimensionen der Gefährdung deutlich zu machen und den Blick auf die zentrale Herausforderung des Atomzeitalters zu richten.

Wenn wir uns hier auf Nuklearwaffen konzentrieren und nach deren „Singularität" fragen, benutzen wir das Wort im umgangssprachlichen Sinn. Wir meinen weder die klar definierte Singularität der Mathematik noch die strenge „Einmaligkeit" aller in der Zeit erscheinenden Phänomene des philosophischen

---

[3] George P. Shultz/William J. Perry/Henry A. Kissinger/Sam Nunn: „A World Free of Nuclear Weapons", in: The Wall Street Journal, 4. Januar 2007.

[4] Der Spiegel, Nr. 11, 14. März 2011.

Exkurses.[5] „Singulär" meint in unserem Kontext das historisch Beispiellose, Unverwechselbare, Analogielose.

In der Ernsthaftigkeit, mit der wir die so verstandene Singularität der Atomwaffe begründen und kritisch reflektieren wollen, liegt der verbindende Anspruch unseres Buches – und zugleich die einzige Gemeinsamkeit. Selbst in der grundsätzlichen Ablehnung der Atomwaffen finden sich Nuancen und eine „dissenting opinion". Die Autoren des vorliegenden Bandes sind in wichtigen Aspekten ihres Themas ganz unterschiedlicher Meinung, die keineswegs verborgen bleiben soll. Über den Sinn und Widersinn der Atomrüstung und der nuklearen Abschreckung, über Möglichkeiten und Notwendigkeiten der Kontrolle und Abrüstung von Atomwaffen, über Eigenschaften und Auswirkungen eines Atomkrieges, über den Zusammenhang von friedlicher und militärischer Nutzung der Nukleartechnik – über diese und ähnliche Fragen, die wahrlich von grundlegender Bedeutung sind, haben wir bei der Ausarbeitung des Bandes ausführlich diskutiert und zuweilen heftig gestritten, ohne immer eine einheitliche Position zu finden. Diese Uneinheitlichkeit spiegelt sich in den Einzelbeiträgen wider. Dennoch glauben wir, dass daraus ein Ganzes entstanden ist, das wir gemeinsam vertreten können.

Ganz unterschiedlich sind auch der professionelle Hintergrund und der Blickwinkel der Autoren. Physiker und Kerntechniker, Historiker, Juristen und Politologen haben sich in unserem Arbeitskreis an der Heidelberger Forschungsstätte der Evangelischen Studiengemeinschaft (FEST) zusammengefunden, um aus verschiedenen Perspektiven ein gemeinsames Verständnis dessen zu entwickeln, was wir als die zentrale Problematik des Atomzeitalters sehen.[6] Oft haben wir dabei bemerkt, dass es bereits sehr schwierig sein kann, eine gemeinsame Sprache für die Beschreibung des Atomaren und seiner Eigentümlichkeiten zu finden. Die Zusammenarbeit von Natur- und Humanwissenschaftlern – das Miteinander von „genauen" und „ungenauen Wissenschaften", wie es mit einer schönen Formulierung von Jacob Grimm, einem Urvater der deutschen Philologie, heißt – hat uns geholfen, uns „einer Reihe von Rätseln" anzunähern, „deren Lösung noch gar nicht herangekommen ist".[7] Manchmal musste in unserem

---

[5] Vgl. den Beitrag von Erwin Häckel.

[6] Neben den im Anhang aufgeführten Autoren dieses Bandes hat an den Beratungen in der FEST regelmäßig auch Dieter von Ehrenstein, emeritierter Professor der Physik an der Universität Bremen, mitgewirkt. Und David Fischer, ehemals Assistant Director General der Internationalen Atomenergie-Organisation (IAEO) in Wien, war bis zu seiner schweren Erkrankung, die schließlich zum Tod führte, ein hochgeschätzter Berater unserer Arbeitsgruppe.

[7] Jacob Grimm, Über den Wert der ungenauen Wissenschaften, Frankfurt 1846, zit. nach Gabriele Seitz, Die Brüder Grimm: Leben – Werk – Zeit, München 1984, S. 113. (Diesen Hinweis verdanke ich Erwin Häckel.)

Diskurs sogar offen bleiben, was genau unter Genauigkeit oder Ungenauigkeit zu verstehen sei.

Nicht verhehlen möchten wir auch, dass wir bei unseren gemeinsamen Überlegungen an eine Grenze gestoßen sind, die wir nicht überschreiten können und wollen. Sie betrifft die persönlichen und ethischen Schlussfolgerungen unserer wissenschaftlichen Analyse. In dem Russell-Einstein-Manifest von 1955 hatten einige der unterzeichneten Koryphäen des frühen Atomzeitalters aus der Singularität der Atomwaffen die Forderung abgeleitet, dass alle verständigen Menschen und namentlich alle wissenden Gelehrten nicht nur der Atomrüstung abschwören müssten, sondern überhaupt dem Krieg als Mittel der Politik. Zu einer so radikal pazifistischen Konsequenz möchte sich kaum einer von uns vorbehaltlos bekennen. Indem wir das eingestehen, bleiben wir auch nach Abschluss unserer Untersuchung mit jenem Dilemma konfrontiert, das sich immer noch so „hart, erschreckend und unausweichlich" darstellt, wie es vor mehr als einem halben Jahrhundert beschrieben wurde: der ungelösten Frage nämlich, wie die Menschheit im Atomzeitalter ihr Überleben sichern kann.

Die These von der Singularität der Atomwaffen begleitet explizit und implizit die Weise, wie von ihnen gesprochen wurde, seit 1939 die physikalischen Wirkungen der Kernspaltung (Otto Hahn) und der Kettenreaktion (Frédéric Joliot-Curie) und deren mögliche Anwendbarkeit für die Waffenkonstruktion den Forschern vor Augen trat. Zwar wurde die Singularitäts-These gelegentlich bestritten, widerlegt worden ist sie nicht. Im Gegenteil: die beiden einzigen Anwendungen dieser Waffen haben die Überzeugung von deren Beispiellosigkeit in das Bewusstsein der Weltöffentlichkeit buchstäblich eingebrannt.[8] Wir haben diese These auf ihre Stichhaltigkeit befragt, weil einerseits nach wie vor Atomwaffen in riesiger Zahl die Menschheit bedrohen, weil also der Alptraum von Hiroshima und Nagasaki noch immer besteht, weil aber andererseits die Tatsache, dass seit 1945 nie wieder Atombomben eingesetzt wurden, diesen Alptraum nach 66 Jahren verblassen lässt. Die These von der Singularität der Kernwaffe wird von uns problematisiert, weil es die Aufgabe der Wissenschaft ist, mit Kritik und Skepsis auch scheinbar unumstößlichen Erkenntnissen gegenüberzutreten. Wir können uns in ihnen nicht wohnlich einrichten, sondern müssen sie von Fall zu Fall auf ihre Stichhaltigkeit überprüfen. Das heißt nicht, dass wir unablässig an sämtlichen Balken sägen müssen, mit denen wir die Gebäude unserer Theorien errichten. Es heißt aber, dass wir sie immer wieder auf ihre Tragfähigkeit hin untersuchen sollten und prüfen, ob sie im Laufe der Jahrzehnte morsch geworden sind, oder ob sie gar von Anfang an brüchig waren.

[8] Vgl. den ersten Beitrag von Hans-Joachim Bieber.

Wie wenig überflüssig solche Überlegungen sind, wenn es um Wesen und Funktion von Nuklearwaffen in unserem, dem nuklearen Zeitalter geht, zeigen die beunruhigenden Entwicklungen seit 1995. Nach Abschluss der Verlängerungskonferenz des Nuklearen Nichtverbreitungsvertrages (NPT) hatte man noch mit einiger Berechtigung hoffen können, dass sich das Zeitalter der Kernwaffen langsam seinem Ende zuneigte. Die fünf offiziell im Vertrag anerkannten Atommächte hatten zugesagt, den Artikel VI NPT, der die Abrüstung der Nuklearwaffen fordert, endlich ernstzunehmen, einen umfassenden Teststoppvertrag (CTBT) binnen Jahresfrist abzuschließen und einen Vertrag zum Verbot der Herstellung spaltbaren Materials (Fissile Material Cut-Off Treaty) zu verhandeln, sodass die Menschheit in Zukunft ihre geistigen und materiellen Ressourcen zur Lösung jener Weltprobleme nutzen könne, die sich unter dem starren Schirm der Mutual-Assured-Destruction-Politik des weltpolitischen Duopols angehäuft hatten, und die dringend gemeinsame weltweite Anstrengungen erforderten.[9] Fast nichts davon ist seither geschehen. Vielmehr wurde das in Jahrzehnten unter großen Mühen errichtete Gerüst des Nichtverbreitungssystems in den letzten fünfzehn Jahren an vielen Stellen untergraben. Seit US-Präsident Barack Obama am 5. April 2009 in Prag seine Bereitschaft erklärte, eine Welt ohne Atomwaffen anzustreben, scheint sich zwar ein Paradigmenwechsel anzukündigen, der seinerseits auch fast singuläre Züge trägt. Aber angesichts der Hürden, die einem solchen Vorhaben im Wege stehen, wäre es leichtfertig, wenn man damit den Kampf gegen die Atomwaffen als erledigt betrachten würde.

Bislang hat sich die Proliferation von Atomwaffen, verglichen etwa mit der Entwicklung und Ausbreitung der Raketen- oder der Kommunikationstechnik, sehr langsam vollzogen. John F. Kennedys Schreckensszenario von dreißig Kernwaffenstaaten bis 1985 ist nicht realisiert worden. In jedem Jahrzehnt des Atomzeitalters traten nur ein bis zwei Länder dem „Club“ der Atommächte bei: USA und UdSSR in den Vierzigern, Großbritannien und Frankreich in den Fünfzigern, China und Israel in den Sechzigern, Indien, mit seinem „friedlichen“ Test, und Südafrika, das seine Nuklearwaffen später kontrolliert wieder abschaffte, in den Siebzigern, Pakistan und Indien mit offenen Waffentests in den Neunziger Jahren des 20. und Nord-Korea auf seine typisch unklare Weise im ersten Jahrzehnt des 21. Jahrhunderts. Ungeklärt ist nach wie vor auch die Position des Iran.[10] Angesichts der Tatsache, dass die Kernwaffen weithin als ultimativ galten, ist allerdings auch die Zahl der Staaten, die irgendwann einmal nukleare

[9] Singulär wäre allerdings vermutlich auch das Kontroll-System, mit dessen Hilfe alle diese Verträge überwacht werden müssen; vgl. Giorgio Franceschini, Eine Welt ohne Kernwaffen, in: Friedensgutachten 2010, hg. Von Margret Johannsen u. a., Münster 2010, S. 317ff.

[10] Annette Schaper/Andrea Thimm, Iran: innen- und außenpolitische Herausforderungen, in: Friedensgutachten 2010, hg. von Christiane Fröhlich u. a., Münster 2010, S. 288.

Waffenfähigkeit anstrebten und sie gelegentlich erreicht hatten, und die diesen Pfad, aus welchen Gründen immer, wieder verlassen haben, beeindruckend: Ägypten, Argentinien, Australien, Brasilien, Deutschland, Indonesien, Italien, Irak, Jugoslawien, Kasachstan, Libyen, Norwegen, Rumänien, Schweden, Schweiz, Südafrika, Süd-Korea, Taiwan, Ukraine, Weißrussland. Die Liste verweist auf eine der essentiellen Ambivalenzen der Kernwaffen: häufig lag ihr größter Wert darin, dass man in aller Form auf sie verzichten konnte. Offenbar hielten alle diese Länder jene Motive nicht für zwingend, die den „Haves" den Besitz dieser Waffen so unverzichtbar erscheinen lassen, dass sie riskieren, den Weltfrieden zu gefährden und im schlimmsten Falle das menschliche Leben auf der Erde unmöglich zu machen.

Was konnte und kann also ein Land veranlassen, sich Atomwaffen anzuschaffen?[11] Aus einer langen Liste von Gründen und Voraussetzungen sollen hier nur die gewichtigsten aufgezählt werden: Ein Staat muss wissenschaftlich und technisch in der Lage sein, ein Atomwaffenprogramm durchzuführen. Dazu braucht er Know-how, zumindest auf dem zivilen Sektor. Ein solches Programm ist forschungsintensiv und legt auf längere Sicht Kapazitäten fest, die dann für andere Aufgaben nicht zur Verfügung stehen. Das gilt auch für die subsidiären Technologien des Raketen-, Flugzeug- und U-Boot-Baus. Die Zusammenarbeit zwischen Politik und Wissenschaft muss eng sein, wenn man eine so gewichtige, langfristige, tiefgreifende politische und ökonomische Planungsentscheidungen erfordernde Produktion aufbauen will. Die Politik der Atomrüstung muss glaubwürdig sein; eine Staatsführung muss über viele Jahre den Eindruck erwecken, dass sie im Zweifelsfalle wirklich bereit ist, die bereitstehenden Waffen auch einzusetzen. Man braucht ein klares Feindbild; nur wenn man einen Gegner hat, dem man einen atomaren Erstschlag zutraut, ist man bereit, eine aufwendige Zweitschlagskapazität aufrechtzuerhalten. Sonst bliebe allein der nukleare Präventivangriff, vor dem bisher noch jeder Staat zurückgeschreckt ist. Eine Regierung muss überzeugt sein, dass ausschließlich eigene Kernwaffen eine direkte atomare Bedrohung ihres Landes verhindern oder abschwächen können. Führende Politiker müssen der festen Meinung sein, dass nur Kernwaffen imstande sind, ihrem Land einen angemessenen internationalen Status zu verleihen. Das Militär muss seinen großen Einfluss dazu benutzen, ein Programm voranzutreiben, um „die besten Waffen" bereitzustellen.[12] Diese wenigen Punkte, für die es

[11] Vgl. die Sondernummer der Nonproliferation Review, hg. von Peter R. Lavoy, Nuclear Weapons Proliferation: 2016, Vol. 13, Nr. 3, November 2006.

[12] Offenbar verleiht auch heute noch alles Nukleare in den Augen mancher Militärführer einen höheren Status – so begründet jedenfalls Brasilien skurrilerweise seine militärisch ziemlich nutzlosen aber nuklear angetriebenen U-Boote. Vgl. Jan Grebe/Christoph Schwarz, Maritime Aufrüstung der Schwellenländer, in: Friedensgutachten 2011, a.a.O., S. 322f.

sicher nicht schwer ist, in jedem Fall Ausnahmen aufzuzählen, sollen genügen, um zu zeigen, welches Gemisch von Realitäts- und Motivationsclustern, von partieller Rationalität und partieller Irrationalität die Entscheidung trägt, sich eine nukleare Rüstung zuzulegen.

Für viele dieser Gründe lässt sich jedoch eine schlüssige Gegenposition aufbauen. So ist seit langem unbestritten, dass der Verdacht, ein Land rüste atomar auf, seine Bedrohtheit zumindest ebenso steigert wie die von ihm angestrebte Sicherheit (Irak). Die Konzentration auf teure Rüstungsvorhaben kann die innere Stabilität eines Landes auch gefährden, weil sie zuviel Mittel und Menschen bindet, die in anderen Sektoren dringend gebraucht werden. Die Stärkung einer hegemonialen Position muss nicht von der Verfügung über Kernwaffen abhängen: Japan ist seit langem Mitglied der G 8 und noch immer eine führende Wirtschaftsmacht des Fernen Ostens – jenes Land, das am tiefsten durch Atomwaffen traumatisiert wurde, und das in seiner Verfassung sogar die Aufstellung von Streitkräften für kriegerische Zwecke überhaupt verboten hat (Artikel 9 der Verfassung Japans vom 3. November 1946 in der heute gültigen Fassung). Der internationale Druck kann Wirkung zeigen: So verzichteten sehr früh die Bundesrepublik Deutschland wie Japan, später Südafrika, noch später Libyen auf Kernwaffen, um ihre Isolierung aufzuheben oder zu verhindern. Oder es besteht kein Bedrohungsszenario, das rechtfertigen würde, die ultimative Waffe vorsichtshalber bereitzuhalten: Das gilt ebenso für Schweden wie für die Schweiz. Als die Militarisierung der Gesellschaft abgebaut wurde wie in Brasilien und Argentinien, verstummte dort langsam der Ruf nach der Superwaffe.

Natürlich beeinflusst vor allem das Kriegsbild die Wahl der Waffensysteme. In einer Epoche, in der Krieg zwischen Staaten nicht mehr als „naturgemäßer" Bestandteil der internationalen Auseinandersetzungen gelten kann, sind die Mittel, die ein Land benötigt, um seine Bevölkerung, sein Territorium, seine Infrastruktur und seine wirtschaftlichen Interessen zu schützen, von anderer Art als zur Zeit der Geltung des Prinzips *si vis pacem para bellum.* Diese Einsicht schien sich nach 1989, trotz der vielen gewaltsamen Konflikte der vorhergehenden fünfundvierzig Jahre, langsam durchzusetzen. Der Schock des dreißigjährigen Weltkrieges von 1914 bis 1945[13] mit seinen ungeheuren, sinnlosen Verheerungen sowie das Auftauchen der neuen menschheitsgefährdenden Waffensysteme schien, trotz aller Rückschläge, die Erkenntnis langsam reifen zu lassen, dass sich die Abschaffung der Institution des Krieges aus einem Traum kluger Visionäre in ein Postulat der Realpolitik verwandelte.

---

[13] Vgl. u. a. Eric Hobsbawm, Age of Extremes, London 1994, der vom „Age of Total War" spricht, S. 2ff.

Seit einigen Jahren zeichnet sich allerdings die Rückkehr kriegerischer Gewalt als eines „normalen“ Verfahrens zur Konfliktlösung ab.[14] Dabei ist sekundär, ob es sich um „asymmetrische“ Kriege, um gewaltsame Demokratisierungs- oder Entdemokratisierungsversuche, um „humanitäre Interventionen“, um die Sicherung von Ressourcen, um die Bekämpfung des Terrorismus oder um Präventivangriffe handelt. Das alles sind keine Staatenkonflikte der klassischen Art, wenn sie sich auch gelegentlich mit ihnen überschneiden wie etwa im Fall des Afghanistan-Konfliktes, in den Pakistan involviert ist, und der seinerseits wieder auf den Dauerstreit zwischen Pakistan und Indien zurückwirkt. All diese „neuen“, „kleinen“ oder „asymmetrischen“ Kriege[15] haben die atomare Schwelle nie erreicht. Ihre Ziele sind häufig diffus; sie rechtfertigen den Einsatz von Atomwaffen jedenfalls noch weniger als die traditionellen Auseinandersetzungen zwischen Staaten oder Bündnissen. Die zahllosen gewaltsamen Auseinandersetzungen unserer Gegenwart spielen sich also im Schatten der Atombombe ab, scheinen aber nicht einmal da zu Nuklearkriegen zu eskalieren, wo Atomstaaten direkt an ihnen beteiligt sind. Offen bleibt allerdings nach wie vor das Problem der Atomwaffen in der Hand von Terroristen. Noch ist nicht deutlich, ob die Diffusion von „Kriegs“-Formen nur ein Übergangsphänomen ist – eine jener peripheren Bewegungen, die das Weltsystem an seiner Oberfläche bewegen und die wieder abebben. Es kann sich aber auch um eine strukturelle Regression in vor-Hobbes'sche Zeiten handeln, weil die geballten Gefahren eines fundamentalistisch begründeten Terrorismus, der Bedrohungen des globalen Ökosystems, der explodierenden Bevölkerungszahlen und der zunehmenden Perfektionierung verheerender atomarer und nichtatomarer Zerstörungsmittel panische Gegenreaktionen auslösen – die dann vermutlich genau jene Effekte hervorrufen, die vermieden werden sollen. Es gibt den unreflektierten Rückfall auf archaische Verhaltensmuster in Krisen und in plötzlich auftauchenden Gefahrensituationen.

Heute nehmen selbst anscheinend gefestigte Demokratien die Renormalisierung des Krieges widerspruchslos hin. Quasi religiöse Begründungen vermengen sich mit nüchternen politischen Abwägungen. Machtpolitik bedient sich beider Sphären. Deswegen finden sich in diesem Band neben der Darstellung der harten physikalischen Fakten und der klaren rechtlichen Strukturen auch Schilderungen vieldeutigen politischen Kalküls, militärischer Wunschvorstellungen, der Mentalitäten, des mediengesteuerten öffentlichen Bewusstseins, der Ängste und der unaufgeklärten Utopien.

---

[14] In allen bewaffneten Konflikten, die es vor wie nach dem Ende des „Kalten Krieges“ gab, spielten Atomwaffen keine Rolle, auch da wo Staaten beteiligt waren, die darüber verfügten.

[15] Vgl. Herfried Münkler, Die neuen Kriege, Hamburg 2002; Christopher Daase, Kleine Kriege - Große Wirkung, Baden-Baden 1999; Rüdiger Voigt, Krieg ohne Raum – Asymmetrische Konflikte in einer entgrenzten Welt, Stuttgart 2008.

Das Feld der Macht, in dem die Atomwaffen ihre Rolle spielen, ist bestimmt durch gegenläufige Spannungslinien. Will man das Geflecht, in dem sich physikalische mit sozialen und politischen Entwicklungen kreuzen, abbilden, muss man auf Widerspruchsfreiheit und Eindeutigkeit verzichten. Von Anfang an ist die nukleare Technologie ohnehin unlösbar durch Politik kontaminiert. „Schon die Entscheidung über den militärischen Einsatz der ersten Atombomben wurde nicht aufgrund einer rationalen und mit wissenschaftlichen Methoden durchgeführten Analyse der möglichen Konsequenzen getroffen, sondern erfolgte weitgehend irrational nach jenen primitiven Faustregeln der Strategie, die man für den Umgang mit Kanonen und Maschinengewehren entwickelt hatte. Es ergibt sich also, dass eine irrationale Vorentscheidung in einer von irrationalen Kräften bestimmten Situation zu einer äußersten Konzentration der Rationalität geführt hat, die wiederum irrationale Folgen hatte“[16]. Dieses Amalgam von höchster Rationalität mit einer vielgestaltigen Irrationalität ist für die Weiterentwicklung der nuklearen Waffensysteme bestimmend geblieben. Solche Widersprüche, wie sie für das Atomzeitalter konstitutiv sind, können und sollen in diesem Buch nicht aufgehoben werden. Sie sollen nur deutlich sichtbar werden. Wenn man schon den Teufel an die Wand malt, dann soll er wenigstens ein erkennbares Gesicht bekommen.

Wir legen also kein abschließendes und schon gar nicht ein einfaches Ergebnis vor. Die Ausgangsfrage würde von jeder Disziplin anders beantwortet. Es ergab sich ein Gitterwerk, eine Art vieldimensionaler Matrix von Aspekten, je nachdem wie man sich den vielgestaltigen Phänomenen näherte. Von physikalischen Tatbeständen wie dem „Kill factor“, den Druck- und Hitzewellen, der kurz- und der langfristigen Strahlung, dem „fall-out“ und der Vernichtungskraft eines elektromagnetischen Impulses, über Details der Waffenauslegung, über Intentionen der Militärführung, über den Aufbau von Wahrnehmungskulissen, über die machtpolitische Instrumentalisierung nach innen wie nach außen bis zu quasi religiösen Endzeiterwartungen reicht die Skala der Beschreibungen. Alle sind argumentativ begründet, alle sind in sich schlüssig; miteinander kompatibel sind sie nicht. Übereinstimmung[17] besteht nur in dem Ziel: Wir dürfen keine Anstrengung scheuen, die Welt von diesen Waffen zu befreien.

Die Forschungsstätte der Evangelischen Studiengemeinschaft (FEST) beschäftigt sich seit Jahrzehnten mit Problemen der militärischen wie der zivilen Kerntechnik. Die Wissenschaftlergruppe „Nichtverbreitung von Nuklearwaffen“, die diesen Band lange geplant hat und ihn jetzt endlich vorlegen kann, besteht im Kern seit 1977. Einige Teilnehmer schieden aus; andere kamen hinzu; aber bei

[16] Georg Picht, Zukunft und Utopie, Stuttgart 1992, S. 350.
[17] Mit einer abweichenden Meinung.

allen Veröffentlichungen wurde Wert darauf gelegt, dass neben dem physikalischen und dem kerntechnischen Sachverstand die politischen Wissenschaften, das internationale Recht und die Geschichtswissenschaft vertreten waren. Die Beiträge wurden in der Gruppe gründlich und gelegentlich mehrfach diskutiert; sie werden aber letztlich von den einzelnen Autoren verantwortet. Ein solches Verfahren führt zu Verzögerungen, wie sie der normale Wissenschaftsbetrieb heute eigentlich nicht duldet. Wir möchten der FEST, die uns den Spielraum für diese atypische Arbeitsweise gewährt hat, ausdrücklich danken. Ebenso danken wir der Deutschen Stiftung Friedensforschung für ihre Hilfe bei den Druckkosten. Wenn man das ubiquitäre Schlagwort von der Interdisziplinarität wissenschaftlich vertretbar realisieren will, braucht man einen langen Atem. „Interdisziplinarität bedeutet nicht Konturlosigkeit und Verwischen der eigenen Handschrift, sondern die produktive Aufnahme von Denkweisen und Argumenten anderer Disziplinen.“[18] Daran hat sich, seit ich dies schrieb, nichts verändert. Ein solches Vorgehen erfordert die geduldige, wiederholte Erörterung der Methoden, der Denkansätze und der Sprechweisen der beteiligten Wissenschaften. Dieses Verfahren erweist sich, über den Gewinn an Erkenntnis und Problemeinsicht hinaus, als hilfreich, wenn man versucht, Texte zu formulieren, die sowohl allgemeinverständlich sind als auch den strengen Kriterien der Einzelfächer genügen.

Es trägt auch dazu bei, von den sich überschlagenden Ereignissen der unmittelbaren Gegenwart Abstand zu halten. In unserem Projekt werden Strukturen entwickelt, die über die Tagesaktualitäten hinausgreifen, auch wenn sie diese jederzeit in sich aufnehmen können. Verantwortbare Wissenschaft muss sich an der Realität bewähren, die immer wieder über sie hereinbricht; sie soll sich aber nicht von ihr verschlingen lassen. Als unsere Arbeitsgruppe im April 1986 ihr bisher umfangreichstes Vorhaben gerade begonnen hatte, ereignete sich die Reaktorkatastrophe von Tschernobyl.[19] Die Abschlussarbeiten für diesen Band stehen unter dem dunklen Schatten von Fukushima.

---

[18] Vorwort zu Constanze Eisenbart, Humanökologie und Frieden, Stuttgart 1979, S. 11.

[19] Constanze Eisenbart/Dieter von Ehrenstein (Hg.), Nichtverbreitung von Kernwaffen – Krise eines Konzepts, Texte und Materialien der FEST, Reihe A Nr. 30, Heidelberg, 1990. Vgl. Anmerkung 6.

Hans-Joachim Bieber

Warum wir vom „Atomzeitalter" sprechen

Das Aufkommen des Begriffs „Atomzeitalter"

Unmittelbar nach dem Abwurf der Bomben auf Hiroshima und Nagasaki ging ein neues Wort um die Welt: „Atomzeitalter". Wo es zum erstenmal benutzt wurde, wird sich zuverlässig kaum noch rekonstruieren lassen; möglicherweise geschah es an verschiedenen Orten unabhängig voneinander. Jedenfalls tauchte es alsbald in den USA und anderen westlichen Ländern auf, aber auch in Indien und vermutlich weiteren Ländern an der Peripherie der damaligen großen Machtzentren. Seine rasche globale Verbreitung ist ein Indiz dafür, dass der Abwurf der Atombomben weltweit als historische Zäsur und Anbruch einer neuen Epoche empfunden wurde. Wahrscheinlich stellt er das erste globale Ereignis in dem Sinne dar, dass es überall auf der Welt nahezu gleichzeitig und in gleicher oder ähnlicher Weise wahrgenommen wurde, jedenfalls von denen, die Zugang zu Kommunikationsmedien hatten, was freilich für Millionen in Asien und Afrika und anderen Teilen der Welt damals noch nicht der Fall war. Mit Hiroshima und Nagasaki wurde die *eine Welt* Realität, über die westliche Philosophen seit dem ausgehenden 18. Jahrhundert nachgedacht hatten, als die geographische Ausdehnung der Erde und die kulturelle Vielfalt des Menschengeschlechts zumindest in Westeuropa zum erstenmal erkannt und reflektiert worden waren.

„Atomzeitalter" war ebenso wenig ein wissenschaftlicher Begriff wie andere „Zeitalter", die seitdem ausgerufen wurden, vom „Zeitalter der Angst" („the age of anxiety"), das W.H. Auden 1947 proklamierte, über das „Weltraumzeitalter", das „Fernseh-" und „Medienzeitalter", das „digitale" und „biotechnische" bis zum „sozialdemokratischen Zeitalter", dessen Ende Ralf Dahrendorf in den 80er Jahren ausrief, oder dem „Zeitalter der Empathie", das kürzlich der amerikanische Ökonom Jeremy Rifkind verkündete. Doch anders als bei diesen Begriffsprägungen handelte es sich bei „Atomzeitalter" um eine Selbstbeschreibung der Zeit, die die Bombenabwürfe erlebte, und zwar um eine Interpretation dieses Geschehens als tiefe Zäsur und als Zeitsprung.

Dass der Abwurf der Atombomben weltweit so empfunden wurde, lag daran, dass die Destruktionskraft dieser Bomben über jede historische Erfahrung hinausging und Schutz gegen sie kaum möglich schien. Zwar hatten im Zweiten Weltkrieg Angriffe von Bomberflotten in deutschen und japanischen Städten noch höhere Opferzahlen gefordert und noch größere Schäden angerichtet als in Hiroshima und Nagasaki, etwa im März 1945 in Tokyo, als bei einem stundenlangen Angriff über 100.000 Menschen umkamen und große Teile der Stadt zerstört wurden. Aber nie zuvor hatte eine einzige Bombe innerhalb kürzester Zeit ca. 90.000 (in Hiroshima) bzw. 60-70.000 (in Nagasaki) Menschen getötet, weitere Zigtausende verletzt, von denen die meisten innerhalb weniger Wochen und Monate starben, und gleichzeitig eine ganze Stadt dem Erdboden gleichgemacht. Jeder reflexionsfähige Mensch dürfte zumindest gespürt haben, dass hier auch bisherige Vorstellungen von militärischer Sicherheit, Krieg, Angriff und Verteidigung zertrümmert worden waren.

Das Singuläre und Inkommensurable der Atombombe und das Gefühl, dass mit ihrem Abwurf eine Grenze überschritten wurde, die vordem selbstverständlich und deshalb von den meisten Menschen als solche gar nicht wahrgenommen worden war, kamen auch darin zum Ausdruck, dass über die Wirkungen der Bombe vornehmlich in der Sprache des Mythos und der Religion gesprochen wurde, einer Sprache also, die die ältesten und fundamentalen Erfahrungen der Menschheit bewahrt und unbeschadet aller kulturellen Diversität Gemeinsamkeiten kennt. Vorstellungen eines Weltuntergangs finden sich in der Mythologie Indiens, des Vorderen Orients und der griechischen Antike, in der Apokalypse der Bibel, in isländischen Sagas und in altamerikanischen Kulturen. Manche von ihnen waren plötzlich auf frappierende Weise präsent. Robert Oppenheimer z.B., der wissenschaftliche Leiter des Manhattan-Projekts – das ebenfalls als singulär galt, als es nach Kriegsende bekannt wurde[1] –, nannte den Ort des ersten Bombentests in der Wüste von Neu-Mexiko „Trinity“, angeblich nach John Donnes Sonett „Batter my heart, three personed God“.[2] In der Publizistik westlicher Länder stößt man besonders häufig auf die biblische Erzählung vom Ende der Welt, die Apokalypse. Die mythologischen und religiösen Metaphern brachten die Empfindung zum Ausdruck, dass der Mensch mit Bau und Einsatz der

[1] Es stellte eine Form von Forschung und Entwicklung dar, deren Organisation, Dimensionen und Kosten bis dahin nicht ihresgleichen hatten. Weit über 100.000 Wissenschaftler, Ingenieure und Techniker unterschiedlicher Disziplinen hatten in ihm unter strikter Geheimhaltung zusammengearbeitet, um vor Kriegsende einsatzfähige Atombomben zu konstruieren und zu bauen, für Gesamtkosten von rund 20 Mrd. US-Dollar. Nach 1945 wurde das Projekt zum Vorbild anderer wissenschaftlich-technischer Großvorhaben, vor allem in der nationalen und internationalen Kern- und Fusionsforschung sowie der Raumfahrt.

[2] John Donne: Holy Sonnetts XIV; s. dazu Kai Bird/Martin J. Sherwin: J. Robert Oppenheimer, Berlin 2009, S. 122.

Atombomben in Sphären vorgedrungen sei, die früher den Göttern vorbehalten waren, und sich zum „Herrn der Apokalypse“ aufgeschwungen habe.[3] Selbst Physiker, die am Manhattan-Projekt beteiligt gewesen waren, teilten sie. Oppenheimer schoss eigener Aussage zufolge im Augenblick der Testexplosion ein Vers durch den Kopf, den die heilige Schrift der Hindus, die Bhagavad Gita, Gott Vishnu in den Mund legt: „Nun bin ich der Tod geworden, der alles raubt, Erschütterer der Welten.“[4] Auch viele von Oppenheimers Kollegen empfanden nach den Bombenabwürfen tiefes Unbehagen. Ihr Schuldbewusstsein, notierte der amerikanische Kriegsminister im Oktober 1945, „gehört zu den erstaunlichsten Dingen, die ich je erlebte“.[5]

Neben apokalyptischen Visionen kam alsbald allerdings auch das Gefühl eines ungeheuren Triumphs auf, ebenfalls vor allem bei Physikern und Politikern, die an der Entwicklung der Bomben beteiligt waren – des Triumphs darüber, sich bisher unverfügbare Kräfte der Natur dienstbar gemacht und die Tür in „one of the most vital, most intense and stimulating periods of all history“ aufgestoßen zu haben, so David E. Lilienthal, 1947-49 Präsident der Atomenergiekommission der USA, für Innovationen, die die menschliche Zivilisation revolutionieren würden. „In the atomic adventure“, schrieb Lilienthal weiter, „we sight one of those great mountain peaks of history, a towering symbol of one of the faiths that makes man civilized, the faith in knowledge, [...] a beginning of a period of human history in which this faith in knowledge can vitalize man's whole life“[6]. Gemeint waren die vermeintlich beispiellosen Möglichkeiten der Verwendung der Kernenergie für zivile Zwecke: die Erzeugung praktisch kostenloser Energie in unbegrenzter Menge, ohne Rauch und Dreck, und hierdurch eine enorme Erleichterung menschlicher Arbeit (einschließlich der Hausarbeit), eine Revolutionierung des Verkehrs durch atomgetriebene Schiffe, Lokomotiven und Flugzeuge, ungeahnte Fortschritte in Medizin, Materialforschung und Pflanzenzüchtung mit Hilfe radioaktiver Substanzen sowie die Anlage von Kanälen, Häfen und künstlichen Seen, womöglich die Umleitung ganzer Flüsse, durch *Peaceful Nuclear Explosions*, also bisher technisch unmögliches *geo-engineering* größten Stils; schließlich der Bau nukleargetriebener Raumfahrzeuge, also die Realisierung des in der Science-Fiction-Literatur schon lange geträumten Traums von bemannter Raumfahrt. Alle diese Erwartungen waren schon unmittelbar nach Hiroshima und Nagasaki präsent, und auch sie wurden oft in einer

---

[3] „Da wir die Macht besitzen, einander das Ende zu bereiten, sind wir die *Herren der Apokalypse*.“ So Günther Anders: Die Antiquiertheit des Menschen, 5. Aufl. Bd. 1, München 1980, S. 239 (1. Aufl. 1956).

[4] S. Bird/Sherwin 2009, S. 303.

[5] Zit. ebd. S. 324.

[6] Zit. bei Arnold B. Grobman: Our Atomic Heritage, Gainesville/Florida 1951, S. 1.

Metapher religiöser Provenienz zusammengefasst: der des zukünftigen Paradieses auf Erden, oder in der nicht-religiösen Metapher der Utopie.

Die ambivalente Bedeutung von „Atomzeitalter“

Den Vorstellungen von Apokalypse und Paradies gemeinsam war die Überzeugung, dass mit dem Abwurf der Atombomben auf Japan etwas vollkommen Neues in die Welt gekommen war, und zwar nicht etwas Einmaliges, sondern etwas Fortwirkendes, das das Leben aller Menschen dauerhaft veränderte. Auch diese Überzeugung brachte das Wort „Atomzeitalter“ zum Ausdruck. Es war von vornherein eigentümlich ambivalent. Denn es enthielt sowohl die apokalyptische Vision eines Endes der Welt oder wenigstens der menschlichen Zivilisation durch Atombomben (die Bezeichnung Kernwaffen setzte sich erst später durch) als auch die paradiesische Vorstellung einer zuvor undenkbaren Erleichterung des menschlichen Lebens durch die Verwendung von Kernenergie für friedliche Zwecke. Bezeichnend für diese Ambivalenz und zugleich für die gleichsam mythologische oder religiöse Aufladung des Begriffs war das Denken in extremen Alternativen. Apokalypse oder Paradies, Abschaffung des Krieges oder Untergang, *eine* Welt oder *keine* – so und ähnlich lauteten damals gängige Schlagworte. Sie schienen völlig einleuchtend und keinen Widerspruch zu dulden.

Anfänglich überwog die apokalyptische Vision, auch unter den Physikern, die am Manhattan-Projekt beteiligt gewesen waren. Die Folge war in den USA, aber nicht nur hier, eine tiefe Erschütterung des Fortschrittsglaubens, der bis dahin in den industrialisierten Ländern des kapitalistischen Westens und des sozialistischen Ostens gleichermaßen dominant, wenn auch nie ohne Widerspruch und Kritik gewesen war.[7] Ablesen lässt sich dies daran, dass zwei Phantasiegestalten, welche die technisch-wissenschaftliche Entwicklung seit ihrem unvergleichlichen Aufschwung im 19. Jahrhundert wie Schatten begleiten, zu Schlüsselmetaphern des vermeintlich neuen Zeitalters avancierten: der Zauberlehrling und Frankenstein, jener menschengemachte Homunkulus, der der Kontrolle seiner Erzeuger entgleitet. Daneben tritt bald eine andere Figur wiederum religiöser Provenienz: die des Priesters. In der Hoffnung, die Apokalypse lasse sich doch noch abwenden und das Paradies sich erreichen, wurden die Physiker, namentlich Kernphysiker, als neue Priesterkaste imaginiert oder sahen sich selbst als solche.

[7] S. Paul Boyer: By the Bomb's Early Light. American Thought and Culture at the Dawn of the Atomic Age, New York 1985.

Die apokalyptische Vision führte sehr bald zu dem politischen Versuch, eine weltweite Verbreitung von Kernwaffen zu verhindern oder diese Waffen sogar wieder abzuschaffen – auch dies ein singuläres Vorhaben. Einen Vorläufer hatte es lediglich im völkerrechtlichen Verbot des Einsatzes von Giftgas im Genfer Protokoll von 1925, das freilich nie vollständig durchgesetzt wurde.[8] Schon im Januar 1946 richtete die UN-Generalversammlung eine Atomenergie-Kommission ein, die entsprechende Vorschläge ausarbeiten und zugleich die weltweite Förderung der Kernenergienutzung für friedliche Zwecke vorantreiben sollte. Bekanntlich wurde eine völkerrechtliche Vereinbarung zur Verhinderung der Verbreitung von Kernwaffen oder gar ihrer Wiederabschaffung damals nicht erreicht, nicht einmal eine Vereinbarung über eine internationale Kontrolle der zu ihrem Bau erforderlichen radioaktiven Materialien. Die USA, die als erster Staat Kernwaffen entwickelt und eingesetzt hatten, mochten sie nicht wieder aus der Hand geben; die Sowjetunion, mittlerweile ihr Antipode und Rivale, wollte sie deshalb so rasch wie möglich ebenfalls besitzen.[9] Das gelang überraschend schnell, und daraufhin setzte gerade das ein, was anfänglich hatte verhindert werden sollen: ein nuklearer Rüstungswettlauf, der im Hinblick auf den materiellen Aufwand und die Anhäufung des Destruktionspotentials auf beiden Seiten ebenfalls singulär war. Schon Anfang der 60er Jahre verfügten die USA und die Sowjetunion zusammen über mehr als 20.000 nukleare Sprengköpfe.[10]

Singulär war auch, dass beide Seiten ihre Waffen in den 50er Jahren in der Atmosphäre testeten – mit Hunderten von Testexplosionen zwischen dem Bikini-Atoll im Pazifik und Wüstengebieten in Zentralasien, Afrika und Neu-Mexiko. Der radioaktive Fallout verbreitete sich weltweit. So entstand das erste anthropogene globale Umweltproblem *avant la lettre*. Das Bild des Wolkenpilzes, den oberirdische Kernexplosionen auslösen, wurde weltweit zum Signum dieser Jahre – und zum Menetekel für die globale Gefahr einer Selbstzerstörung der menschlichen Zivilisation, gleichsam zu einer negativen Ikone.

Beispiellos waren auch die gleichzeitigen Bemühungen, die positiven Möglichkeiten der Kernenergienutzung ins globale Bewusstsein zu rücken und politisch zu fördern. Ihren Höhepunkt erreichten sie mit der ersten UN-Konferenz über Peaceful Uses of Atomic Energy 1955 in Genf, betitelt *Atoms for Peace*, der bis dahin mit Abstand größten internationalen Konferenz über Möglichkeiten und Perspektiven einer einzelnen Technologie. Ihre Botschaft lautete, kurz ge-

[8] Im Zweiten Weltkrieg wurde es im wesentlichen eingehalten, jedoch nicht in regionalen Konflikten wie dem Abessinienkrieg 1935/6 und dem Konflikt zwischen irakischem Regime und kurdischer Minderheit in den 1980er Jahren.

[9] S. dazu Constanze Eisenbart: Ausbreitung von Kernwaffen und Kernenergie, in: dies. (Hg.): Kernenergie und Dritte Welt, Heidelberg 1984, S. 22 ff.

[10] S. die Beiträge von Martin Kalinowski und Ulrich Ratsch/Egbert Kankeleit in diesem Band.

fasst: Die Nutzung der Kerntechnik für zivile Zwecke macht eine bisher unvorstellbare Erleichterung des menschlichen Lebens und die Lösung existenzieller Probleme der Menschheit wie Hunger und Krankheiten möglich. Dass sich auch diese Erwartungen global verbreiteten, fand symbolischen Ausdruck im Wahrzeichen der Brüsseler Weltausstellung von 1958, dem Atomium.

Der virtuelle Charakter des „Atomzeitalters“ und dessen Verdämmern

Seither jedoch ist die Nukleargeschichte, wenn man zusammenfassend von einer solchen sprechen kann, überraschend anders verlaufen, als damals oft angenommen und prognostiziert. Die Apokalypse ist ausgeblieben, obwohl das Kernwaffenarsenal beispiellose Ausmaße annahm. Auf dem Höhepunkt des nuklearen Wettrüstens Mitte der 1980er Jahre verfügten die USA und die Sowjetunion zusammen über mehr als 50.000 nukleare Sprengkörper. Dabei war das Destruktionspotential jedes einzelnen Tausende Male größer als das der auf Japan abgeworfenen Bomben. Zudem war die Bedrohung, die diese Sprengkörper darstellten, auch dadurch unvergleichlich viel größer, dass ihr Einsatz als Trägersysteme nicht mehr wie 1945 vergleichsweise langsame Flugzeuge vorsah, sondern Interkontinentalraketen von vielfach größerer Reichweite und ungleich höherer Geschwindigkeit. Beides lässt sich als Bestätigung dafür verstehen, dass Kernwaffen in einem technischen Sinn gar nicht singulär sind, wie Erwin Häckel mit Recht bemerkt.[11] Man kann beides aber auch als Beispiel dafür nehmen, dass selbst Singulariät historischem Wandel unterliegt und Dinge und Ereignisse, die in ihrer Zeit als singulär gelten, also als einzigartig und beispiellos, nicht dauerhaft so wahrgenommen werden, ausgenommen vielleicht Ereignisse in religiösen Narrativen wie die von Geburt oder Tod eines Gottes, dem Untergang der Welt und dem Beginn einer neuen. Die sieben Weltwunder, die der Antike als einzigartig galten, sind heute nur noch ferne und vielen unbekannte Erinnerungen und technisch längst überholt. Auch was vor 50 oder 60 Jahren als singulär galt, gilt heute nur noch ausnahmsweise so. Das widerlegt jedoch nicht die Beobachtung, dass bestimmte Dinge und Ereignisse in ihrer Zeit als singulär wahrgenommen werden und das Denken über die Zukunft so tiefgreifend und nachhaltig verändern können, wie es der Abwurf der Atombomben auf Hiroshima und Nagasaki tat.

Dass die Destruktionskraft von Kernwaffen auch weiterhin als singulär empfunden wurde, obwohl oder gerade weil sie sich veränderte, lässt sich daran ablesen, dass diese Waffen in keinem Konflikt, in den die Supermächte in der

[11] Vgl. den Beitrag von Erwin Häckel in diesem Band.

zweiten Hälfte des 20. Jahrhunderts verwickelt waren, eingesetzt wurden, auch in jenen Konflikten nicht, in denen sich beide Mächte unmittelbar gegenüberstanden wie in der Suez- und der Kubakrise. Die Gründe sind vielfältig und komplex, werden aber wohl zutreffend in dem Wort vom „atomaren Tabu" zusammengefasst – einem Wort, das nicht zufällig ebenfalls dem Bereich des Religiösen entstammt.[12] Bis auf weiteres sind Kernwaffen historisch also auch insofern singulär, als sie – und die meisten ihrer Trägersysteme – die einzigen Waffen darstellen, die mit ungeheurem materiellen Aufwand entwickelt und unterhalten, aber nie eingesetzt wurden. „Die Bombe", so Günther Anders schon 1956, „ist kein ‚Mittel'"[13].

Hiermit hängt ein weiteres bisher singuläres Phänomen zusammen: der eigentümlich virtuelle Charakter der atomaren Bedrohung. Militärs und Politiker beider Machtblöcke lernten – vielleicht zu ihrer eigenen Überraschung –, dass Kernwaffen weit weniger militärische als politische Waffen sind, nämlich Instrumente der Drohung und der Abschreckung. Sie betrieben beides wie eine Art Schachspiel, entwickelten also eine ganz eigene Rationalität, insgeheim wohl sogar eine Art von Kollegialität, wie sie auch aus der vornuklearen Militärgeschichte zwischen Gegnern bekannt ist. Seit den späten 50er Jahren unternahmen die Supermächte auch immer wieder Schritte zur Begrenzung des nuklearen Rüstungswettlaufs und zur Begrenzung der Zahl der Kernwaffenstaaten – um die Gefahr eines Nuklearkrieges zu verringern, aber auch, um ihren eigenen Status als Supermächte zu zementieren. Denn der beruhte in erheblichem Maße, im Falle der Sowjetunion sogar ausschließlich, auf dem Besitz von Kernwaffen. Bei allem Antagonismus, der zwischen ihnen bestand, waren die nuklearen Supermächte also auch Komplizen – eine von vielen Paradoxien des „Atomzeitalters".[14]

Mit dem Teststoppabkommen von 1963 und dem Nichtverbreitungsvertrag von 1968 zeitigten ihre Bemühungen gewisse Erfolge. Seitdem – und das ist der zweite Aspekt des eigentümlich virtuellen Charakters der atomaren Bedrohung – wurde die zunächst alles überschattende Angst vor der Bombe allmählich schwächer. Der erste und letzte Gedanke jedes denkenden Menschen müsse jeden Tag die Möglichkeit der nuklearen Zerstörung sein, hatte Günther Anders Mitte der 50er Jahre postuliert. Zehn Jahre später kam ein Film mit dem zugleich ironischen und verharmlosenden Titel *Wie ich lernte, die Bombe zu lieben* in die Kinos. Er zeigte einen vermutlich unvermeidlichen Gewöhnungsprozess an – die Gewöhnung an eine Gefahr, die permanent vorhanden, gegen die der einzelne aber ohnmächtig und schutzlos ist und auf die er irgendwann nicht mehr mit

[12] S. hierzu den Beitrag von Christopher Daase.
[13] Anders a.a.O. S. 248.
[14] S. dazu die Beiträge von Erwin Häckel und Eric Chauvistré.

lähmender Angst, sondern mit Ironie und Galgenhumor reagiert. Zugleich reflektierte der Film wohl auch das Vertrauen darauf, dass verantwortliche Politiker und Militärs der Kernwaffenstaaten ihre Lektion gelernt hätten. Die Psychohistorie des „Atomzeitalters" ist erst ansatzweise geschrieben.[15] Doch anscheinend veränderte sich die Reaktion auf die atomare Bedrohung allmählich. Die Beat-Generation und die Studentenbewegung der späten 60er Jahre können – auch – als ein Aufbegehren gegen das Gefühl permanenter tödlicher Bedrohung und als Einforderung natürlicher Lebendigkeit und Lebensfreude verstanden werden. Mit der Entspannungspolitik der 70er Jahre verflüchtigte sich die Angst vor Kernwaffen weiter. Mit dem Rüstungswettlauf und den Bedrohungsszenarien der frühen 80er Jahre kehrte sie zurück. Doch mit dem Ende des Kalten Krieges und den Abrüstungsvereinbarungen der 90er Jahre zwischen den USA und Russland scheint sie weitgehend verflogen. Hiroshima und Nagasaki sind Erinnerungsorte geworden, im übrigen aber wieder blühende Städte, denen die Verwüstung von 1945 kaum mehr anzusehen ist.

Auch die überschwänglichen Hoffnungen, die anfänglich auf die zivile Nutzung der Kernenergie gesetzt wurden, haben sich nur zu einem kleinen Teil erfüllt. Der Anteil der Kernenergie an der Energieproduktion betrug 2006 weltweit nicht mehr als 6,2 %, mit allerdings sehr großen Unterschieden zwischen einzelnen Ländern.[16] Die Erwartungen an die Nutzung nuklearer Techniken in der Landwirtschaft erwiesen sich großenteils als unrealistisch, diejenigen an ihre Nutzung in der Medizin als übertrieben und anfänglich bedenklich blind für schädliche Folgen. *Peaceful Nuclear Explosions* kamen über Anfänge nicht hinaus. Nur eine der einst schier grenzenlosen Hoffnungen hat, von der Öffentlichkeit wenig bemerkt, überlebt: die Hoffnung auf die Kernfusion. Sie gilt seit über 50 Jahren als definitive Antwort auf den Energiehunger der Menschheit. Allerdings liegt die Prognose über ihre Realisierung ebenfalls nahezu unverändert bei etwa 50 Jahren – auch ein Phänomen, das in der Geschichte von Technikprognosen und Großforschungsprojekten einigermaßen singulär sein dürfte. Zugleich wurde im Laufe der Zeit immer deutlicher, dass die zivile Nutzung der Kernenergie in Gestalt abgebrannter Kernbrennstäbe und anderen radioaktiven Mülls gravierende Folgeprobleme erzeugt. Sie sind großenteils bis heute ungelöst, und ihre Kosten dürften viele anfängliche Rentabilitätsberechnungen Makulatur wer-

[15] S. vor allem Spencer R. Weart: Nuclear Fear. A History of Images, Cambridge/Mass. 1988; für die USA Robert Jay Lifton/Greg Mitchell: Hiroshima in America. 50 Years of Denial, New York 1995; einen globalen Überblick über antinukleare Bewegungen gibt Lawrence S. Wittner: The struggle against the bomb, 2. Bde. Stanford 1993 bzw. 2003.

[16] Die Zahl nach Angaben der *International Energy Agency*. Während der Anteil der Kernenergie an der Elektrizitätserzeugung in allen afrikanischen Ländern mit Ausnahme Südafrikas 0 % beträgt, liegt er in China bei 2 %, in den USA bei 19, in Deutschland bei 23, in Japan bei 30 und in Frankreich bei knapp 80 %.

den lassen. Zudem ist ihr zeitlicher Horizont von Tausenden von Jahren bisher einzigartig und stellt die Frage nach einer Semantik, welche Menschen in etlichen Jahrhunderten und gar Jahrtausenden – falls die Erde dann noch von Menschen bewohnt ist – vor Gefahren radioaktiver Abfälle in der oberen Erdkruste zu warnen vermag.

Schließlich hat das Reaktorunglück von Tschernobyl 1986 Behauptungen über die Sicherheit von Kernkraftwerken erschüttert und Schäden verursacht wie wohl kein ziviltechnischer Unfall zuvor. Rund 110.000 Menschen wurden innerhalb weniger Tage evakuiert, 240.000 später umgesiedelt. Für die Zahl der Todesopfer und Langzeitverstrahlten gibt es extrem unterschiedliche Angaben, von einigen Tausend bis zu einer Million und mehr – eine singuläre Schwankungsbreite, zurückzuführen auf unzulängliche oder fehlende Angaben über freigesetzte Radioaktivität und unterschiedliche Annahmen über deren Ausbreitung und Langzeitwirkung. Singulär im Sinne von historisch erstmalig waren die Schäden auch insofern, als sie sich nicht auf den Unglücksort und seine Umgebung beschränkten und nicht einmal auf den Staat, in dem er lag, sondern auch Tausende von Kilometern entfernte Länder betrafen und teilweise jahre- oder jahrzehntelang anhielten. Sie haben deshalb Albträume ausgelöst, wie sie anfänglich mit der Bombe assoziiert worden waren. Zudem hinterließ die Katastrophe von Tschernobyl eine bisher unbekannte Art von Ruine, eine solche nämlich, die auf unabsehbare Zeit nicht betreten werden darf. Denn sie strahlt weiter und soll deshalb mit dem bisher größten industriellen Bauwerk überwölbt werden, damit die Strahlung in den nächsten Jahrzehnten nicht nach außen dringt. Zugleich verlieh Tschernobyl dem Begriff Wildnis bisher unbekannte Bedeutung. Bisher galt als Wildnis eine noch nicht von Menschen besiedelte oder anderweitig genutzte Landschaft. Bei der Wildnis um die Reaktorruine von Tschernobyl herum aber handelt es sich um eine Landschaft, die von Menschen bewohnt und genutzt war, aber von ihnen unbewohnbar gemacht wurde, gleichsam eine moderne Form von Wüstung. (In ein Paradies für Tiere und Pflanzen hat sie sich entgegen ersten Eindrücken nicht zurückentwickelt.) Manche Industrieländer hat die Katastrophe in der Ukraine zum Verzicht auf den Bau weiterer Kernkraftwerke bewogen und in einigen die Entstehung oder das Wachstum sozialer Bewegungen befördert, die sich neuartiger Formen politischen Protests bedienten und die Parteienlandschaft tiefgreifend veränderten. Eine weltweite Abwendung von der zivilen Nutzung der Kernenergie aber fand nicht statt, selbst im Land der Katastrophe, der Sowjetunion und später der Ukraine bzw. Russland nicht.

Am Ende des 20. Jahrhunderts war das Brüsseler Atomium verfallen – symbolischer Ausdruck dafür, dass das „Atomzeitalter“ in dem emphatischen Sinne, in dem es 1945 proklamiert worden war, verdämmert war. Es wurde nie für beendet erklärt; aber das Wort verschwand aus dem öffentlichen Sprachgebrauch und wurde abgelöst oder überlagert von anderen Selbstbeschreibungen, die ein verändertes Zeitbewusstsein zum Ausdruck brachten, vom „Zeitalter der Raumfahrt" über das „Computerzeitalter" bis zum „Zeitalter der Globalisierung". Zu einem historiographischen Begriff ist „Atomzeitalter" ohnehin nie geworden. Nur wenige Historiker haben das Wort zur Kennzeichnung der zweiten Hälfte des 20. Jahrhunderts verwendet, und dann meist theoretisch unreflektiert, eher wie eine Art Zitat.[17] Weit häufiger wird diese Zeit als Epoche des Kalten Krieges, der Systemkonkurrenz u.ä. bezeichnet.

Ist das „Atomzeitalter" zu Ende?

Mittlerweile wurde das Atomium restauriert. Mit einer Renaissance des „Atomzeitalters" im früheren emphatischen Sinn ist jedoch nicht zu rechnen. Eine Wiederbelebung der einstigen Ängste vor der Atombombe ist unwahrscheinlich, solange keine Kernwaffe eingesetzt wird, eine Wiederbelebung der schier grenzenlosen einstigen Hoffnungen auf die zivile Nutzung der Kernenergie gleichfalls. Man kann die Restaurierung des Atomiums aber als Symbol dafür sehen, dass Realitäten und Probleme, die mit dem „Atomzeitalter" in die Welt kamen, weiterbestehen, ebenfalls die Ängste, die der Abwurf der Bomben auf Hiroshima und Nagasaki weltweit auslöste, mag es auch bisweilen so scheinen, als seien sie vergessen. Zwar haben die USA und die Sowjetunion bzw. Russland nach dem Ende des Kalten Krieges ihre Kernwaffen beträchtlich reduziert. Doch noch immer verfügen nach Schätzungen der *Federation of American Scientists* die USA über rund 8.500 und Russland über ca. 11.000 nukleare Sprengköpfe.[18] Das ist zwar weit weniger als auf dem Höhepunkt des nuklearen Wettrüstens, aber noch immer unvergleichlich viel mehr als das winzige Arsenal, mit dem das „Atomzeitalter" begann. Und über eine Abschaffung ihrer Kernwaffen, zu dem sie sich im Nichtverbreitungsvertrag verpflichtet haben, wenn auch nur vage, mochten beide Staaten bisher nicht verhandeln. Erst im Frühjahr 2008 haben sich ehemalige Staatsoberhäupter und Außenminister für völlige nukleare Abrüstung ausgesprochen. Mit Obamas Prager Rede vom April 2009 hat sich zum erstenmal seit Jahrzehnten auch ein amtierender US-Präsident nicht nur zu diesem Ziel bekannt, sondern auch konkrete Vorschläge für einen Weg dorthin gemacht. Aber selbst wenn er zielstrebig eingeschlagen werden sollte, wonach es einstweilen nicht aussieht, ist er noch unabsehbar lang und höchst unsicher. Wird er jedoch nicht beschritten, dürfte es kaum möglich sein, die Zahl der Kernwaffen-

[17] Z.B. Michael Salewski (Hg.): Das Zeitalter der Bombe, München 1995.
[18] S. fas.org/programs/ssp/nukes/nuclearweapons/nukestatus.html; angesehen am 2.5.2011.

staaten auf den heutigen Stand zu begrenzen. Denn wie die Beispiele Indien und Iran zeigen, sind Kernwaffen auch Statussymbole und eignen sich deshalb als Instrument innenpolitischer Propaganda und sozialer Integration in Staaten, die große innenpolitische Gegensätze und soziale Spannungen auszuhalten haben und aus historischen oder kulturellen Gründen eigene Großmachtansprüche erheben. Solange die als solche anerkannten Kernwaffenstaaten nicht auf ihre Kernwaffen verzichten, sich nicht zumindest zu deren radikaler Verminderung bereit erklären, wird deshalb die Zahl von Staaten eher zu- als abnehmen, die aufgrund eines Anspruchs auf Gleichrangigkeit und völkerrechtliche Gleichberechtigung – man könnte auch sagen: auf Selbstachtung – und nicht zuletzt aus innenpolitischen Gründen Kernwaffen bauen oder sich beschaffen oder dies versuchen. Mit der Zunahme von Nuklearmächten aber steigt das Risiko, dass Kernwaffen tatsächlich eingesetzt werden. Mehr als einmal hat nur der Zufall oder schieres Glück die alten Nuklearmächte, namentlich die USA und die Sowjetunion, vor ihrem Einsatz bewahrt, bevor sie lernten, ihre Sicherheit nicht primär auf diese Waffen zu gründen. Dass neue Nuklearstaaten einen vergleichbaren Prozess des *nuclear learning* durchlaufen, ist zwar wahrscheinlich, aber keineswegs sicher. Und selbst wenn es der Fall sein sollte, ist das Risiko, dass es dabei zu Pannen kommt, ebenso groß, wie es bei den alten Nuklearmächten war – und ist. Vor der Wiederholung eines Kernwaffeneinsatzes ist nur eine kernwaffenfreie Welt einigermaßen sicher – einigermaßen deshalb, weil auch in ihr das Wissen zum Bau von Kernwaffen weiterbestehen würde. Sicher wäre sie nur dann, wenn verlässliche Vorkehrungen geschaffen würden, dass es nirgends mehr angewandt werden kann – eine bisher politisch beispiellose Aufgabe.

Dass die Ängste, die seinerzeit zur Proklamation des „Atomzeitalters“ geführt haben, virulent geblieben sind und bei sich gegebenem Anlass unverzüglich wieder Ausdruck verschaffen, hat die Reaktion auf das Reaktorunglück im japanischen Fukushima im März 2011 gezeigt. Sie hat auch gezeigt, dass diese Ängste sich von der militärischen auf die zivile Nutzung der Kerntechnik verschoben oder ausgeweitet haben. Was einst als Mittel gefeiert wurde, ein Paradies auf Erden zu schaffen, gilt jetzt als potentieller Auslöser ihrer Verwüstung – ein bisher kulturhistorisch singulärer Vorgang, der ansatzweise schon in den Reaktionen auf Tschernobyl 1986 zu beobachten war. Plötzlich ist wieder vom „Atomzeitalter“ und von der Apokalypse die Rede und die Sprache des Mythos wieder aktuell, weil nur sie angemessen erscheint. Plötzlich sind wieder Bücher von Günther Anders aus den 50er Jahren gefragt, die inzwischen weitgehend in Vergessenheit geraten waren.[19] Denn zum erstenmal sah es so aus, als könne die Schreckensvision Wirklichkeit werden, dass ein ganzes Land oder zumindest

---

[19] S. *DIE ZEIT* v. 20.4.2011.

seine Hauptstadt mit 36 Millionen Einwohnern dauerhaft unbewohnbar wird – eine historisch beispiellose Perspektive. Einzigartig war die japanische Reaktorkatastrophe auch insofern, als sie dank der Medien nahezu in Echtzeit als „Katastrophen-Livekrimi“ (Ulrich Beck) überall auf der Welt verfolgt werden konnte und immer wieder zu sehen war. Ihre Bilder dürften sich innerhalb weniger Tage in das kollektive Gedächtnis der Menschheit eingebrannt haben.

Ob Fukushima dereinst die Wende zur weltweiten Abkehr von der zivilen Nutzung der Kernkraft markieren wird, wie sie unmittelbar danach in Deutschland beschlossen wurde, in diesem Sinne also tatsächlich das „Ende des Atomzeitalters“, wie es in Kommentaren vom April 2011 hieß, bleibt abzuwarten. Bisher sind die Anzeichen hierfür ähnlich schwach, wie sie es nach Tschernobyl waren. Weltweit sind gegenwärtig rund 440 Kernkraftwerke in Betrieb, weitere 40 im Bau, davon allein 25 in China, zahlreiche weitere in Planung. Es ist aus politischen und ökonomischen, in manchen Fällen sogar ökologischen Gründen höchst unwahrscheinlich, dass sie in absehbarer Zeit stillgelegt bzw. nicht fertig gestellt werden. Wahrscheinlicher ist, dass Fukushima dereinst die Wende zu einer Kursänderung innerhalb der Kerntechnik markiert, etwa die Abkehr von den bisher üblichen Leichtwasserreaktoren und den Übergang zu angeblich inhärent sichereren Reaktorlinien, von denen manche in den 1950er Jahren diskutiert, später aber nicht weiterverfolgt wurden. Selbst dann freilich bleibt das Entsorgungsproblem bestehen, und es wird mit jedem Reaktor größer, der ans Netz geht. Denkbar ist aber auch, dass Fukushima in doppelter Weise zukunftsweisend ist. Es könnte ein weiteres Beispiel für einen neuen Typus von Katastrophen sein, den Risikoforscher seit einiger Zeit beobachten: eine höchst unwahrscheinliche, aber eben doch mögliche Verkettung von Naturkatastrophen und Versagen großer technischer Systeme, in diesem Fall eines Erdbebens von außergewöhnlicher Stärke und eines Tsunamis von beispielloser Höhe mit dem Ausfall der Sicherheitssysteme eines riesigen Reaktorkomplexes und infolgedessen einer Sekundärkatastrophe. Typisch für diese Art von Doppelkatastrophen ist ihr singulärer Verlauf – singulär im Sinne von nie dagewesen, völlig unerwartet und in keinem Katastrophenplan vorgedacht. Fukushima könnte aber auch ein frühes Beispiel für die Risiken bieten, die eine zunehmend urbanisierte Weltbevölkerung von bald 9 Milliarden zu akzeptieren bereit ist oder bereit sein muss, wenn sie zur Deckung ihres Energiebedarfs weiterhin auf Kernkraft setzt. Heutzutage scheinen diese Risiken singulär und inakzeptabel. Aber, wie bemerkt, auch Singularität ist historischem Wandel unterworfen. Schon nach Tschernobyl äußerte der damalige Präsident der IAEA, angesichts der Wichtigkeit der Kernenergie könne die Welt einen Unfall vom Ausmaß Tschernobyls pro Jahr vertragen. Möglicherweise war er bestürzend weitsichtig. Jedenfalls hat Fukushima auf dramatische Weise klar gemacht, dass das „Atomzeitalter“ im Sinne der radiologischen, aber auch ökonomischen, ökologischen und sozialen Risiken, die die Einführung der Kerntechnik mit sich gebracht hat, noch lange nicht vorbei ist und vielleicht nie sein wird, selbst wenn es gelingen sollte, die Welt nuklearwaffenfrei zu machen.

Constanze Eisenbart

Die Sprache des atomaren Mythos – Anmerkungen zu einer protestantischen Debatte

Bedrohen Atomwaffen die Menschheit?

Kurz nach der Entdeckung der Uranspaltung durch Otto Hahn hatte Carl Friedrich von Weizsäcker im Februar 1939 ein Gespräch mit Georg Picht, über das er wiederholt in seinen Veröffentlichungen berichtet. Noch dreißig Jahre später schreibt er, dass in diesem Gespräch „in Umrissen" alle seither eingetretenen Ereignisse schon vorkamen. Die Quintessenz dieses Gespräches war: „Die Physik erkennt Grundgesetze der Natur, die unser Denken radikal umgestalten. Hieraus entspringt eine Technik, die unsere materiellen Lebensbedingungen radikal umgestaltet. Es ist unvermeidlich, dass hieraus politische Ereignisse folgen, die die politischen Ordnungen der Menschen radikal umgestalten".[1]

Im Sommer 1945 wurde in den USA das Manhattan-Projekt erfolgreich abgeschlossen. Mit dem Abwurf der ersten Atombomben auf Japan erreichte der Pazifische Krieg seinen Höhepunkt und sein Ende. Die ganze Wirkung dieser Waffen trat erst langsam ans Licht. Im Vergleich dazu brauchte die radikale Veränderung der politischen Weltordnung weniger Zeit. Seit 1949 verfügte auch die Sowjetunion über Atombomben. 1952 erprobten die USA, 1953 die UdSSR ihre Wasserstoffbomben. Das sowjetisch-amerikanische Duopol beherrschte für ein halbes Jahrhundert die Erde. Das Gleichgewicht des Schreckens wurde für Jahrzehnte zum Signum des Atomzeitalters. Diese Entwicklung erfüllte vor allem die Naturwissenschaftler, deren Forschung die Waffen erst möglich gemacht hatte, mit wachsendem Entsetzen. Schon am 16. Oktober 1945 hatte Robert Oppenheimer in der Rede, mit der er sich von seinen Mitarbeitern in Los Alamos verabschiedete, gesagt: „Wenn Atombomben als neue Waffen den Arsenalen einer Welt im Kriegszustand oder den Arsenalen von Nationen, die sich auf den Krieg vorbereiten, hinzugefügt werden, dann wird eine Zeit kommen, in der die

[1] Carl Friedrich von Weizsäcker, Der bedrohte Friede, München 1981, S. 182, s. dazu den Beitrag von Erich Häckel.

Menschheit die Namen Los Alamos und Hiroshima verfluchen wird".[2] Später erinnert er sich, dass ihn nach dem gelungenen Test am frühen Morgen des 16. Juli 1945 der Bhagavad Gita-Vers überfallen habe: „Now I am become death, the destroyer of worlds".[3] Oppenheimer führte nach Hiroshima und Nagasaki einen verzweifelten Kampf gegen jeden weiteren Einsatz von A- und später H-Waffen. Das schuf ihm erbitterte Feinde und führte zu dem ehrabschneidenden Verfahren gegen ihn. Aber unter den besten Physikern seiner Zeit besaß er viele Verbündete. Vor Hiroshima hatte allerdings nur Joseph Rotblat die Konsequenz besessen, aus dem Manhattan-Projekt auszusteigen, da dessen einzige Rechtfertigung hinfällig geworden sei, die darin bestanden habe, Kernwaffen zu entwickeln, um Hitlers vermeintlichen Atombomben etwas entgegensetzen zu können. Im Mai 1945 kapitulierte Deutschland; es stellte sich rasch heraus, dass es unter den Nazis nie eine realistische Möglichkeit gehabt hatte, Atomwaffen zu bauen. In den folgenden Jahrzehnten wird Rotblat zu einem der Wortführer des Kampfes um eine kernwaffenfreie Welt. Er ist beteiligt an der Formulierung des Russell-Einstein-Manifestes von 1954, in dem es heißt: „Here, then, is the problem which we present to you, stark and dreadful and inescapable: Shall we put an end to the human race; or shall mankind renounce war?" Und gegen Ende des Manifestes mit noch gesteigertem Pathos: „Denkt an eure Menschlichkeit und vergesst alles andere. Seid ihr dessen fähig, so ist der Weg zu einem neuen Paradies offen; schafft ihr es nicht, so riskiert ihr den Tod aller." [4] Das „neue Paradies" wird beschrieben als ununterbrochener Fortschritt zu Glück, Wissen und Weisheit. Hier begegnet uns in voller Wucht die Sprech- und Denkweise, die bei Oppenheimer schon anklingt und die fortan die Atomdebatte prägte.

Schon im April 1954 hatte sich auch Albert Schweitzer, Arzt und evangelischer Theologe, an die Atomwissenschaftler der Welt gewandt und sie aufgefordert, mit den Atomtests aufzuhören. Jede Zunahme des Fall-out bei Atomtests sei „als ein Unglück für die Menschheit anzusehen, das unter allen Umständen verhindert werden muss".[5] Einstein, der die letzte Unterschrift seines Lebens unter Russells Manifest setzte, war überzeugt, dass die „die Existenz der Menschen bedrohenden Atomwaffen" nur abgeschafft werden können „durch die Abschaffung des Krieges überhaupt".[6] Jetzt nannte er die Entwicklung der Atombombe – die er 1939 „angesichts der Gefahr, dass Hitler zuerst in den Besitz der Bombe

[2] Kai Bird/Martin J. Sherwin, American Prometheus, London 2005, S. 329.

[3] A.a.O., S. 309. Vgl.: dies ist ein frühes Beispiel für die „Konstruktion des sozialen Tabu", s. den Beitrag von Christopher Daase, die Einleitung sowie den Beitrag I von Hans-Joachim Bieber.

[4] Albert Einstein, Über den Frieden, Bern 1975, S. 630; vgl. Einleitung.

[5] Christian Walther, Atomwaffen und Ethik. Der deutsche Protestantismus und die atomare Aufrüstung 1954-1961, München 1981, S. 38.

[6] Einstein a.a.O., S. 611.

kommen könnte" befürwortet hatte – die „Öffnung der Pandora-Büchse".[7] Wenige Tage nach dem Erscheinen des Russell-Einstein-Manifestes initiierte Otto Hahn die „Mainauer Erklärung" der Nobelpreisträger, die auch besonders auf die Folgen des radioaktiven Fall-out hinwies: „Wir [Wissenschaftler] sehen mit Schrecken, dass diese Wissenschaft der Menschheit die Mittel an die Hand gibt, sich selbst zu zerstören … die Erde kann so durch Radioaktivität verseucht werden, dass ganze Völker vernichtet würden", schrieben die Nobelpreisträger am 15. Juli 1955 und fuhren fort: „So ruft eine Nation, die sich auf einen totalen Krieg einlässt, ihren eigenen Untergang herbei und gefährdet die ganze Welt ... Alle Nationen müssen zu der Entscheidung kommen, freiwillig auf die Gewalt als letztes Mittel der Politik zu verzichten. Sind sie dazu nicht bereit, so werden sie aufhören, zu existieren".[8] Zu den Unterzeichnern des Mainauer Textes gehörten Werner Heisenberg, Otto Hahn und Max Born, die später auch die Göttinger Erklärung mittrugen.

Zwei Jahre später warnte Albert Schweitzer, der neben Einstein eine der einflussreichsten moralischen Autoritäten der Nachkriegszeit war, in einer Radiorede anlässlich der Verleihung des Friedensnobelpreises wieder mit großem Nachdruck vor den Wasserstoffbomben: „Wir sind genötigt, jede Steigerung der bereits bestehenden Gefahr durch weiterhin stattfindende Erzeugung von radioaktiven Elementen durch Explosion von Atombomben als ein Unglück für die Menschheit anzusehen, das unter allen Umständen verhindert werden muss, vor allem im Hinblick auf die Folgen, die es für unsere Nachkommenschaft haben könnte … Dieser droht ja die erste und furchtbarste Gefahr".[9]

Am 12. April 1957, also fast gleichzeitig mit Schweitzers Rede, veröffentlichten achtzehn führende deutsche Atomwissenschaftler die „Göttinger Erklärung".[10] Darin wird in einer eher zurückhaltenden Sprache erläutert, welche Wirkung die Atomwaffen haben können. „Der Frieden zwischen hochgerüsteten Atommächten ist fragil. Im Fall des Versagens der Abschreckung droht eine tödliche Gefahr". Das Dokument trägt die Handschrift von Carl Friedrich von Weizsäcker. Es ist, gemessen an den früheren Dokumenten, kühl formuliert. Signalwirkung für die nationale Diskussion geht weniger von der hier verwendeten Sprache als von drei Faktoren aus, die Weizsäcker bewusst einkalkuliert hatte, wie er später in einem Rundfunkinterview sagte: Da waren die seit 1956 leiden-

[7] Brief an Max von Laue, 19.4.1955, Einstein, a.a.O., S. 615.

[8] Einstein a.a.O., S. 663, vgl. auch Otto Hahn, Mein Leben, Erweiterte Neuausgabe, München 1986; bes. „Göttingen 1948-1960", S. 219ff., Otto Hahns Stimme hatte ein besonders großes Gewicht in der allgemeinen deutschen Debatte über Atomwaffen.

[9] Walther a.a.O., S. 38f.

[10] Abgedruckt u.a. in Elisabeth Kraus, Von der Kernspaltung zur Göttinger Erklärung, Würzburg 2001, S. 202f.

schaftlich diskutierten Überlegungen, die Bundeswehr mit Atomwaffen auszurüsten oder ihr mindestens eine „atomare Teilhaberschaft" an den US-Waffen einzuräumen. Da war die in diesem Zusammenhang gefallene Äußerung Konrad Adenauers vom 5. April 1957: taktische Atomwaffen seien lediglich eine Weiterentwicklung der Artillerie, auf die man nicht verzichten könne. Da war aber vor allem die bisher in solcher Art von Erklärungen und Manifesten nicht enthaltene Selbstverpflichtung der Unterzeichner, sich unter keinen Umständen und in keiner Weise „an der Herstellung, der Erprobung oder dem Einsatz von Atomwaffen ... zu beteiligen". Hier wurde die Öffentlichkeit nicht nur informiert, sondern zur Zeugin eines Bekenntnisses gemacht. Es klang etwas an von dem legendären Auftritt Luthers vor dem Reichstag in Worms: „Hier stehe ich, ich kann nicht anders". Das war ein Ton, den die Deutschen lange nicht vernommen und den sie offenbar vermisst hatten. Dass die Göttinger Achtzehn im Unterschied zu den Göttinger Sieben des Jahres 1837 mit einer solchen Selbstverpflichtung nicht ihre Ämter riskierten, war in diesem Zusammenhang weniger wichtig. Deutsche Professoren wagten es, sich mit dem Bundeskanzler und dem Verteidigungsminister öffentlich anzulegen! Zwölf Jahre nach dem Ende der totalitären Herrschaft der Nazis verlieh diese Selbstverpflichtung der Göttinger Erklärung eine Aura von Glaubwürdigkeit, die in die Politik ausstrahlte. Sie erwies sich als stilbildend für die künftige deutsche Auseinandersetzung um die Atombombe.

Eine Herausforderung für den deutschen Protestantismus

Diese Auseinandersetzung war schon länger mit besonderer Heftigkeit im Raum des Protestantismus geführt worden.[11] Ostern 1957 erklärte z.B. die kirchliche Bruderschaft im Rheinland: „Nun ... steht die Menschheit in ihrer gesamten irdischen Existenz unter einer noch nie dagewesenen Bedrohung. Die lebensbedrohenden atomaren Waffen sind da. ... Das Licht von Ostern, heller als tausend Sonnen, mache uns besonnen und nüchtern", schließt der Text und zitiert damit den spektakulären Titel des 1956 erschienen Atombombenbuches von Robert Jungk.[12]

[11] Sie wird in zwei Büchern ausführlich dokumentiert: Christian Walther a.a.O. und Ulrich Möller, Im Prozess des Bekennens. Brennpunkte der kirchlichen Atomwaffendiskussion im deutschen Protestantismus 1957 bis 1962, Neukirchen 1999, in dem auch die wichtigsten Titel der inzwischen ausufernden Literatur zitiert werden. Dieser Beitrag konzentriert sich auf die protestantischen Stellungnahmen, die den deutschen Diskurs bestimmten. Er müsste ergänzt werden durch eine Aufarbeitung katholischer Texte.

[12] Walther, a.a.O., S. 39f.

Schon im August 1954 hatte der Weltrat der Kirchen „an alle Regierungen und Völker“ appelliert, „alle der Massenzerstörung dienenden Waffen, einschließlich der Atom- und Wasserstoffbombe“ zu verbieten und das Verbot zu kontrollieren. Seit Amerika und Russland über Wasserstoffbomben verfügten, besaßen Regierungen „zum ersten Mal in der Weltgeschichte eine Waffe, die ganze Völker ausrotten kann“, sagte Carl Friedrich von Weizsäcker in einem Vortrag am 29. April 1957.[13] Für ihn wie zuvor für Oppenheimer vollzog erst die H-Bombe endgültig den qualitativen Sprung zur ultimativen Waffe. Hatten sich die protestantischen Auseinandersetzungen in Deutschland anfänglich vor allem auf die ethischen Implikationen einer Militärseelsorge im Zeitalter möglicher Atomkriege bezogen, so wurde diese eigentümliche Selbstbezogenheit durch die Göttinger Erklärung aufgebrochen. Nach dem 12. April 1957 gab es Stellungnahmen von Karl Barth, von den kirchlichen Bruderschaften, den Dekanen der Theologischen Fakultäten und den Evangelischen Bischöfen der DDR. Alle kreisten um die gleiche Argumentationsfigur: die beispiellose (also singuläre) Bedrohung des Lebens und der Menschheit im Ganzen. Die Selbstverpflichtung der Physiker wurde als Ermutigung für die Christen verstanden, entschiedener als bisher Widerstand gegen die Rüstung mit Massenvernichtungswaffen zu leisten. Dieser Position widersprachen allerdings einige Lutheraner und konservative Theologen wie Helmut Thielicke und Walter Künneth. Sie vertraten die Meinung, dass die Zwei-Reiche-Lehre auch in dieser Frage zu gelten habe: Glaube und Politik seien strikt zu trennen.

Als sich Ende 1957 eine Tendenz in der NATO abzeichnete, auch die Bundeswehr auf Kernwaffenanwendung vorzubereiten, stieg die Zahl der Kritiker rasch an. Im Protestantismus wuchs die Sorge, die Kirche versäume es wieder, wie zwanzig Jahre zuvor in der Judenfrage, ihre Stimme unmissverständlich gegen eine theologisch nicht mehr zu rechtfertigende Politik zu erheben. Dabei stellte sich von Anfang an das Problem der Abgrenzung: Konnte man die grundsätzliche Absage an Atomwaffen verbinden mit dem Zugeständnis, dass in der polarisierten Welt militärische Macht unentbehrlich sei, um Recht und Freiheit der „freien Welt“ zu schützen? Der Sieg über das totalitäre Deutschland Hitlers lag erst wenige Jahre zurück. In diesem Dilemma bekam das Singularitätsargument ein besonderes Gewicht. Mit ihm wurde die These begründet, dass radikal neue Herausforderungen nach radikal neuen Antworten verlangten. Wie diese aussehen konnten, blieb allerdings unklar. Die Formel, man bleibe trotz unüberbrückbarer Differenzen „unter dem Evangelium zusammen“, beschrieb mehr eine verzweifelte Tapferkeit als eine tragfähige Lösung.

---

[13] Der bedrohte Friede, S. 33.

Im März 1957 hatte die Synode der EKD nach erbitterten Diskussionen dem Militärseelsorgevertrag zugestimmt. Die Pläne einer atomaren Bewaffnung der Bundeswehr im Rahmen der NATO-Strategie stellten die neu gegründete Militärseelsorge vor eine unerhörte Herausforderung. Deshalb bat der Militärbischof Hermann Kunst die gerade entstehende Forschungsstätte der Evangelischen Studiengemeinschaft um Hilfe bei der Analyse der Situation einer Armee im Zeitalter von Atomwaffen und um Klärung der Grundlagen einer zeitgemäßen Militärseelsorge. Das wissenschaftliche Kuratorium der FEST, dem Carl Friedrich von Weizsäcker angehörte, beschloss unter dem Vorsitz von Ludwig Raiser am 24. April 1957 auf seiner ersten Sitzung, also zwölf Tage nach der Göttinger Erklärung, die Gründung einer Kommission mit dem Arbeitstitel „Krieg im Atomzeitalter“. Zwei Jahre und zwölf Sitzungen später einigte sich die Kommission, der vier Theologen verschiedener Richtungen, ein Jurist, ein Physiker, ein Mathematiker, ein Historiker und ein Philosoph angehörten, am 28. April 1959 auf die „Heidelberger Thesen“.[14] Diese Thesen versuchten eine Brücke zu schlagen zwischen zwei eigentlich unvereinbaren, theologisch begründeten Positionen, die 1957 gedroht hatten, die evangelische Kirche zu spalten. Zwar ist die Anwendung von Atomwaffen – darüber sind sich alle Partner einig – unter keinen Umständen zu rechtfertigen. Ihre Bereitstellung und die glaubwürdige Drohung mit ihnen mag aber für eine Übergangszeit im Ost-West-Konflikt nicht verwerflich sein, wenn es ihr Ziel ist, „den Frieden zu bewahren und den Einsatz dieser Waffen zu vermeiden“ – immer unter dem Vorbehalt, dass dadurch „eine Zeitspanne zu konstruktiver Arbeit am Frieden gewährt“ wird.[15] „Die größte Gefahr für den Frieden ist, dass die Zeitspanne, die uns das gegenwärtige Kräftegleichgewicht lässt, in träger Resignation vertan wird.“ Die Heidelberger Thesen haben, wie Hans-Richard Reuter fünfzig Jahre später noch einmal detailliert dargestellt hat, bis heute die friedensethische Diskussion in Deutschland weit über die Evangelische Kirche hinaus mitbestimmt, obwohl sie im Kern einige argumentative Schwächen enthalten.[16] Vor allem „die Übertragung des aus der modernen naturwissenschaftlichen Grundlagendiskussion entlehnten Begriffs der Komplementarität auf ethische Probleme“, schreibt Reuter, „führt … allzu leicht in die Irre“ (116). Carl Friedrich von Weizsäcker hatte diesen Gedanken auf Vorschlag der theologischen Mitglieder der Kommission in den Text übernommen, hatte aber von Anfang an große Bedenken. Der Gedanke, dass entgegengesetzte Entscheidungen „komplementäre“ Verhaltensweisen im Rahmen dessel-

[14] Günter Howe (Hg.), Atomzeitalter, Krieg und Frieden, Forschungen und Berichte der Evangelischen Studiengemeinschaft, Witten/Berlin, 1959.

[15] A.a.O., S. 233; S. 228.

[16] Zum ethischen Problem nuklearer Abschreckung heute – Aktuelle Lektüre der „Heidelberger Thesen“ von 1959, Zeitschrift für Evangelische Ethik, 44. Jg, 2000, S. 113ff.

ben geschichtlichen Prozesses sein könnten, schien „neu, kühn und nicht zu Ende gedacht".[17] Er warf mehr Fragen auf, als er beantwortete; und diese Fragen sollten die philosophische und theologische Arbeit an der FEST noch lange Zeit begleiten. Das gilt auch für Weizsäckers eigenes Nachdenken. In einem Rückblick auf die Arbeit der Atomkommission schreibt er 1969, dass der Begriff der Komplementarität in diesem Zusammenhang „mehr eine Denkaufgabe als eine Lösung" darstellt,[18] und noch in seinem letzten großen Buch problematisiert er die Übertragbarkeit des Begriffes auf ethische Dilemmata.[19]

Carl Friedrich von Weizsäcker in der deutschen Debatte

Carl Friedrich von Weizsäcker gilt als einer der Wortführer der deutschen kernwaffenkritischen Wissenschaftler. Er und sein Freund Georg Picht, der die Forschungsstätte der Evangelischen Studiengemeinschaft leitete, haben sich über Jahrzehnte immer wieder mit der Atomwaffenfrage auseinandergesetzt. Sie stehen für einen Protestantismus in Deutschland, der nach dem traumatischen Erfahrungen der NS-Zeit die politische Verantwortung der Christen zu einem Kernpunkt der Ethik gemacht hatte. Deswegen haben sie sich, neben ihrer wissenschaftlichen und philosophischen Arbeit lange und intensiv mit der Atomfrage in all ihrem Aspekten auseinandergesetzt.

Sowohl die „Göttinger Erklärung" als auch die Heidelberger Thesen beruhen auf modifizierten, teilweise veränderten, in jedem Fall aber intensiv diskutierten Entwürfen aus Weizsäckers Feder. Er schreibt eine biegsame, klare, von den besten Traditionen des Deutschen getragene Sprache; die Lutherbibel, die deutschen Klassiker und die präzise Ausdrucksweise der Naturwissenschaften fügen sich zusammen zu einer unverwechselbaren Diktion, deren Argumentationskraft beträchtlich ist. Dabei werden von ihm, anders als bei den Menschen, die seine Überlegungen aufnehmen und weitertragen, subtile Vorsichtsfloskeln eingebaut, die seine nur scheinbar lückenlosen Begründungsketten immer wieder durchbrechen. In der Artikel-Serie „Mit der Bombe leben" begründet er zum Beispiel ausführlich, warum die Heidelberger Thesen dem Zeitfaktor ein so hohes Gewicht beimessen.[20] Was in der Öffentlichkeit „ankommt", sind aber vor allem die massiven Formeln, die „terribles simplifications".

Dieses Geschick ereilte auch die dritte öffentliche Aktion dieses Kreises von Protestanten, das „Tübinger Memorandum" vom 24. Februar 1962, das sich

---

[17] Der bedrohte Frieden, S. 191.
[18] A.a.O., S. 187.
[19] Carl Friedrich von Weizsäcker, Zeit und Wissen, München 1992, S. 783; S. 787.
[20] Der bedrohte Friede, S. 43ff.

in seinem verteidigungspolitischen Abschnitt dafür einsetzte, den „Schutz der Bevölkerung gegen die Gefahren möglicher Kriegshandlungen der Großmächte" ernst zu nehmen. Die Denkschrift, unterzeichnet von Hellmut Becker, Joachim Beckmann, Klaus von Bismarck, Werner Heisenberg, Günter Howe, Georg Picht, Ludwig Raiser und Carl Friedrich von Weizsäcker, wandte sich generell gegen die Neigung der Politiker, in zentralen Politikfeldern „den Blick vor gesellschaftlichen und politischen Übelständen zu verschließen und harten Entscheidungen auszuweichen". Am meisten Aufregung löste die Forderung nach Anerkennung der Oder-Neiße-Linie aus. Aber auch der vorsichtige Rat, den Bevölkerungsschutz ernst zu nehmen, der auf die Warnung vor einer nationalen oder europäischen Atomrüstung folgte, rief große Empörung hervor.[21] Auch hier nimmt die Öffentlichkeit nicht die Subtilitäten wahr, sondern hört nur auf die durch die Medien simplifizierten Botschaften.

Immer wieder wird von Diskutanten die Singularität, „die analogielose Gefährdung des Überlebens im Atomzeitalter",[22] betont, „die beispiellose Bedrohung des Lebens und der Zukunft der Menschheit".[23] Der damalige Bundestagspräsident Eugen Gerstenmaier spricht von der „apokalyptischen Vision des Atomtodes".[24] Auch der einflussreiche Nationalökonom Edgar Salin, der dem George-Kreis, nicht aber der Kirche nahesteht, und der ein enthusiastischer Befürworter der Kernenergie ist, schreibt: „Es drohen apokalyptische Greuel – niemand darf sich das verhehlen".[25]

Joachim Radkau zitiert in seiner Geschichte der deutschen Atomwirtschaft allerdings auch ganz andere Stimmen. Er beschreibt die Atomeuphorie, vor allem bei marxistischen Denkern wie Ernst Bloch. Sie kultivieren ein Atomzeitalterkonzept, aus dem die Bombe wie ausgelöscht scheint. Sogar Pascual Jordan, immerhin ein Physiker, der es besser wissen musste, versuchte „den Atomkrieg als ein durchaus erträgliches Geschehen" darzustellen, um seiner Begeisterung für die Kernenergie noch freieren Lauf lassen zu können.[26] Der Theologe Helmut Thielicke meint, die Forderung, alle Atomwaffen abzuschaffen, sei unrealistisch und die Abschreckung könne „so etwas wie einen Frieden der Angst herbeiführen"[27] – was sie ja in gewisser Weise auch getan hat, wenn man geneigt ist, den Kalten Krieg als Frieden zu bezeichnen und darüber hinwegzusehen, dass in den

---

[21] Text des Tübinger Memorandums bei Georg Picht, Verantwortung des Geistes, Stuttgart, 1969, S. 411ff.
[22] Möller, a.a.O., S. 365.
[23] Möller, a.a.O., S. 336.
[24] Am 10.5.1957, s. Walther a.a.O., S. 120.
[25] Zit. bei Joachim Radkau, Aufstieg und Krise der deutschen Atomwirtschaft, Hamburg 1983, S. 94.
[26] Radkau a.a.O., S. 94. Vgl. auch den Beitrag I von Hans-Joachim Bieber.
[27] Walther a.a.O., S. 48f.

letzten sechzig Jahren geschätzte dreißig Mal Atomwaffen beinahe eingesetzt worden wären.

Vorherrschend blieben jedoch die Stimmen, die wie etwa Helmut Gollwitzer die Meinung vertraten, dass die neuen, alles vernichtenden Waffen es überhaupt nicht mehr zulassen, einen Krieg innerhalb völkerrechtlicher Regeln zu führen. Oder wie ein anderer protestantischer Theologe, Heinrich Vogel, schrieb, dass nicht ein einziger Zweck denkbar sei, „der die Herstellung, Erprobung und Anwendung solcher Mittel rechtfertigen oder heiligen könnte .... Der Abwurf einer Atombombe ist ein nihilistischer Akt“.[28] In derselben Rede wiederholt Vogel das Russell-Einsteinsche Argument, das seither immer wieder benutzt wird, wenn von der Analogielosigkeit, der Singularität der Kernwaffen gesprochen wird: Die Massenvernichtungswaffen „zerstören“ in einem ungeheuerlich ausgeweiteten Raum schlechterdings alles Leben. Die Warnungen der Atomphysiker haben unüberhörbar gemacht, dass es sich dabei nicht nur um einen räumlichen, sondern auch um einen zeitlichen Wirkungsbereich handelt: diese Waffen bedrohen die kommenden Geschlechter“.[29] Noch 1980 schreibt Georg Picht: „Ein Atomkrieg würde, selbst wenn er … limitiert werden könnte, die Fundamente jeder politischen Ordnung vernichten. ... Die Atomwaffen haben ... einen qualitativen Umschlag in den objektiven Bedingungen des menschlichen Lebens bewirkt. ... Die Bedrohung durch den Atomkrieg sprengt alle uns vertrauten Dimensionen“.[30]

Die Heidelberger Thesen sind ausführlicher und stärker argumentativ als die Göttinger Erklärung. Auch sie suchen jedes unnötige Pathos zu vermeiden. Sie wiederholen die Warnung vor der atomaren Weltkatastrophe, vor der Brüchigkeit des Gleichgewichts des Schreckens und vor allem die Forderung nach einer Abschaffung der Institution des Krieges als einer legalen Form der Konfliktlösung.[31] Beide Dokumente verweisen aber unüberhörbar auf die apokalyptischen Ängste, die von diesen singulären Waffen ausgelöst werden. „Früheren Zeiten musste der Weltfriede als ein wahrscheinlich unerreichbares Ideal erscheinen. Christen mussten geneigt sein, ihn erst mit dem Jüngsten Gericht zu erwarten.

---

[28] Walther a.a.O., S. 28.
[29] Walther a.a.O., S. 28.
[30] Georg Picht, Hier und Jetzt II – Philosophieren nach Auschwitz und Hiroshima, Stuttgart 1981, S. 221 – nur eines der vielen Beispiele in Pichtschen Texten.
[31] Dieser Gedanke, der seit 1945 immer wieder auftaucht, war so neu nicht. Schon im 19. Jahrhundert gelangte der polnische Bankier Jan Bogumil Bloch in der Studie „Die Zukunft des Krieges“ zu dem Schluss, dass bewaffnete Konflikte zwischen Staaten nur noch um den Preis des Selbstmordes geführt werden könnten, da die moderne Technik und Taktik dem Verteidiger so große Vorteile beschaffte, dass niemand mehr einen entscheidenden Sieg erringen könne. Vgl. Theo Sommer, Zukunftsvisionen 1899, Zukunftstrends 1999, in: Marion Dönhoff/Theo Sommer (Hg.), Mutmaßungen über das 21. Jahrhundert, Berlin 1999, S. 287.

Für unser technisches Zeitalter wird er aber zur Lebensbedingung. Er beginnt heute deshalb möglich zu werden, weil er notwendig wird. Die Atomwaffe ist nur das heute deutlichste Symptom derjenigen Wandlung des menschlichen Daseins, die ihn zur Bedingung unseres Lebens macht". Und immer wieder heißt es: Im Atomzeitalter gibt es keinen „gerechten Krieg" mehr. „Der Atomkrieg ... zerstört, was er zu schützen vorgibt".[32]

Finden sich in den Heidelberger Thesen selbst eher vage Hinweise auf die Singularität der Nuklearwaffen, so lassen die begleitenden Texte des Bandes „Atomzeitalter – Krieg und Frieden", in dem die Thesen zuerst erschienen, an Deutlichkeit nichts zu wünschen übrig. Der konservative Theologe Edmund Schlink schreibt: „Mit der Entwicklung der Atomwaffen hat sich der Menschheit so Ungeheuerliches an Möglichkeiten des Terrors und der Vernichtung eröffnet, dass es nicht möglich ist, diesen Schritt der technischen Entwicklung in seiner Tragweite zu vergleichen mit der Erfindung des Schießpulvers oder der Dynamitmunition. Wir stehen hier vor einem Novum."[33]

Weizsäcker hatte oft Anlass, darüber zu seufzen, wie viel Mühe es mache, seine „in der Tat komplizierten Auffassungen einer schwierigen Lage gegen naive Freunde wie gegen primitive Gegner abzugrenzen".[34] Später nahm er die von ihm reich orchestrierte Weltuntergangssprache vorsichtig immer weiter zurück, weil er fand, man dürfte die mögliche Überlebbarkeit eines atomaren Angriffs nicht kategorisch ausschließen. Weizsäcker war überzeugt, dass jemand, der wirklich in der Politik etwas ändern will, sehr viel mehr verschwiegene Mühe aufwenden muss, und sich weniger öffentlich äußern.[35] Zwölf Jahre nach den Heidelberger Thesen resümiert er: „Die öffentliche Wirkung war sehr groß, aber, wie ich mit Bedauern feststellte, so unspezifisch, wie sie bei geringer Information und wachsender Leidenschaft wohl sein musste".[36] Die Wirkung überspülte die Absicht, sich bei den Thesen um ein „subtiles, nur durch genaue Auslassungen ermöglichtes Gefüge" von Argumenten zu bemühen.[37] Erreicht wurden dagegen zwei Ziele: Die Öffentlichkeit diskutierte die Atomfrage, und eine nationale Atomrüstung konnte seither in Deutschland nicht mehr „ernstlich ins Auge gefasst werden".[38] Offiziell hat jede deutsche Regierung nach Adenauer eine Nonproliferationspolitik betrieben.

[32] Weizsäcker, Atomzeitalter, S. 226, S. 229.
[33] Das ist die Übersetzung von Kernphysik in Apokalypse. Edmund Schlink, „Die Atomfrage in der kirchlichen Verkündigung", in: Howe, Atomzeitalter – Krieg und Frieden, a.a.O., S. 223.
[34] Wege in der Gefahr, München 1976; S. 207.
[35] Der bedrohte Friede, S. 199.
[36] A.a.O., S. 193.
[37] A.a.O., S. 194.
[38] A.a.O., S: 194.

In den folgenden Jahrzehnten greift Weizsäcker immer wieder in die Atomwaffendebatte ein – in seinem Starnberger Max-Planck-Institut, auf Kirchentagen, im Gespräch mit religiösen und politischen Führern. Für ihn war die enge Verknüpfung naturwissenschaftlicher, philosophischer und politischer mit religiösen Überlegungen selbstverständlich. Je komplizierter die physikalisch-philosophischen Probleme waren, denen er sich stellte, desto eindeutiger wünschte er sich Wegweisungen im Glauben. Es war nicht des Apostels Paulus' „hochintellektuelle Erregtheit", auf die er sich stützte, es waren die scheinbar einfachen, monumentalen Sätze der Bergpredigt. Sie begleiteten ihn sein Leben lang, nicht als Handlungsmaximen, sondern als die Lichter, die in das Dunkel menschlichen Suchens und Irregehens leuchten. Radikalität war Weizsäckers Sache nicht. So bleibt er auch in der Atomwaffenfrage eher ein archenbauender Noah als ein alttestamentlicher Prophet. Er plädierte gleichzeitig für die Abschaffung des Krieges, um die große Katastrophe abzuwenden, wie für den Bau von Schutzräumen, damit möglichst viele Leben gerettet werden könnten, wenn doch die Sintflut über die Menschheit und die Natur hereinbrechen würde. Die Atombombe verändert die Qualität pazifistischer Überlegungen. Die Abschaffung des Krieges als völkerrechtlicher Institution wird von einer theoretischen Konstruktion zu einem dringlichen Postulat. Der Gedanke springt von der Logik über in das Kraftfeld mythischen Denkens. Dass die Menschheit sich auslöschen kann, wurde zu einer negativen Utopie von großer Mächtigkeit. Armageddon wird zu einer realen Möglichkeit.

Die apotropäische Aufgabe des Mythos

Die große Debatte ging weiter. Zahlreiche Nichtregierungsorganisationen beteiligten sich. Jährlich veröffentlichen die „Pugwash Conferences on Science and World Affairs" dringende Appelle und versuchen, ihre wissenschaftlichen Erkenntnisse in die politische Wirklichkeit einzubringen. Für ihre unermüdliche Arbeit im internationalen Dialog der Wissenschaftler mit den Politikern wurde die Pugwash-Bewegung 1995 sogar mit dem Friedensnobelpreis ausgezeichnet. Überall entstehen Institutionen, die den Kampf gegen die Atomrüstung mit immer neuen Argumenten untermauern. Vereinigungen wie VDW, FONAS, IALANA, „Ärzte gegen den Atomtod", „Union of Concerned Scientists", Amaldi-Konferenzen und viele andere werden nicht müde, zu warnen. Endlose UN-Debatten, Überprüfungskonferenzen, regionale Abkommen, nationale Institutionen, Kirchenbeschlüsse folgen. Sie alle trugen dazu bei, dass ein Nichtverbreitungsregime aufgebaut wurde, das bewirkte, dass die befürchtete Proliferation nur sehr langsam vonstatten ging. Einige Initiativen hatten großen Einfluss auf einzelne Politiker, andere bündelten die diffusen Ängste der Öffentlichkeit in den westlichen Demokratien. Ihre Argumente verfeinerten und differenzierten sich im Laufe der Jahre – im Kern aber blieben sie sich gleich. Die Tendenz zu einer Sprache der Weltuntergangsszenarien wurde verstärkt durch die Debatten über Neutronenbombe („Reduced Blast, Enhanced Radiation"), über Weltraumwaffen, über „schmutzige" Kernwaffen, über Star Wars, über Nuklearen Winter, über Atomwaffen in den Händen von Terroristen und – vor allem seit Tschernobyl – über den nächsten GAU eines zivilen Kernkraftwerkes.[39] Noch 2006 sprach ein so kenntnisreicher und unpathetischer Mann wie Wolfgang Panofsky von der „furchtbaren physikalischen Realität, die überflutet wird von politischen Überlegungen", und von der Sinnlosigkeit, Abwehrsysteme gegen Nuklearwaffen aufzubauen.[40]

Die Teilnehmer an dieser weltweiten Debatte haben in zahlreichen Anläufen versucht, mit dem Entsetzen umzugehen, das die Atomwaffen auslösten. Dabei wiederholen sie sich, denn für das Analogielose gibt es nur wenige, archaische Bilder. Die Faktensprache schlägt deshalb immer wieder in das mythische Reden um. Weizsäcker ringt weiter um Rationalität: „Die Komplementarität der Begriffe hat etwas zu tun mit der Begrenztheit unserer Ausdrucksmittel", sagt er in seiner Rede über Nils Bohr.[41] Aber „wir hängen in der Sprache", hatte Bohr selbst bekümmert konstatiert, um zu erklären, warum seine Kommunikation über Grundfragen der Physik mit Einstein gescheitert war. Die mythische Sprache dagegen weist über sich hinaus. Sie schweift aber nicht ins Ungefähre; sie ist eine genaue Metapher für solche Wirklichkeit, die nicht anders zu fassen ist. Das wissen Theologie und Philosophie seit langem; die Naturwissenschaften begannen es zu lernen unter dem Schock, der sie nötigte, die Folgen ihres Forschens zu reflektieren. Nach 1945 sehen sie sich der Tatsache unentrinnbar konfrontiert, dass sie eine Großmacht geworden waren, und dass sie die Verantwortung einer Großmacht tragen müssen. „Macht ist ein Feld, vor dem Wissenschaft zurückschreckt. Zwar produziert sie fortwährend Machtpotentiale, aber sie begründet ihr Selbstverständnis darauf, dies nicht wahrhaben zu wollen".[42] Durch Hiroshima erfuhren die Physiker, was geschieht, wenn „das All mit Machtgebärde in die Wirklichkeiten" bricht. [43] „Die trennende Physik hat uns Macht in die Hand gegeben, mit der wir das Leben [im Ganzen, C. E.] zerstören können", schreibt

[39] Dieser Beitrag wurde drei Monate vor Fukushima verfasst.
[40] INESAP, Information Bullatin No. 28.
[41] Carl Friedrich von Weizsäcker, Zeit und Wissen, München 1992, S. 783.
[42] Picht, Hier und Jetzt II, S. 181.
[43] Johann Wolfgang v. Goethe, „Wiederfinden", Hamburger Ausgabe 2, S. 83; zitiert bei Weizsäcker, Zeit und Wissen, S. 986.

Weizsäcker noch in einem seiner letzten Bücher.[44] Er schließt nicht aus, dass im 20. Jahrhundert die Apokalypse über die Menschheit hereinbreche, aber, so fügt er charakteristischer Weise gleich hinzu: „Apokalypse bedeutet theologisch die Enthüllung des gnädigen Willens Gottes, der das Falsche zerstören muss, damit das Gute geschehen kann".[45] Für ihn sind „die Atomwaffen ein unübersehbares Zeichen der Krankheit unserer Zeit überhaupt".[46]

So werden sie zum Symbol für eines der beiden schrecklichsten Ereignisse des 20. Jahrhunderts: den Holocaust und den Abwurf der Bombe auf Japan. Beide lassen sich mit den traditionellen Kategorien und Maßstäben nicht „bewältigen".[47] Man kann sie nicht einmal angemessen beschreiben. Auschwitz und Hiroshima ragen als unbezwingliche Felsen aus dem brodelnden Strom der Geschichte heraus. Ihnen ist nicht beizukommen; aber einfach umfahren kann man sie auch nicht. So mussten sie zu Mythen werden. Der Mythos, darauf weist Picht wie Hans Blumenberg hin, hat eine apotropäische Funktion. Er soll bannen, was sich nicht fassen lässt – in doppeltem Sinne dieses Wortes: was sich weder begreifen noch ergreifen lässt. Der Mythos soll fremdartige und unheimliche Erscheinungen entmachten. Er lässt den Menschen am Leben, indem er das Phänomen depotenziert, das ihn zu überwältigen droht. Ein Mythos wird erzählt, um die Furcht in Grenzen zu halten. Selbst detailliertes Wissen über Unsichtbares wie die radioaktive Strahlung löscht die archaische, die alles überschwemmende Furcht vor ihr nicht aus.[48]

Ursprünglich sind Mythen Götter- und Heroengeschichten. Sie haben spezifische Formen und eine spezifische Sprache. Auch in den Evangelien finden sich bekanntlich mythische Elemente. Die Sprache des Mythos scheint in allen Kulturen verständlich zu sein – Märchenmotive, die eng verwandt sind mit mythischen Elementen, „bilden einen Grundbestand der menschlichen Existenz, der ebenso fundamental ist wie der genetische Code, und der Trennung der Sprachen und Kulturen vorausliegt"; „Mythen sind … die Sprache, in der sich darstellt, was in der Religion erfahren wird".[49] Mythen sind aber auch Einkleidungen von Naturkräften und Naturvorgängen: Die ägyptischen Erfahrungen vom Sonnenlauf mit Untergang und Aufgang, von der „Zeit des Endes", von der Zeit, die die Zeit

[44] A.a.O., S. 987.
[45] A.a.O.
[46] Bewusstseinswandel, München, 1988, S. 405.
[47] Georg Picht gibt dem letzten von ihm selbst publizierten Buch, einer Sammlung philosophischer und politischer Aufsätze, auch in Erinnerung an seinen Freund und Gesprächspartner Theodor W. Adorno, den Untertitel „Philosophieren nach Auschwitz und Hiroshima"; Hier und Jetzt I. und II.
[48] Hans Blumenberg, Arbeit am Mythos, Frankfurt 1979, S. 32ff.
[49] Georg Picht, Kunst und Mythos, Stuttgart 1996, S. 491.

benötigt, um zu Ende zu gehen, von den großen kosmischen Ereignissen, können nur in der Sprache des Mythos erzählt werden.[50]

Kosmische Mythen handeln von göttlichen Kräften. Wenn die von uns betrachteten Zeugnisse über die Atomwaffen in der Sprache des Mythos reden, dann heißt das nicht, dass sie das Phänomen verschleiern, um es in eine ferne Unwirklichkeit zu verweisen, sondern dass diese Sprache dem Phänomen angemessen zu sein scheint. Selbst noch in dem ganz verflachten Verständnis vom Mythos, das einer amerikanischen Publikation über Stand und Zukunft der nuklearen Proliferation von 2006 zugrunde liegt, scheint etwas auf von dieser Unentrinnbarkeit.[51] Mythos ist nicht etwas Uneigentliches, Dumpfes, das man hinwegerklären muss. Er ist sprachliche Darstellung einer wirklichen Erfahrung.

Auch der Mythos vom Weltuntergang ist in verschiedenen Einkleidungen in allen Kulturen präsent. Hinter dem Wissen um den eigenen Tod lauert der große Tod der Welt, der Erde oder doch der Gattung Mensch – in der Sintflut des Alten Testamentes, im großen Feuer der Götterdämmerung, in der Apokalypse des Neuen Testamentes. Mythen vom kommenden Weltende sind weit verbreitet.[52] Die Bilder des Mythos, seine Narrative, die dem kulturellen Gedächtnis vieler Völker und Erdteile eingestanzt sind, werden aber auch durch aktuelle Ereignisse evoziert: Vulkanausbrüche, Tsunamis, Hurrikane. Immer deuten sie über sich hinaus.

Was sich im 19. und 20. Jahrhundert geändert hat, ist die menschliche Macht, ähnliche Vernichtungsprozesse auszulösen. Frühere Großkatastrophen wie Erdbeben, Fluten, Plagen oder Seuchen entsprangen rätselhaften Prozessen in der Natur. Sie überfielen die betroffenen Menschen von außen und verschwanden wieder, nachdem sie gewaltige Zerstörungen angerichtet hatten. Man konnte sich nur wenig gegen sie schützen. Sie waren „Verhängnisse“, verordnet von unbegreiflichen Gewalten – von Gott oder von den Göttern. Das änderte sich fundamental durch die moderne Wissenschaft und Technologie. Heute gehen die größten Bedrohungen von Menschen aus. Natürlich resultieren Tsunamis oder Erdbeben aus Verschiebungen in der Erdkruste, die von uns registriert, jedoch nicht beeinflusst werden können. Das ist schon anders bei den riesigen Opferzahlen, die sie fordern: falsche Siedlungsprojekte, unregulierte Bebauung. Landflucht und Urbanisierung, vernunftlose Agrarpolitik, „Regulierung“ von Flussläufen, Versiegelung der Böden potenzieren die zerstörerischen Wirkungen natürlicher Katastrophen. Insgesamt nehmen die destruktiven Prozesse, die von

[50] Vgl. Jan Assmann, Thomas Mann und Ägypten, München 2006, S. 60f.

[51] Nonproliferation Review, vol. 13, No. 3, Nov. 2006, Sondernummer über Nuclear Weapons Proliferation 2016. Der Herausgeber, Peter R. Savoy, handelt ausführlich über die Rolle der „nuklearen Mythen“ und der „Mythenmacher“.

[52] Vgl. Assmann, a.a.O., S. 60f.

Menschen ausgelöst oder beschleunigt werden, zu: Umweltzerstörungen, Raubbau an jeder Art von Ressourcen, Hungersnöte, Migrationswellen, Schädigung des Weltklimas, vor allem aber deren Wechselwirkungen haben inzwischen ein Ausmaß angenommen, dass sie die Lebensgrundlagen der Menschheit bedrohen. Aber sie haben keine mythischen Konnotationen. Das ist anders bei den Atomwaffen.[53] Der Atompilz von Alamogordo erschien seinen Beobachtern sofort als Signatur des von nun an möglichen Untergangs der menschlichen Zivilisation. Diese Signatur wurde durch alle Berechnungen, durch kalkulierte Testserien, durch „Mini-Nukes“ und andere Varianten der Atomwaffe nicht ausgelöscht. Die Schattenbilder der in Hiroshima in die Wände gebrannten Toten begleiten das öffentliche Bewusstsein seit jenem verhängnisvollen August 1945. Sie erklären ein Stück weit das Tabu, das sechzig Jahre lang gegen alle Wahrscheinlichkeit und gegen die geballte Vernunftlosigkeit derer aufrechterhalten wurde, die ihren Völkern und der Weltgesellschaft einzureden versuchen, die Atomwaffe sei eine Waffe wie jede andere auch. Bisher hat sich die Aura des chiliastischen Schreckens, der „die Bombe“ umgibt, als stärker erwiesen, wohl weil er in tiefere Schichten des kollektiven Unbewussten hineinreicht als das scheinbar rationale Reden der Techniker des Todes. Nimmt also das Denken, wenn es dem Undenkbaren ausgeliefert ist, zwangsläufig seine Zuflucht zu Mythologemen? Ist die Beschwörung solcher Urbilder ein Schutzmechanismus? Glauben wir, die Realität auf diese Weise handhabbar zu machen? Manipulieren wir die öffentliche Meinung durch konstruierte Symbole, oder handelt es sich um ein echtes Tabu?[54]

Waffen waren seit jeher nicht nur Zerstörungsmittel sondern Embleme von Macht. Im „Atomzeitalter“ repräsentieren Nuklearwaffen das Feld der Macht in besonderer Weise. In ihnen überlagern sich Destruktionspotential, Drohpotential, Spielpotential, Darstellungspotential, Wahrnehmungspotential und Täuschungspotential in einem dichten Geflecht, das sich in seiner Gesamtheit der rationalen Analyse entzieht. Ihr physisches Vorhandensein, ihre Einsatzbereitschaft und ihre Nichtverwendung selbst in schwierigsten Krisensituationen verstärken sich wechselseitig. „Macht hat man dann, wenn man über ein Potential verfügt, das man nach freiem Ermessen einsetzen kann“.[55] „Macht ist Potentialität, „Bereitstellung von Mitteln für offen gehaltene Zwecke“.[56] Jede faktische Ausübung von Macht legt einen Teil des Potentials fest und reduziert es damit. Deshalb ist „jeder Einsatz ... von Macht ein Verlust von Macht, wenn er nicht neue Potentia-

[53] Vgl. den Beitrag von Christopher Daase.
[54] Christopher Daase, Der Anfang vom Ende des nuklearen Tabus, Zeitschrift für internationale Beziehungen 10. Jg. 2003, H.1, S. 7-41.
[55] Picht, Hier und Jetzt II, S. 299.
[56] Weizsäcker, Zeit und Wissen, a.a.O., S. 1054.

le erschließt.[57] Macht ist am stärksten, wo sie latent bleibt. Das wird sogar an den Kernwaffen deutlich. Schon ihre einmalige Anwendung hat die Tür zur Erosion der Singularität einen Spaltbreit geöffnet.

Atomwaffen sind Darstellungen von Macht mit magischer Konnotation. Deswegen werden sie auf Militärparaden herumgefahren. Jeder Zuschauer auf den Straßen, vor dem Fernseher assoziiert mit den unheimlichen langen Raketen und ihren spitzen Atomkopf-Atrappen deren einprogrammierte Wirkung: Da wird eine Macht im Bilde dargestellt, ein Potential, das, wenn es aktualisiert würde, das Ende der Menschheit, mindestens aber der Zivilisation, wie wir sie kennen, bedeutet. Man muss sich jedoch hüten vor dem Aberglauben, dass man nur den Schleier dieser magischen Projektion wegreißen muss, um eine klar berechenbare und damit auch zähmbare Wirklichkeit, eine in Zahlen fassbare nüchterne physikalische Realität zu erblicken. Auch die magische Wirkung dieser Bilder ist real. Wir wissen, dass jener kleine Mensch, der die Parade abnimmt, zugleich Herr über den roten Knopf ist. Er kann aus den für offene Zwecke bereitgehaltenen Mitteln einen Zweck auswählen und so das magische Potential in eine blutige, schwärende und weit in Raum und Zeit ausstrahlende Aktualität verwandeln. „Nicht hoffe, wer des Drachen Zähne sät, Erfreuliches zu ernten".[58]

[57] Picht, Hier und Jetzt II, a.a.O., S. 300.
[58] Friedrich Schiller, Wallensteins Tod, I. 7.

Erwin Häckel

Nukleare Singularität zwischen Fiktion und Wirklichkeit

In seinem Buch über „Identität und Gewalt“ bemerkt Amartya Sen, dass „die Illusion der Singularität“ oft nichts anderes sei als der Ausdruck einer falschen Perspektive, einer irrtümlichen Selbstgewissheit oder ideologischen Verblendung.[1] Sie könne den Blick verstellen für die Subjektivität und Widersprüchlichkeit einer Realität, die durch Vorurteile, kulturelle Prägungen und tradierte Sichtweisen überformt wurde.

Was der indische Wirtschaftswissenschaftler und Sozialphilosoph im Hinblick auf gesellschaftliche Konfliktlagen notierte, kann auch bei einer Betrachtung anderer Sachverhalte bedenkenswert sein. Wer mit Kategorien der Singularität hantiert, muss sich davor hüten, in die Falle vordergründiger Evidenz zu tappen. Manches, was als offenkundig und selbstverständlich erscheint, ist womöglich nur ein Reflex überkommener Denkgewohnheiten oder vorübergehender Zeitumstände. Warum sollte es bei den Atomwaffen anders sein?

Atomwaffen – singulär?

Atomwaffen werden wegen ihrer großen Zerstörungskraft oft als singulär bezeichnet, als einzigartig und unvergleichlich gegenüber allen anderen Waffengattungen. Das erscheint auf den ersten Blick so plausibel, dass es keiner weiteren Begründung bedarf. Doch bei näherem Hinsehen ist die Begründung brüchig.

Wer von Singularität redet, bewegt sich auf schwankendem Boden. Jeder Autofahrer kennt das Phänomen: Man erlebt „sein“ Auto als eine eigentümliche, unverwechselbare Individualität, obwohl man weiß, dass das gleiche Fabrikat millionenfach auf den Straßen rollt. Die Einzigartigkeit ist eine persönliche Einbildung und gleichzeitig eine soziale Realität. Wirksam kann das eine wie das andere sein. Streng genommen ist alles singulär, was existiert – gestern, heute und morgen: jeder Stein, jedes Lebewesen, jedes Staubkorn, ja jeder Gedanke,

---

[1] Amartya Sen, Identity and Violence: The Illusion of Destiny, New York 2006, S. 45.

jede Information und jeder Geistesblitz (und insofern auch alles, was nicht oder nur potentiell existiert). Aber eine so grenzenlose Begrifflichkeit wäre analytisch unbrauchbar und unnütz. Um brauchbar und nützlich zu sein, muss das, was als Singularität begriffen werden soll, dem allgemeinen Sprachgebrauch möglichst nahe sein.

Singulär ist nach allgemeinem Sprachgebrauch das Einmalige, Unvergleichliche, Noch-nie-da-Gewesene, Unwiederholbare. Singulär ist das Genie, das Kunstwerk, die Persönlichkeit, die Gottheit. Das Singuläre ist unerklärlich, nur unvollkommen beschreibbar, dem Verstand allein nicht fassbar. Wo das Singuläre akzeptiert wird, hört Wissenschaft auf und es beginnt das Reich des Glaubens, des Mythos und der Ideologie.

Singulär in einem objektiven Sinne sind Atomwaffen nicht. Sie wirken durch ihre gewaltige Sprengladung stärker als alle anderen Explosivkörper und furchtbarer in ihrer konzentrierten Kraft. Doch sind sie deswegen noch genau so wenig singulär wie der stärkste Gewichtheber, das schnellste Motorrad, der dickste Baum oder das höchste Bauwerk. Kaum etwas, was im Guinness-Buch der Rekorde verzeichnet wird, ist tatsächlich einzigartig. Jeder Weltrekord hat nur Bestand, bis er vom nächsten übertroffen wird. Auch der Erste Weltkrieg galt einmal als der größte Krieg aller Zeiten – bis zum Zweiten Weltkrieg. Dabei ist schon ein kleiner Krieg – egal mit welchen Waffen er ausgetragen wird – für die Menschen, die ihn erleiden, womöglich schlimmer als alles Denkbare. Das Unbegreifliche des Ereignisses liegt nicht in seinem objektiven Tatbestand, sondern in einer subjektiven Empfindung oder gesellschaftlichen Zuschreibung.

Wie wenig allein die messbare physikalische Größenordnung aussagt, wird deutlich, wenn man statt der Atomwaffe (im Singular) die Atomwaffen (im Plural) betrachtet. Ihre spezifische Sprengkraft kann so verschieden sein wie die einer Platzpatrone und einer Artilleriegranate – und kaum jemand würde sich einfallen lassen, diese Explosivkörper in einer Sonderklasse zusammenzufassen, schon gar nicht in einer Kategorie der Singularität. Zerstörungskraft allein ist zunächst ein fast inhaltsloses Merkmal. Die sowjetische Wasserstoffbombe mit dem Codenamen „Zar“, die am 30. Oktober 1961 auf dem Testgelände der Insel Nowaja Semlja gezündet wurde, hatte mit einer geschätzten Sprengladung von 50 Megatonnen TNT die 3000-fache Kraft der Hiroshima-Bombe. Es war die gewaltigste jemals von Menschen ausgelöste Sprengung.[2] Seitdem weiß man, dass Kernwaffen dieses oder eines noch größeren Kalibers wahrscheinlich nie mehr gebaut und niemals eingesetzt werden, weil sie rüstungstechnisch ineffizient und deshalb militärisch unattraktiv sind.

[2] Zur Entwicklung und Erprobung der „Zar-Bombe“ siehe Andrei Sakharov, Memoirs, New York 1990, S. 215-225.

Der militärische Nutzen von Atomwaffen ist keineswegs unvergleichlich und durchaus nicht so imposant wie die Wucht ihrer Detonation. Es gibt gute Gründe, ihn überhaupt in Zweifel zu ziehen. Der polemische Begriff der „Massenvernichtungswaffe" verschleiert die Tatsache, dass Atombomben nicht unter allen Umständen die ultimative Waffe sind, um viele Menschen umzubringen. Historisch gesehen haben sich einfachere Instrumente zu diesem Zweck gründlich bewährt. Wer im 18. und 19. Jahrhundert möglichst viele Indianer aus ihren angestammten Siedlungsgebieten entfernen wollte, wäre mit Atomwaffen falsch bedient gewesen. Wer im 20. Jahrhundert möglichst viele Juden in Europa, Tutsi in Rwanda oder Klassenfeinde in der Ukraine und in Kambodscha töten wollte, für den waren nicht Atomwaffen das Mittel der Wahl (angenommen, sie wären verfügbar gewesen), sondern Gaskammern, Gewehrkugeln, Macheten, Hacke und Spaten (wenn nicht überhaupt Eisenbahnwaggons, Einwohnerlisten, Parteiversammlungen und Propagandamedien als entscheidende „Trägersysteme").

Übrigens heißt es, dass mit so genannten „Kleinwaffen" (Pistolen, Maschinenpistolen, Karabiner, Handgranaten) jährlich eine halbe Million Menschen getötet werden, weshalb sie nach einer Formulierung des früheren UN-Generalsekretärs Kofi Annan als „die wahren Massenvernichtungswaffen unserer Zeit" bezeichnet werden müssten.[3]

Atomwaffen sind nach ihrem Design und ihrer konstruktiven Bestimmung hochspezialisierte Kriegswaffen für große zwischenstaatliche Vernichtungskriege mit dem Ziel der bedingungslosen Kapitulation des Gegners – oder aber reine Terrorinstrumente ohne klare militärisch-politische Funktion. Ohne zielgenaue, weit reichende und zuverlässige Trägersysteme ist auch „die Atombombe" kein brauchbares Kriegsgerät. Ohne schwere Bomber vom Typ B-29 hätten „Little Boy" und „Fat Man" im August 1945 nicht nach Hiroshima und Nagasaki gebracht werden können. Hitlerdeutschlands Wehrmacht, die keine Langstreckenbomber besaß, hätte mit einer Atomwaffe (vorausgesetzt, sie wäre noch vor dem Zusammenbruch des „Dritten Reiches" einsatzbereit gewesen) zunächst einmal nicht viel anfangen können.[4] Für sich allein genommen sind Atomwaffen nichts anderes als extrem starke Explosivkörper mit der (militärisch eher unwillkommenen) Nebenwirkung der Radioaktivität. Der Atomkrieg hingegen ist in erster Linie nicht ein singuläres physikalisches Ereignis, sondern – wie jeder Krieg – eine komplexe politisch-militärische Veranstaltung (in den Worten von Carl von

---

[3] Frankfurter Allgemeine Zeitung, 24. Juni 2006.

[4] Ein Transport mit der V-2, die eine Nutzlast von mehr als 1000 kg tragen konnte, wäre wegen der zahlreichen Fehlstarts und mangelnden Zielgenauigkeit dieser Rakete sehr riskant gewesen.

Clausewitz: „eine Fortsetzung der Politik unter Beimischung anderer Mittel"), in der die zerstörerische *hardware* lediglich eine abgeleitete Funktion hat.[5]

Bei näherem Hinsehen steckt in der Vorstellung von der Singularität der Atombombe ein kriegsgeschichtlicher Parallaxenfehler. Durch die Explosion einer oder mehrerer Atomwaffen kann ein militärisch relevanter Schadenseffekt (oder, wenn man so will, operativer Nutzeffekt) entstehen, der im Verlauf eines Krieges sonst nur durch eine aufwendige und länger andauernde Operation zu erzielen wäre, etwa durch eine Schlacht oder eine beharrliche Abnützungsstrategie. In kriegswirtschaftlicher Perspektive wäre von Opportunitätskosten zu sprechen. Die blitzartige Freisetzung der nuklearen Bindungsenergie ist, als militärisches Ereignis betrachtet, eigentlich nur im Vergleich und Zusammenhang mit anderen groß dimensionierten Kriegshandlungen von Bedeutung. Nimmt man die großen Schlachten und kriegerischen Massaker der Weltgeschichte zum Maßstab (Cannae, Borodino, Leipzig, Gettysburg, Verdun, Nanking, Stalingrad, Biafra), so zeigt sich, dass deren Blutzoll durchaus mit Hiroshima und Nagasaki zu vergleichen wäre.

Problematisch ist bereits die Gleichsetzung „der Atombombe" (die es in dieser Abstraktion nicht gibt) mit „dem Atomkrieg" (den es nur als hypothetisches Konstrukt gibt). Es macht doch einen Unterschied, ob Atomwaffen eingesetzt werden oder nicht, ob Kriege stattfinden oder nicht, und in welcher Form sie geführt werden. Atomkriegsszenarien spielen häufig mit der Annahme von *„worst cases"*, manchmal münden sie in die Verharmlosung nicht-hypothetischer, nicht-nuklearer Kriegsbilder. Robert Oppenheimer, der wissenschaftliche Leiter des amerikanischen „Manhattan-Projekts", hat einmal bemerkt, dass für die von ihm geschaffene Atomwaffe eigentlich nur ein einziges Kriegsbild angemessen sei, nämlich die „äußerste Vorstellung vom totalen Krieg".[6] Der totale Krieg ist indessen keine Erfindung des Atomzeitalters, er hat seine Wurzeln in den inhumanen und totalitären Tendenzen des frühen 20. Jahrhunderts.[7]

---

[5] Dem entspricht der empirische Befund, dass bei den Kosten der nuklearen Rüstung die Herstellung der Kernsprengkörper nur mit einem relativ marginalen Betrag ins Gewicht fällt. Für die USA wurde für den Zeitraum 1940-1996 ein Aufwand für die Nuklearrüstung von insgesamt 5,821 Billionen US-Dollar errechnet, wovon 409 Milliarden (= 7,0 %) auf die Entwicklung und Beschaffung von Atombomben entfielen, der Löwenanteil von mehr als 55 % hingegen auf die Trägersysteme (Bomber, ballistische Raketen, U-Boote); siehe Stephen I. Schwartz (ed.), Atomic Audit: The Costs and Consequences of U.S. Nuclear Weapons Since 1940, Washington DC 1998, S. xxii, Abb. 1, und S. 104, Abb. 2-1. Für die übrigen Kernwaffenstaaten werden ähnliche Kostenstrukturen angenommen (a.a.O., S. 611-615).

[6] Klaus Hoffmann, J. Robert Oppenheimer – Schöpfer der ersten Atombombe, Berlin/Heidelberg/New York 1995, S. 192.

[7] Andrew J. Rotter, Hiroshima: The World's Bomb, New York 2008; siehe auch Alan Kramer, Dynamic of Destruction: Culture and Mass Killings in the First World War, Oxford 2007, S. 330-338.

Die Fixierung auf „die Atomwaffe“ und ihre physikalische Potenz kann den Blick darauf verstellen, dass „der Atomkrieg“ auch in seriösen militärischen Planungen eine vielfältige Gestalt und ein variables Ausmaß von fast unvorstellbarer Spannweite annehmen kann. Das Spektrum der Szenarien reicht vom einzelnen *„demonstration shot“* in unbesiedeltem Gelände bis an die Grenze der Menschheitsvernichtung im *„all-out nuclear war“*. Jener wäre zwar nicht völlig harmlos in seinen Auswirkungen, aber berechenbar; dieser hingegen nicht mehr. Entsprechend differenziert ist auch die Langzeitwirkung zu beurteilen. Die am Ende des Zweiten Weltkriegs atomar verwüsteten Städte Hiroshima und Nagasaki sind schon seit langem wieder als blühende und geschäftige Metropolen auferstanden. Andererseits könnte ein großer, länger andauernder Kernwaffenkrieg weite Teile des Planeten auf absehbare Zeit unbewohnbar machen.

Mit der Singularität der Atomwaffen ist es also eine knifflige Sache, zumal die Erfahrung mit ihrem kriegerischen Einsatz sich auf den 6. und 9. August 1945, auf Testexplosionen und spekulative Szenarien beschränkt. Objektiv sind ihre singulären Eigenschaften in physikalischen Kategorien relativ leicht überprüfbar. Subjektiv (oder genauer: in geistes- und ereignisgeschichtlicher Betrachtung) lassen sie sich nur in ihren vielfältigen kulturellen, medialen und ideologischen Spiegelungen beobachten.

Atomwaffen – singulär!

Chronologisch steht der Zweite Weltkrieg am Beginn der atomaren Epoche, doch ihre historische Wirkung offenbart sich erst im Kalten Krieg. Der Kalte Krieg war in der Wahrnehmung der Zeitgenossen nicht nur zeitgleich mit dem „Atomzeitalter“, er war mit ihm praktisch identisch. Ohne die allgegenwärtige Präsenz der Kernwaffen hätte die globale Ost-West-Konfrontation sich vielleicht in einem Dritten Weltkrieg entladen, wäre vielleicht aber auch spannungsfreier verlaufen; mit Sicherheit jedenfalls hätte die bipolare Blockbildung nicht beinahe ein halbes Jahrhundert lang stabil bleiben können, bis eine der beiden Supermächte schließlich kläglich zusammenbrach. Der Begriff der Supermacht verdankte sich, vor allem bei der Sowjetunion, fast ausschließlich den gigantischen Nukleararsenalen der beiden Führungsmächte.

„Der Kalte Krieg“, kommentiert rückblickend sein bedeutendster Chronist, „war selbst eine Art von Theater, in dem die Unterscheidung zwischen Illusion und Wirklichkeit nicht immer offensichtlich war“.[8] Auf dieser Bühne spielten die Atomwaffen eine zentrale Rolle als Symbolträger und Kommunikationsmittel.

[8] John Lewis Gaddis, Der Kalte Krieg. Eine neue Geschichte, München 2007, S. 243.

Sie repräsentierten den Anspruch auf Weltgeltung der Hegemonialmächte, waren unentbehrlich für die Abbildung und gegenseitige Anerkennung ihrer Parität, für die Beschwichtigung und Disziplinierung ihrer Verbündeten und für die Einschüchterung und Deklassierung von Drittstaaten. Die Weltordnung in der Epoche des Kalten Kriegs war im Grunde nichts anderes als eine Nuklearordnung.

Typisch für diese Epoche waren die Gleichzeitigkeit und das Nebeneinander von Konfrontation und Kooperation, von Konfliktbereitschaft und Verständigungsbemühungen, von Aufrüstung und Rüstungskontrolle, *brinkmanship* und *détente*, von Wettbewerb und Kartellabsprachen zwischen den Supermächten. Stets waren dabei die Atomwaffen der wichtigste, meistens sogar der ausschließliche Gegenstand ihrer Interaktion. Während durch ideologische Feindseligkeit und gegenseitige Abgrenzung die Kommunikation zwischen der westlichen und der östlichen Machtsphäre viele Jahre lang fast vollständig unterbunden wurde, erzwang die Logik der Atomrüstung einen beständigen, sorgfältig choreographierten Dialog über den „Eisernen Vorhang" hinweg, um das nukleare Risiko zu beherrschen. Spätestens seit der Kuba-Krise von 1962 war allen verantwortlich Handelnden klar, dass Atomwaffenbesitz ein Minimum von Dialogbereitschaft, Informationsaustausch und Interessenabstimmung zwischen den Atommächten erforderte.

Es ist kein Zufall, dass der Atomwaffensperrvertrag (Nichtverbreitungsvertrag) von 1968, der weiteren Staaten ein für allemal den Zutritt zum „Atomclub" verwehren sollte, in der Mitte der 1960er Jahre von den USA und der Sowjetunion gemeinsam ausgearbeitet und einvernehmlich auf den Weg gebracht wurde – zu einer Zeit, in der das nukleare Wettrüsten der beiden Kontrahenten gerade erst seinem Höhepunkt zustrebte. Wenn es einen Konsens der Supermächte im Kalten Krieg gab, dann war es dies: zu verhindern, dass ihr nukleares Kondominium in Frage gestellt werden könnte.

Die Paradoxien der Nuklearrüstung, Nuklearstrategie und Nukleardiplomatie waren stets unübersehbar und unauflösbar. Kernwaffen sollten einsatzbereit sein, aber nie eingesetzt werden; den Krieg verhüten, doch im Krieg eine entscheidende Rolle spielen; furchtbare Angst machen und maßlosen Schrecken verbreiten und dennoch rational kalkulierbar bleiben. Das nukleare Abschreckungskalkül rechnete mit einem skrupellosen Gegner, dem bedenkenlos entgegengetreten werden musste; einem wahnwitzigen Aggressor, dem vernünftige Zurückhaltung zuzumuten war; einem irrationalen Hasardeur, mit dem ein Interessenausgleich möglich sein könnte. Die nukleare Ethik errichtete ein Tabu, das nur unter Vorbehalt gelten sollte. Falls die Abschreckung versagte, sollte der Tabubruch mit Rache und Vergeltung geahndet werden.[9] Der atomare Bluff

[9] Vgl. hierzu ausführlicher den Beitrag von Christopher Daase.

verlangte, ernst genommen zu werden. Dem nuklear bewaffneten Gegner war alles Schlechte zuzutrauen, doch in der nuklearen Rüstungskontrolle musste ihm ein erhebliches Maß von Seriosität und Verständigungsbereitschaft unterstellt werden. So kam es, dass die USA und die Sowjetunion in beharrlichen bilateralen Gesprächen völkerrechtliche Verträge zur Bändigung des nuklearen Wettrüstens miteinander aushandelten, während sie gleichzeitig Tausende von nuklearen Sprengköpfen in ständiger Alarmbereitschaft zum Abschuss binnen weniger Minuten (*launch-on-warning)* aufeinander gerichtet hielten.

Solche Widersprüchlichkeiten wurden im Schatten der nuklearen Konfrontation immer wieder zur Sprache gebracht. Sie blieben im Atomzeitalter ja keineswegs im Verborgenen, sondern lagen offen zutage. Dies verweist darauf, dass die Auseinandersetzung um Atomwaffen sich von Anfang an nicht eigentlich um Megatonnen, Mehrfachsprengköpfe oder Einsatzplanungen gedreht hat, sondern um Probleme der öffentlichen Kommunikation, der Transparenz, Glaubwürdigkeit, Verantwortung, Legitimität, Wahrnehmung und medialen Reflexion.

Mythen und Mystifikationen

Betrachtet man rückblickend die Jahrzehnte, die seit dem Bau der ersten Atombombe vergangen sind, fällt immer wieder auf, wie nukleare Geheimhaltung und nukleare Publizität stets nebeneinander herlaufen und ineinander verschränkt sind. Das ist nur scheinbar ein Paradoxon, in Wirklichkeit ist es ein charakteristisches Merkmal des Atomzeitalters.

Seit es Atomwaffen gibt, sind sie verbunden mit dem Nimbus staatlicher Hoheitsgewalt und unnahbarer Herrschaftsausübung. Das „Atomgeheimnis“, das die militärische Nutzung der Kernenergie umhüllt, wurde von den Staaten, die sich in seinen Besitz gebracht hatten, stets sorgfältig gegen die Öffentlichkeit abgeschirmt und mit äußerster Strenge gehütet. „Atomspionen“, die im Dienste ausländischer Mächte militärische Planungen oder technische Details der Nuklearrüstung weitergaben, drohte die Todesstrafe, die in etlichen spektakulären Fällen auch vollstreckt wurde. Sogar engen Verbündeten wurde die Teilhabe an Kenntnissen über Atomwaffen nach Möglichkeit verwehrt. Die strikte Geheimhaltung selbst markierte bereits den besonderen Status der Atomrüstung als Kernbestand des *arcanum imperii* von Großmächten.

Andererseits verlangte die nukleare Abschreckungsdrohung ein hohes Maß an Sichtbarkeit und vernehmlicher Lautstärke, und auch die nukleare Diplomatie erforderte ein Mindestmaß von Offenheit und Transparenz gegenüber dem Gegner. Nichts war für das, was Niklas Luhmann einmal die „Kommunikation von Angst“ genannt hat, besser geeignet als die öffentliche Vorführung der atomaren

Zerstörungsgewalt. Schon die Vernichtung von Hiroshima und Nagasaki im August 1945 wurde von der amerikanischen Regierung – über das militärisch Notwendige hinaus – als apokalyptischer Donnerschlag inszeniert, mit propagandistischen Fanfaren verkündet und publizistisch ausgeweidet.[10] Seitdem haben die USA und die nachfolgenden Kernwaffenstaaten in hunderten von Testexplosionen (in den ersten Jahrzehnten vorwiegend in der Atmosphäre) das grandiose Schauspiel des Atomblitzes und seiner himmelhoch emporschießenden Pilzwolke in all seiner grausigen Schönheit wieder und wieder aufgeführt. Erst durch die Reproduktion und Variation dieser Szene in zahllosen Wochenschauen, Dokumentationen und Kinofilmen konnte sich schließlich die Epoche im Bewusstsein der Weltöffentlichkeit als „Atomzeitalter“ einprägen. Die Trivialisierung durch Hollywood und die Mediatisierung durch die Freizeitindustrie (Tourismus an der Nevada Test Site; der „Bikini“ als ultimative Emanation des weiblichen „Atombusens“) leisteten ihren Beitrag.[11]

In der Verbindung und Mischung von Geheimnis und Offenbarung, von Glanz und Schrecken, von unfasslichen Dimensionen und anschaulicher Bildhaftigkeit spiegelt sich die quasi übermenschliche, mythische Aura der Atombombe wider. Mythen sind keine bloßen Phantasiegebilde, sondern Symbole einer Zeitstimmung. Jeder Mythos ist ein Versuch der Welterklärung mit universalem Anspruch. Er erzählt eine Geschichte von Göttern und Naturgewalten, von außergewöhnlichen Taten und ungeheuerlichen Begebenheiten, von Helden und Schurken, vom Anfang und Ende allen Seins. Der Mythos mischt Alltagserfahrung und Jenseitserwartung, Trivialität und Transzendenz, Furcht und Hoffnung, sprengt Zeit und Raum. Er reißt ein Tabu nieder, um ein neues Tabu zu errichten. Die mythische Erzählung steckt voller Plausibilität und Widersprüchlichkeit, darin liegt ihre Faszination.

Jede Atommacht pflegt solche Schöpfungsmythen. Ihr Vorbild ist die Presseerklärung vom 6. August 1945, in der US-Präsident Harry S. Truman bekannt gab, dass einige Stunden zuvor über der japanischen Stadt Hiroshima eine neuartige Bombe zum Einsatz kam, mit der erstmals die „Urkraft des Universums“ für Kriegszwecke freigesetzt wurde. Dem Gegner wird die vollkommene Vernichtung angesagt. Im übrigen feiert die Erklärung eine einmalige organisatorische Leistung, einen beispiellosen Durchbruch wissenschaftlicher Erkenntnis und einen Triumph der Ingenieurskunst, rechtfertigt die Geheimhaltung technischer

---

[10] Vgl. hierzu Florian Coulmas, Hiroshima – Geschichte und Nachgeschichte, München 2005, bes. S. 13-17.

[11] Zum sprachgeschichtlichen Zusammenhang zwischen dem knappen zweiteiligen Badeanzug und dem pazifischen Atoll, wo seit 1946 zahlreiche amerikanische Atomtests stattfanden, siehe den Artikel „Bikini“ in: Etymologisches Wörterbuch des Deutschen, hrsg. von der Akademie der Wissenschaften der DDR, Berlin 1989, Bd. I, S. 171.

Details und verheißt eine neue Ära, in der die Atomkraft dem Wohle der Menschheit und dem Schutz des Weltfriedens dienen wird. [12]

Alle Zutaten des nuklearen Mythos sind in diesem Text bereits versammelt, alle Ingredienzien der Singularität: die epische Erzählung eines Wettlaufs von Gut und Böse, die Anrufung kosmischer Kräfte und welthistorischer Schicksalsstunden, die Lobpreisung von Männern von überragender Weisheit und unermüdlicher Tatkraft, der Rausch vielstelliger Zahlen und unvorstellbarer Größenordnungen, das zu beschützende Geheimwissen, die schwere Last der Verantwortung, das changierende Spiel von Kriegsdrohung und Erlösungsrhetorik. Der hohe rhapsodische Ton verrät, dass Harry Truman, sonst ein sehr nüchterner Mensch, hier nicht allein die Feder geführt hat.

Mythen bedürfen, um zu überleben, der Bewahrung und Weiterentwicklung durch Zeitzeugen und Jünger, Proselyten und Abtrünnige, Gläubige und Ketzer. Es ist nicht verwunderlich, dass der nukleare Gründungsmythos seit 1945 vielfach erneuert und abgewandelt, unterschiedlich interpretiert und instrumentiert, aber kaum in Frage gestellt wurde. Viele Wissenschaftler, die sich beim Bau der ersten amerikanischen und sowjetischen Atomwaffen verdient gemacht hatten, wurden in den folgenden Jahren mit Ehren überhäuft, in einflussreiche Ämter berufen, dutzendfach mit Nobelpreisen dekoriert. Atomphysik avancierte in der Mitte des 20. Jahrhunderts zur glamourösesten Wissensdisziplin. Den Physikern, die den Schlüssel zur größtmöglichen Zerstörungsformel gefunden hatten, wurde vielfach auch die Deutungshoheit über alles, was die Welt im Innersten zusammenhält, zugeschrieben. Es spielte dabei kaum eine Rolle, woher die wissenschaftliche Reputation ihren Anfang genommen hatte. Eminente Gelehrte, die sich bei der militärischen Nutzung der Atomkraft ausgezeichnet und dann von ihr abgewandt hatten – J. Robert Oppenheimer in den USA und Andrej Sacharow in der Sowjetunion sind die bekanntesten Namen – galten in ihren späteren Lebensjahren als die mit höchster Autorität gesalbten Mahner, um die Welt vom nuklearen Abgrund zurück zu rufen.[13] Dabei verdankte sich ihre Stellung doch in erster Linie der Unbedingtheit, mit der sie einst ihre herausragende Intelligenz in den Dienst einer politisch legitimierten Todesmission gestellt hatten.

Auch führende Politiker, Militärs und andere hochgestellte Persönlichkeiten, die in der Ära des Kalten Kriegs kaltblütig mit der nuklearen Abschreckung hantierten, haben sich später leidenschaftlich für die Abschaffung und Ächtung

---

[12] Text der Erklärung in: Department of State, A Decade of American Foreign Policy: Basic Documents 1941-1949, revised edition, Washington DC 1985, S. 40-42.

[13] Von der mythischen Gestalt Oppenheimers und seiner schillernden Persönlichkeit haben sich besonders viele Biographen faszinieren lassen; siehe z.B. den Bestseller von Kai Bird/Martin J. Sherwin, American Prometheus: The Triumph and Tragedy of J. Robert Oppenheimer, New York 2006.

der Atomwaffen eingesetzt, oft wiederum mit argumentativen Versatzstücken der atomaren Mythologie.[14] Ihr öffentliches Ansehen hat dadurch keinen Schaden genommen. Wie in Glaubensdingen, so scheint auch in Nuklearfragen ein Seitenwechsel der Protagonisten die persönliche Reputation nicht unbedingt zu beeinträchtigen. Fast möchte man meinen, das frühere Engagement für eine schlimme Sache werde den nachträglich Geläuterten als Ausweis besonderer Glaubwürdigkeit angerechnet – ein Phänomen, das aus Heiligenlegenden und der Wirkungsgeschichte von Kirchenvätern bekannt ist.

Befürworter und Gegner der nuklearen Rüstung und Abschreckung sind sich in ihrer Faszination durch Atomwaffen merkwürdig nahe. Sie tendieren dazu, die Scheußlichkeiten des Atomkriegs in den schlimmsten Farben auszumalen, freilich zu gänzlich gegensätzlichen Zwecken – sei es, um Verzagte aufzurichten und Feinde einzuschüchtern, oder sei es, um nukleare Hasardeure zu diskreditieren und die Verblendeten zur Umkehr zu bewegen. Kein Gegner und kein Befürworter der Atomrüstung würde sich einfallen lassen, die Schrecken des Atomkriegs zu bagatellisieren. Fürchtet euch sehr! lautet die Botschaft der nuklearen und antinuklearen Aktivisten, und Angst ist ihr unentbehrlicher Helfer.

Gegner und Befürworter der Atomrüstung haben mehr miteinander gemein, als sie wahrhaben möchten. Oft schreiben sie den Atomwaffen Eigenschaften zu, die nur stimmig sind, wenn man die Fiktion der Singularität für bare Münze nimmt. So entstehen Mystifikationen, die Gewissheit vortäuschen, wo es sich eher um Überzeugungen, Vermutungen, Spekulationen, Erwartungen, Hoffnungen oder Befürchtungen handelt. Sie verstärken damit das in Stereotypen befangene Denken, das sie zu überwinden vorgeben.

Zu den vermeintlichen Gewissheiten, die ungeprüft in Umlauf gesetzt und weiterverbreitet wurden, zählen Aussagen wie etwa die folgenden: dass der Atomkrieg schlimmer wäre als ein „normaler" Krieg; dass er zur Auslöschung der Menschheit führen könnte; dass ein „kleiner" Atomkrieg unmöglich wäre; dass die nukleare Abschreckung früher oder später versagen werde; dass der Besitz von Atomwaffen zur Konfrontation und zum Wettrüsten zwischen den Staaten führen müsse; dass er vor ausländischer Aggression und militärischen Niederlagen schütze; dass er dem nuklear bewaffneten Staat die Anerkennung als Großmacht verschaffe; dass die Welt ohne Atomwaffen sicherer wäre; oder dass nukleare Abrüstung und die Abschaffung der Atomwaffen unmöglich wäre.

Diese und ähnliche Aussagen, die seit vielen Jahren mit der Selbstverständlichkeit von Glaubensbekenntnissen verkündet werden, weisen etliche gemein-

---

[14] Exemplarisch hierfür George P. Shultz/William J. Perry/Henry A. Kissinger/Sam Nunn, A World Free of Nuclear Weapons, in: The Wall Street Journal, 4. Januar 2007, abgedruckt in: Institute for Peace Research and Security Policy (IFSH), Documentation *Global Zero*: The Worldwide Disarmament of Nuclear Weapons, Hamburg 2009, S. 1-4; sowie weitere Texte im selben Band.

same Merkmale auf. Sie stecken voller Widersprüche und Ungereimtheiten, was aber ihrer Akzeptanz nicht zu schaden scheint. Sie sind nicht durchweg falsch, doch auch nicht eindeutig richtig. Manche wurden empirisch widerlegt, wenngleich nur unter bestimmten historischen Umständen. Andere können nicht bewiesen oder widerlegt werden, bevor das Ereignis eintritt. Einige lassen sich ohne weiteres in ihr Gegenteil umwenden, was auch geschieht; doch auch das Gegenteil stimmt meistens nicht. Alle gehen von der Prämisse aus, dass man über die Realität des Atomkriegs gut Bescheid wüsste, obwohl allein sicher ist, dass dies nicht der Fall sein kann. Und es schwingt in ihnen häufig ein moralischer *soupçon* mit, der dem Leugner des vermeintlich Offenkundigen blinde Naivität oder blanken Zynismus unterstellt und einen unvoreingenommenen Dialog verweigert.

Wo unerschütterliche Überzeugungen und emotionale Abwehrreflexe den Horizont definieren, bleibt für Differenzierung und nüchterne Analyse wenig Platz übrig. So hat die internationale Friedensbewegung, die in den 1950er Jahren als Agitation gegen den „Atomtod“ begann und trotz zwischenzeitlich anderweitiger Prioritäten (Vietnam, Palästina, Afghanistan) im Kern ein antinuklearer Affekt geblieben ist, ihre Bindungskraft und ihr Beharrungsvermögen nicht zuletzt dem Umstand zu verdanken, dass sie als prinzipienfeste Glaubens- und subkulturelle Aktionsgemeinschaft ein Bedürfnis nach persönlichem Engagement und missionarischer Heilserwartung befriedigt. Ein Diskurs über Nutzen und Nachteile von Atomwaffen kann unter solchen Bedingungen nicht gedeihen. Auf der anderen Seite ist auch bei den Befürwortern der Atomrüstung oft ein Widerwille zu beobachten, sich mit der Frage auseinanderzusetzen, ob eine Waffengattung, die in einer Ausnahmesituation des 20. Jahrhunderts entwickelt wurde, für die diffuse Sicherheitslage des neuen Jahrtausends unverändert relevant sein kann.

Sich an Kontinuitäten festzuhalten kann in Zeiten des Wandels tröstlich sein. Doch in der medialen Gedächtniskultur des Atomzeitalters treibt die Fiktion der Singularität gelegentlich merkwürdige Blüten hervor. Irgendwie befremdlich ist es schon, dass am 6. August jeden Jahres in Hiroshima nicht nur der unmittelbar Getöteten und Verletzten des Atombombenabwurfs von 1945 gedacht wird, sondern auch der registrierten Überlebenden (*hibakusha*), und zwar dergestalt, dass diese bei ihrem Tod offiziell zu den Opfern hinzugezählt werden. Anlässlich der Feierlichkeiten im Jahr 2010 (erstmals auch in Anwesenheit des UNO-Generalsekretärs und eines Vertreters der amerikanischen Regierung) hat sich auf diese Weise die Zahl der amtlich festgestellten Opfer von 1945 um weitere 5400 erhöht, und bei der bekannten Langlebigkeit der Japaner wird bis zum Jahr

2045 mit mehr als 100 000 zusätzlichen Namen gerechnet.[15] Wundert sich eigentlich niemand über die ungewöhnliche Zählweise? Zumal doch die vielen Millionen Menschen, die im Zweiten Weltkrieg in Asien und Europa durch „konventionelle" Brand- und Sprengkörper getötet, verwundet, verstümmelt oder auf vielerlei Weise traumatisiert wurden, niemals statistisch erfasst worden sind?

Und was soll man davon halten, dass die renommierte Zeitschrift *Bulletin of the Atomic Scientists*, die unmittelbar nach dem Zweiten Weltkrieg von prominenten Wissenschaftlern des Manhattan-Projekts gegründet wurde, auf ihrer Titelseite seit 1947 eine „Weltuntergangsuhr" (*Doomsday Clock*) präsentiert, deren Zeiger von Zeit zu Zeit in Reaktion auf aktuelle weltpolitische Spannungen ein wenig vor oder zurück gedreht werden und heute bei sechs Minuten vor Mitternacht stehen? Hat niemand bemerkt, dass die Drohung einer atomaren Apokalypse, die seit Jahrzehnten unmittelbar bevorstehen soll, im Bewusstsein der Bevölkerung längst zu den alltäglichen Lebensumständen zählt? Dass eine Singularität nicht zeitlich unbegrenzt glaubhaft zu machen ist? Dass sie, durch zusätzliche nichtnukleare Katastrophenszenarien angereichert,[16] vollends zur Banalität herabsinkt?

Vielleicht begegnet man den Mythen und Mystifikationen des Atomzeitalters am besten, indem man die Bedeutung der Atomwaffen ein wenig relativiert. Vielleicht sind diese Waffen weder so wichtig noch so nützlich oder schädlich wie man uns glauben machen will.[17] Natürlich sind sie sehr gefährlich. Aber vielleicht ist mit dieser Gefahr am klügsten umzugehen, wenn man erkennt, dass sie seit mehr als zwei Generationen faktisch zur Normalität der internationalen Politik gehört.

---

[15] Nach dieser Zählweise wird die geschätzte Opferzahl, die im August 1945 bei 80 000 lag und bis zum Jahresende auf 140 000 stieg, gegenwärtig mit 260 000 angegeben: siehe International Herald Tribune, 7. August 2010; Hiroschima gedenkt der Opfer des Atombombenabwurfs (ARD-Tagesschau, 6. August 2010), http://www.tagesschau.de/ausland/hiroshima148.html (18.08.2010); vgl. auch Rotter, a.a.O., S. 222; Coulmas, a.a.O., S. 18; sowie die Website der Hiroshima National Peace Memorial Hall for the Atomic Bomb Victims, http://www.hiro-tsuitokinenkan.go.jp/english/index.php (30.01.2011).

[16] Der aktuellen Website des *Bulletin of the Atomic Scientists* zufolge (30. 1. 2011) fließen in die Zeitanzeige der „Weltuntergangsuhr" neuerdings neben dem Atomkriegsrisiko auch die Risiken des Klimawandels und der Biotechnologie ein.

[17] Ausführlicher hierzu John Mueller, Atomic Obsession: Nuclear Alarmism from Hiroshima to Al-Qaeda, New York 2010.

Paradoxien der nuklearen Rüstung, Rüstungskontrolle und Abrüstung

Zu den Merkwürdigkeiten des Atomzeitalters gehört es, dass die ihm zugeschriebene Singularität von Anfang an mit maßlosen Perspektiven und realitätsfernen zeitlichen Vorstellungen in Verbindung gebracht wurde. So völlig undenkbar und unhaltbar, wie die Möglichkeit einer atomar bewaffneten Welt sich nach der traumatischen Erfahrung des gerade überstandenen Weltkriegs zunächst darstellte, so plausibel erschien anfangs die Vision einer schier unbegrenzten Wohlstandsmehrung der Menschheit, deren Energieversorgung künftig durch die friedliche Nutzung der Atomkraft gesichert sein sollte. Während aber die überspannten Erwartungen in Bezug auf die friedliche Nutzung allmählich von ernüchternden wirtschaftlichen und technischen Erfahrungen korrigiert (und im Hinblick auf Störfälle und Entsorgungsprobleme wiederum durch apokalyptische und chiliastische Gruselszenarien verdrängt) wurden, vollzog sich bei der militärischen Nutzung eine Ernüchterung anderer Art. Die nach Hiroshima allgemein anerkannte und scheinbar unaufschiebbare Notwendigkeit, die Gefahr des Atomkriegs mit einer raschen und radikalen Problemlösung zu bannen, wurde alsbald von anderweitigen politischen Interessen überlagert. Während in einer wachsenden Zahl von Staaten nukleare Waffenarsenale aufgebaut wurden, verflüchtigte sich das Ziel der nuklearen Abrüstung am Horizont einer fernen Zukunft. Doch auch die düsteren Prophezeiungen eines bevorstehenden atomaren Gewaltausbruchs blieben unerfüllt, ebenso wie die oft zitierte Befürchtung des US-Präsidenten John F. Kennedy, dass es in den 1970er Jahren schon 15 bis 25 nuklear bewaffnete Staaten geben würde.[18]

Der Auffassung, dass es sich bei der Atomrüstung um eine besondere Kategorie handelt, entspricht die besondere Behandlung, die ihr in der internationalen Diplomatie stets zuteil wurde. Atomwaffen sind die einzige Waffengattung, deren Abschaffung unmittelbar nach ihrem ersten Einsatz in Betracht gezogen und in Aussicht gestellt wurde. Die Generalversammlung der Vereinten Nationen erörterte bereits in ihrer ersten Sitzung Anfang 1946 „die mit der Entdeckung der Atomenergie verbundene Problematik" und beschloss in ihrer allerersten Resolution die Einrichtung einer Atomenergiekommission mit dem Auftrag, „mit höchster Dringlichkeit ... die Entfernung von Atomwaffen und anderen Massenvernichtungswaffen aus den nationalen Waffenbeständen" voranzutrei-

[18] Die Äußerung Kennedys aus dem Jahr 1963 wird zitiert in Albert Carnesale et al. (The Harvard Nuclear Study Group), Living With Nuclear Weapons, Cambridge MA 1983, S. 215.

ben.[19] Im Rahmen dieses UN-Gremiums stellte dann der amerikanische Chefdelegierte Bernard Baruch seinen Plan zur Gründung einer mächtigen Weltatombehörde vor, die im Alleinbesitz des atomaren „Schlüssels" die „absolute Waffe" in ihre Obhut nehmen sollte, und mahnte erneut zur Eile: „Wir haben die Wahl zwischen Leben und Tod. … Wir müssen uns entscheiden zwischen dem Weltfrieden und der Zerstörung der Welt."[20]

Der Baruch-Plan scheiterte alsbald an der sich verhärtenden Konfrontation des Ost-West-Konflikts, doch sein Grundgedanke ist ebenso wie sein Scheitern nicht nur von historischem Interesse, sondern immer noch von aktueller Bedeutung. Aufschlussreich ist bereits die Tatsache, dass die Initiative zur internationalen Regulierung der Atomenergie von den USA ausging, damals der einzigen Atommacht. Es ist nicht möglich und auch nicht nötig zu wissen, ob die USA wirklich bereit waren, ihre Atomwaffen der geplanten Weltbehörde zu übergeben oder sie unter deren Aufsicht zu verschrotten. Entscheidend ist, dass aus ihrer Sicht der Verzicht auf Atomwaffen die Realisierung eines politischen Ordnungsmodells voraussetzte, dessen Tragweite weit über die gerade erst gegründete Organisation der Vereinten Nationen hinausging. Verlangt wurde die Unterwerfung aller Staaten unter die Kontrolle einer Monopolbehörde, die überall auf der Welt den militärischen Missbrauch der Atomenergie verhüten und den Atomwaffenverzicht erzwingen könnte – und zwar ausdrücklich auch gegen den Willen einer Vetomacht des UN-Sicherheitsrats.[21] Kein Wunder, dass die Sowjetunion, die gerade fieberhaft an der Herstellung einer eigenen Atomwaffe arbeitete, sich vehement dem Baruch-Plan widersetzte. Und es verwundert auch nicht, dass der Sicherheitsrat – anders als die Generalversammlung – sich niemals entschließen konnte, eine Initiative zur nuklearen Abrüstung zu ergreifen.[22] Dass die fünf Vetomächte heute ausnahmslos zu den Atommächten zählen, ist eigentlich ein historischer Zufall. Unbestreitbar ist aber auch, dass einige unter ihnen in der Vergangenheit sich Atomwaffen beschafft haben und in der Gegenwart an ihrem Besitz festhalten, um ihrem in der UN-Charta festgeschriebenen Status als ständige Mitglieder des Sicherheitsrats zusätzliches Gewicht zu verleihen.

---

[19] Resolution 1(I) vom 24. Januar 1946, Text in: Department of State, a.a.O., S. 864-865. Die Formulierung folgt wörtlich dem Kommuniqué vom 15. November 1945, in dem die am Bau der ersten Atombombe beteiligten Länder USA, Großbritannien und Kanada die Einrichtung einer solchen UN-Kommission forderten (a.a.O., S. 863-864).

[20] United States Proposal for the International Control of Atomic Energy (Statement by Bernard M. Baruch, U.S. Representative on the United Nations Atomic Energy Commission, June 14, 1946), in: Department of State, a.a.O., S. 865-871.

[21] A.a.O., S. 868.

[22] Vgl. Ernie Regehr, The Security Council and Nuclear Disarmament, in: Jane Boulden/Ramesh Thakur/Thomas G. Weiss (eds.), The United Nations and Nuclear Orders, Tokyo/New York/Paris 2009, S. 31-51.

Gleichzeitig ist aus der historischen Distanz zu bemerken, dass Bernard Baruchs beschwörende Warnung, man habe zwischen Weltfrieden und Weltuntergang zu wählen, zumindest voreilig war. Weder der eine noch der andere Extremfall hat sich in den folgenden Jahrzehnten ereignet. Seit Hiroshima hat es zwar keinen Weltkrieg mehr gegeben und keinen Atomkrieg (vielleicht trotz, vielleicht auch wegen der Präsenz von Atomwaffen), doch auch kein Jahr ohne Krieg irgendwo in der Welt. Denn auch im Atomzeitalter ist – entgegen einer populären Redensart – der Weltfriede durchaus teilbar.

Trotz ihres frühen Scheiterns hat die Idee der nuklearen Abrüstung niemals ihren magischen Reiz verloren. Als Barack Obama in seiner Prager Rede vom 5. April 2009 gelobte, sich für die Abschaffung aller Atomwaffen einzusetzen,[23] wofür er wenige Monate später mit dem Friedensnobelpreis belohnt wurde, gab er einer weltweit verbreiteten Hoffnung neue Nahrung. „*Global Zero*", die Vision einer atomwaffenfreien Welt, ist seit 1945 immer wieder beschworen worden, häufig mit dem Anspruch, jetzt endlich mit einem radikalen Neuanfang die nukleare Abrüstung einzuleiten und ans Ziel zu führen. Eine neuere Zusammenstellung verzeichnet allein für die Jahre 2007-2009 nicht weniger als 24 mehr oder weniger prominente Initiativen zur Realisierung der atomwaffenfreien Welt.[24] Würde man den Blick auf die davor liegenden Jahrzehnte des „Atomzeitalters" richten, käme man gewiss auf ein Vielfaches dieser Zahl. Kein anderes Abrüstungsziel hat jemals so große und dauerhafte Gefolgschaft bekommen. Das deutet darauf hin, dass der Glaube an die Singularität der Atomwaffen längst eine Eigendynamik entwickelt hat, die mit ihrer aktuellen militärischen Rolle kaum noch in Verbindung steht.

„*Global Zero*" ist ein wohlfeiler Wunsch, dem sich – zumindest öffentlich – kaum jemand verschließen mag, nicht einmal die Oberhäupter der Kernwaffenstaaten. Strittig ist nicht das Wunschziel, sondern allein der Weg dorthin. Auf höchster politischer Ebene gehört es seit langem zum Ritual der Staatsmänner, ihm Lippendienste zu leisten. Unzählbar sind die Resolutionen und Deklarationen, in denen die Staatengemeinschaft den festen Willen zur Herstellung einer atomwaffenfreien Welt bekundet – unter Bedingungen, die nur noch ausgehandelt werden müssen. An die Unverbindlichkeit solcher Beschlüsse hat man sich fast gewöhnt, und man ist versucht, in der Frequenz ihrer Wiederkehr einen Indikator für das Ausmaß politischer Heuchelei zu sehen.

---

[23] Remarks by President Barack Obama, Hradcany Square, Prague, Czech Republic, 5 April 2009, http://www.whitehouse.gov/the_press_office/Remarks-By-President-Barack-Obama-In-Prague-As-Delivered/ (31.01.2011); deutscher Text (Auszug) in: Internationale Politik (Berlin), 64. Jg., Heft 5 (Mai2009), S. 108-109.

[24] IFSH, a.a.O.

Indessen sollte man den verantwortlichen Akteuren nicht vorschnell Verlogenheit oder Gleichgültigkeit unterstellen. Der Traum von der atomwaffenfreien Welt ist schließlich ein *politisches* Projekt, also dem politischen Zugriff prinzipiell erreichbar. Als sich im Oktober 1986 Ronald Reagan und Michail Gorbatschow bei ihrem Treffen in Reykjavik spontan auf die Abschaffung aller Atomraketen verständigen wollten, bevor ihnen ihre Experten in den Arm fielen, ging es den beiden Staatschefs sichtlich um eine Herzensangelegenheit.[25] Ob ihr Scheitern (oder ihr denkbarer Erfolg) der Singularität der Atomwaffen geschuldet war, mag offen bleiben. Doch die Befangenheit in den feingesponnenen Irrgängen der Nuklearstrategie, die das sicherheitspolitische Denken zuweilen „bis an die äußersten Grenzen des Absurden" führt,[26] erlaubte auch den zwei mächtigsten Männern der Welt keinen abrupten Kurswechsel.

Die nukleare Rüstungskontrolle und Abrüstung hat im vergangenen halben Jahrhundert mehr öffentliche Aufmerksamkeit auf sich gezogen, mehr diplomatischen Aufwand erfordert, mehr Teilerfolge erzielt und Etappensiege errungen als jede andere sicherheitspolitische Bemühung. Durch völkerrechtliche Verträge sind der Weltraum, der antarktische Kontinent, der Meeresboden atomwaffenfrei gemacht worden. Die meisten Staaten der Welt haben sich in Kernwaffenfreien Zonen (NWFZ) zusammengeschlossen. Durch den Beitritt zum Nichtverbreitungsvertrag haben sich fast alle Staaten nicht nur zum Atomwaffenverzicht verpflichtet, sondern auch zur aktiven Mitwirkung bei der Nichtverbreitung dieser Waffen. Die Zahl der atomaren Sprengkörper, die in den 70er Jahren des 20. Jahrhunderts ihren Gipfel im hohen fünfstelligen Bereich erreichte, wurde seit dem Ende des Kalten Kriegs drastisch verringert. Wenigstens vier Staaten (Südafrika und drei ehemalige Sowjetrepubliken) haben ihre Atomwaffen freiwillig abgegeben.

All dies sind keine Trivialitäten. Gleichwohl ist die Welt dem Zielpunkt „*Global Zero*" kaum näher gekommen. Die Zahl der atomar bewaffneten Staaten ist über die Jahrzehnte kontinuierlich gewachsen, es sind bereits neun, und eine weitere Vermehrung wird befürchtet. Die Haltbarkeit des Nichtverbreitungsvertrags gilt als gefährdet. Mit der Verbreitung sensitiver Nukleartechnologie in immer mehr Ländern rückt die Herstellung von Atomwaffen für immer mehr Staaten in den Bereich der Möglichkeit. Sogar nichtstaatlichen Terrorgruppen wird das Streben nach atomaren Gewaltmitteln nachgesagt. Und es darf nicht übersehen werden, dass derzeit mindestens 30 Staaten, die formell als Nicht-

---

[25] Siehe Don Oberdorfer, When Reagan and Gorbachev Reached for the Stars, in: Sidney D. Drell/ George P. Shultz (eds.), Implications of the Reykjavik Summit on Its Twentieth Anniversary: A Conference Report, Stanford CA 2008, S. 111-118.

[26] Beatrice Heuser, The Evolution of Strategy: Thinking War from Antiquity to the Present, Cambridge 2010, S. 382.

kernwaffenstaaten gelten, ihre nationale Sicherheit dem Bündnis mit einer Atommacht anvertraut haben.

Atomwaffenbesitz, das Streben nach Atomwaffen und die Zugehörigkeit zu einer nuklearen Allianz mögen unterschiedlich motiviert, begründet und veranlasst sein. Gemeinsam ist ihnen aber in jedem Fall die Auffassung, dass eine atomar bewehrte Sicherheit „besser" (das heißt: effektiver, glaubwürdiger, zuverlässiger) sei als eine nichtatomare. Insoweit dies gilt, wird den Atomwaffen tatsächlich eine überlegene, unersetzbare, singuläre Rolle zugeschrieben.

Die in den letzten Jahren wieder vermehrt erhobenen Forderungen nach nuklearer Rüstungskontrolle und Abrüstung wurden vor allem von der Sorge um die Stabilität des Nichtverbreitungsregimes angetrieben. Sie gehen aber über frühere Initiativen hinaus, indem sie einer rüstungskontrollpolitischen Agenda – durchaus auch in propagandistischer Absicht – die Verheißung einer „atomwaffenfreien Welt" voranstellen. Barack Obamas Prager Rede ist ein glänzendes Beispiel dieser Vermischung von pragmatischen, programmatischen und visionären Elementen.

Die rüstungskontrollpolitische Agenda in der zweiten Dekade des 21. Jahrhunderts umfasst zahlreiche, zumeist wohlbekannte Programmpunkte aus dem Wunschzettel der internationalen Nukleardiplomatie: eine substantielle Verringerung der atomaren Arsenale (Sprengköpfe, Trägersysteme und Spaltstoffe), technische Vorkehrungen und vertrauensbildende Maßnahmen zur Verhinderung unbeabsichtigter atomarer Explosionen und Kriegshandlungen, ein umfassendes Testverbot (Comprehensive Test Ban Treaty), ein Produktionsverbot für waffenfähiges Spaltmaterial (Fissile Material Test Ban Treaty) und dergleichen mehr. Ziel dieser Maßnahmen ist einerseits eine verminderte Abhängigkeit von Atomwaffen, andererseits eine verbesserte Vorsorge gegen die Risiken der Atomrüstung.

Ob die vorgeschlagenen Maßnahmen genug Unterstützung finden können und sich verwirklichen lassen, sei dahingestellt; ebenso, ob ihre doppelte Zielsetzung überhaupt widerspruchsfrei denkbar ist. Sind tausend Sprengköpfe wirklich weniger riskant als zehntausend? Hundert weniger riskant als tausend? Bedeutsamer erscheint ein anderer Aspekt. Die rüstungskontrollpolitische Agenda bezweckt und verspricht mehr Sicherheit in einer nuklearisierten Welt. Das ist auf jeden Fall eine höchst wünschenswerte Zielsetzung und jeder Anstrengung wert. Aber sie zeigt keinen Weg zu einer atomwaffenfreien Welt. „*Global Zero*" ergibt sich nicht einfach aus einer konsequent fortgesetzten und verbesserten Rüstungskontrolle. Zwischen hier und dort liegt eine unbekannte, beinahe unausmessbar lange Wegstrecke. Und es ist anerkennenswert, dass Obama offen einräumt, das Ende der Strecke werde vielleicht nicht zu seinen Lebzeiten zu erreichen sein.[27]

Hier rächt sich die sprachliche Unschärfe, die in der politischen Rhetorik, in der einschlägigen Publizistik ebenso wie in der internationalen Diplomatie seit langem akzeptiert, wenn nicht sogar gepflegt wird. „Rüstungskontrolle“ und „Abrüstung“, „Beendigung des Wettrüstens“ und „Abbau der Arsenale“, „Atomwaffenverzicht“ und „Nichtkernwaffenstatus“, „globale Null“ und „Abschaffung der Atomwaffen“ werden in fahrlässiger Weise oft so verwendet, als seien sie weitgehend deckungsgleich. Damit wird der fundamentale Unterschied verwischt, der zwischen einem sicherheitspolitischen Denken besteht, das auf Atomwaffen setzt, und einem anderen, das sich davon frei machen möchte.

Auf absehbare Zeit wird man sich weniger mit der Vision einer „atomwaffenfreien Welt“ befassen müssen als mit der Realität einer Welt, in der Atomwaffen eine wichtige Rolle spielen. Wie gering unser Wissen über diese ist, wird sichtbar, sobald man sich einem Gedankenexperiment hingibt und überlegt, was es bedeutet, „wenn das nukleare Tabu gebrochen wird“. Eine differenzierte Analyse zeigt, dass der Einsatz einer oder mehrerer Atomwaffen irgendwo auf der Welt das sicherheitspolitische Denken und Handeln wahrscheinlich weder vereinfachen noch vereinheitlichen oder in neue Bahnen lenken, sondern eher in ganz unterschiedliche Richtungen auseinandertreiben würde. Die Vielfalt der möglichen Reaktionen könnte von einer radikalen Absage an Atomwaffen bis hin zu einer ungebremsten Nuklearisierung der Staatenwelt reichen – und zwar gleichzeitig, ungleichmäßig und kontingent in Abhängigkeit von örtlichen und zeitlichen Rahmenbedingungen.[28]

Auch die Analyse der „atomwaffenfreien Welt“ ist zunächst nur ein Gedankenexperiment über eine sehr ferne Zukunft. Es erstaunt, wie oft davon gesprochen und wie selten darüber gründlich nachgedacht worden ist. Ein Grund dafür liegt natürlich darin, dass ganz unterschiedliche Meinungen nicht nur über die Realisierbarkeit dieses Ziels und den Weg dorthin, sondern bereits über seine Wünschbarkeit einander im Wege stehen.[29]

Die Herstellung einer atomwaffenfreien Welt scheint gegenwärtig die Grenzen praktischer Vernunft zu sprengen. Die Voraussetzungen, die bei „*Global Zero*“ erfüllt sein müssten, lassen sich jedoch einigermaßen zuverlässig benen-

---

[27] Remarks by President Barack Obama, a.a.O.

[28] Mark Fitzpatrick, The World After: Proliferation, Deterrence and Disarmament if the Nuclear Taboo is Broken (Proliferation Papers no. 27), Paris 2009.

[29] Einen kompakten Überblick über diese Meinungsvielfalt bietet Reinhard Meier-Walser (Hrsg.), Eine Welt ohne Atomwaffen? „Global Zero“ – Realisierungschancen einer Vision, München 2010; vgl. auch James E. Goodby, A World Without Nuclear Weapons: Fantasy or Necessity?, in: Stockholm International Peace Research Institute, SIPRI Yearbook 2010, Oxford 2010, S. 17-34.

nen. Eine sorgfältige neuere Studie zählt mehr als 40 notwendige Voraussetzungen auf – nicht um die Vision zu diskreditieren, sondern um sie politisch operational zu machen.[30] Zu den wichtigsten Voraussetzungen gehören die Universalität (also die Mitwirkung aller Staaten), die Transparenz (also die glaubwürdige Abwesenheit von Atomwaffen) und die Nachhaltigkeit (also die Gewähr gegen einen Rückfall in die atomare Bedrohung). Konkret würde das wohl bedeuten: eine mächtige Weltbehörde, möglicherweise im Monopolbesitz von Atomwaffen, die überall auf der Welt mit rigorosen Verifikationsmaßnahmen und Kontrollbefugnissen den Atomwaffenverzicht nachprüfen und, falls erforderlich, erzwingen müsste. Hier schließt sich ein Kreis, der zurück führt zu den Grundgedanken des Baruch-Plans von 1946.

Es liegt auf der Hand, dass ein solcher Leviathan mit dem System der souveränen Nationalstaaten nicht vereinbar wäre. Zum Zweck der irreversiblen Abschaffung nationaler Atomwaffen müsste die libertäre Staatengemeinschaft der Gegenwart radikal umgestaltet und das Organisationsprinzip der Vereinten Nationen auf eine neue Basis gestellt werden. Das „Atomzeitalter", das mit dem Menetekel von Hiroshima seinen Ausgang nahm, würde unter der Fuchtel von „*Global Zero*" gleichsam verewigt werden.

Damit mündet die Vorstellung von der Singularität der Atomwaffen in eine paradoxe Aporie. Die atomwaffenfreie Welt erfordert eine schier grenzenlose Furcht vor dem Atomkrieg. Nur unter dieser Bedingung wäre sie dauerhaft stabil. Doch die Erinnerung an Hiroshima allein kann diese Furcht nicht immerwährend lebendig erhalten.

Ebenso wenig kann die Erinnerung an Hiroshima jeden Einsatz von Atomwaffen auf Dauer verhindern. Die nukleare Abschreckung, die auf dieser Erinnerung basiert, wird irgendwann einmal versagen, solange Atomwaffen als das stärkste aller Gewaltmittel angesehen werden. Es ist nicht unbedingt beruhigend zu wissen, dass Atomwaffen erst dann überflüssig werden, wenn sie nicht mehr als singulär gelten.

Von der Singularität zur Normalität

Welche Folgerungen sind aus diesem Befund zu ziehen?

Wenn es stimmt, wie in diesem Beitrag argumentiert wurde, dass der Glaube an die Singularität von Atomwaffen ihre Abschaffung eher behindert als befördert

---

[30] George Perkovich/James M. Acton, Abolishing Nuclear Weapons (Adelphi Paper 396), London 2008.

und ihren militärischen Nutzen eher überzeichnet als relativiert, dann ist es zuvörderst ein Gebot des gesunden Menschenverstandes, diese Waffen zu entmystifizieren und sie als das anzuerkennen, was sie seit mehr als sechs Jahrzehnten tatsächlich sind: ein normaler Bestandteil der sicherheitspolitischen Realität. „Normal" heißt nicht gut und richtig, sondern gewohnt, herkömmlich, seit langem bekannt, alltäglich und in gewissem Maße vertraut und bewährt, doch nicht einzigartig oder unentbehrlich. Das Normale ist nie unumstritten, nicht unbedingt wünschenswert oder garantiert dauerhaft, und es ist stets auch fehlbar, überprüfungsbedürftig und gegebenenfalls durch Besseres ersetzbar.

Normalität ist etwas Ambivalentes. Für das Atomzeitalter bedeutet Normalität, dass die Atomtechnik ein friedliches und ein militärisches Doppelgesicht trägt; dass nukleare Abschreckung den Krieg verhüten, aber auch in einen schrecklichen Krieg umschlagen kann; dass Kriege regelmäßig ohne den Einsatz von Atomwaffen ausgetragen werden; dass die Präsenz der Atomwaffen dauernd spürbar, doch nur selten wahrnehmbar ist; dass nukleare Rüstung, Rüstungskontrolle und Abrüstung gleichzeitig und nebeneinander vonstatten gehen; dass Atomwaffenbesitz oft begehrt und nur in wenigen Fällen verwirklicht, häufig verurteilt und nie verboten wurde. Unendlich schwierig und sehr unwahrscheinlich ist die Abschaffung aller Atomwaffen – und dennoch nicht ausgeschlossen.

Das Normale – im Unterschied zum Singulären – verändert sich im Zeitverlauf. Nukleare Kriegsbilder und strategische Denkmuster aus der Frühzeit des Ost-West-Konflikts sind längst *passé,* ein thermonuklearer Vernichtungsrausch in den Dimensionen der beiden Weltkriege wird kaum noch in Betracht gezogen.[31] Die Atomwaffentechnik, die auf wissenschaftlichen Erkenntnissen aus der ersten Hälfte des 20. Jahrhunderts beruht, ist zwar ständig modernisiert und verfeinert worden. Nicht beim Grundmuster der nuklearen Sprengkörper wurden jedoch die einschneidenden Innovationen realisiert, sondern bei den scheinbar peripheren Technologien wie Trägermitteln, Kommunikations- und Steuerungssystemen. Dadurch hat sich das Einsatzspektrum der Atomwaffen zumindest bei den fortgeschrittensten Kernwaffenstaaten deutlich verringert und verschoben. Gleichzeitig zeichnen sich bei den Fähigkeiten der Raketenabwehr technologische Entwicklungssprünge ab. Sie könnten in absehbarer Zeit ein Ziel näher rücken, das der amerikanische Präsident Ronald Reagan in seiner visionären

[31] Wie fern die exzessiven Atomkriegsszenarien des Kalten Kriegs inzwischen dem sicherheitspolitischen Denken der Gegenwart entrückt sind, zeigen anschaulich die klassischen Bücher von Herman Kahn, On Thermonuclear War, Princeton NJ 1960, und ders., Thinking About the Unthinkable, New York 1962. Einen bürokratiekritischen Rückblick auf nukleare Kriegsbilder der vergangenen Jahrzehnte unternimmt Jerry Miller, Stockpile: The Story Behind 10,000 Strategic Nuclear Weapons, Annapolis MD 2010.

Rede vom 23. März 1983 vorgezeichnet hat: nuklear bewaffnete Langstreckenraketen „*impotent and obsolete*“ zu machen.[32]

Man muss sich nicht der Illusion hingeben, dass ein solches Abwehrsystem ganze Salven anfliegender Interkontinentalraketen einer atomaren Großmacht vollständig und zuverlässig unschädlich machen könnte. Das wird vielleicht nie möglich sein. Doch bereits eine hohe, wenngleich unvollkommene Abfangrate würde genügen, um eine Grundprämisse im strategischen Kalkül des Atomzeitalters zu erschüttern. Die Atombombe, die vermeintlich „absolute Waffe“, vor der keine Gegenwehr schützen sollte, wäre ihres mythischen Anspruchs der Unbezwingbarkeit entkleidet.[33]

Stellt man außerdem in Rechnung, dass in den nächsten Jahrzehnten bedeutende Neuerungen bei den nichtnuklearen Kriegswaffen (elektronische und biologische Kampfmittel, unkonventionelle Sprengstoffe, nanotechnische und lernfähige Roboter) denkbar sind, dann lässt sich eine Entwicklung absehen, in deren Verlauf die Atomwaffen immer weiter an den Rand des militärisch Nützlichen rücken könnten. Damit wäre ein Zustand erreicht, in dem die Abschaffung der Atomwaffen in internationalem Konsens tatsächlich greifbar nahe sein könnte. „*Global Zero*“ ließe sich dann womöglich ohne große Umstände verwirklichen – nicht wegen einer vermeintlichen Singularität, nicht aufgrund einer revolutionären Neuordnung der Welt, nicht infolge einer moralischen Umkehr der Menschheit, sondern einfach deswegen, weil Atomwaffen als entbehrlich, unnütz, unbrauchbar und in Abwägung ihrer Vor- und Nachteile eher schädlich für die internationale Sicherheit erkannt wurden.

Eine Entwicklung dieser Art, bei der eine zuvor angehäufte Waffengattung unversehens desavouiert und in internationalem Einvernehmen wieder beseitigt wird, ist nicht ganz ungewöhnlich. Die Abschaffung der nuklearen Mittelstreckenwaffen in Europa (INF-Vertrag von 1987) und das Verbot der chemischen Kampfstoffe (Chemiewaffenkonvention von 1993) sind die bekanntesten Beispiele. Die Beispiele zeigen aber auch, dass solche Abrüstungserfolge erst zustande kommen, wenn ihnen ein politischer Entspannungsprozess vorausgeht, wenn die Zahl der Waffenbesitzer begrenzt ist und den Waffen keine überragende Bedeutung mehr beigemessen wird. Diese Erfolgsbedingungen sind bei den Atomwaffen gegenwärtig nicht erfüllt oder nicht hinreichend gewährleistet.

Man sollte auch nicht darauf vertrauen, dass eine Marginalisierung oder Abschaffung der Atomwaffen notwendigerweise mit einer friedvolleren internationalen Ordnung oder einer fortschreitenden Humanisierung des Krieges einhergehen würde. Es könnte eher dahin kommen, dass die Bannung des nuklearen

---

[32] Address to the Nation on National Security by President Ronald Reagan, March 23, 1983, http://www.fas.org/spp/starwars/offdocs/rrspch.htm (10.03.2011).

[33] Vgl. hierzu jedoch die abweichende Einschätzung von Eric Chauvistré in seinem Beitrag.

Schreckens eine Entfesselung „konventioneller“ Kriegsfurien oder irregulärer Gewaltpotentiale im Gefolge hätte. Ob man dies dann als Fortschritt bilanzieren könnte, muss dahingestellt bleiben.

„Ist der Krieg noch zu retten?“, fragte vor einem halben Jahrhundert eine Streitschrift, in der versucht wurde, ins Stimmengewirr der Nuklearstrategen eine Schneise der Vernunft zu schlagen, und ihr Herausgeber gelangte zu der Antwort, dass im Atomzeitalter die Lösung politischer Konflikte durch Krieg nicht mehr praktikabel sei, „sodass wir nur noch vor der Wahl stehen, ihn abzuschaffen oder unterzugehen“.[34] Die Frage ist berechtigt, die Antwort zumindest diskutabel, die angebotene Alternative aber unglaubhaft. Zutreffend ist indessen die seitdem weiter erhärtete Feststellung, dass seit dem Anbruch des Atomzeitalters dauerhafte Problemlösungen durch Krieg – früher die *ultima ratio* der Politik – kaum noch zustande gekommen sind. Es spricht viel dafür, dass dies mit der Existenz der Atomwaffen ursächlich zusammenhängt. Denn grundlegende Änderungen der internationalen Machtstruktur mit militärischen Mitteln sind nur noch durch Herausforderung einer Atommacht möglich – und diese ist zu gefährlich, um damit zu spielen.

Wenn man davon ausgeht, dass Atomwaffen auf absehbare Zeit eine wichtige, wenngleich verminderte Rolle in der Sicherheitspolitik spielen und Kriege eine vielleicht unausrottbare Begleiterscheinung der internationalen Beziehungen bleiben werden, dann lassen sich die wichtigsten Aufgaben der Gegenwart und der näheren Zukunft unschwer bestimmen. Es muss vor allen Dingen die internationale Sicherheit in einer nuklearisierten Staatenwelt gewährleistet werden. Dabei sollte es vordringlich nicht um ferne Wunschziele wie die Abschaffung der Atomwaffen oder die Abschaffung des Krieges gehen (so erfreulich Fortschritte in diese Richtung auch sein mögen), sondern darum, den Gebrauch von Atomwaffen als Instrumente der Kriegführung zu vermeiden. Durch eine konsequente Nichtverbreitungspolitik muss verhindert werden, dass die Zahl der Atomwaffenbesitzer unkontrollierbar anwächst. Und diese müssen lernen, ihre Atomwaffen in internationaler Verantwortung zu hüten.

Eine solche Aufgabenliste mag auf den ersten Blick banal erscheinen, tatsächlich aber ist sie ungeheuer anspruchsvoll. Sie verlangt Dinge, die bisher nicht oder nur unvollkommen gelungen sind, sofern sie überhaupt in Betracht gezogen wurden. Institutionen der Sicherheitspolitik, namentlich der Sicherheitsrat der Vereinten Nationen, müssen darauf überprüft werden, ob sie für die nukleare Normalität des Zeitalters noch richtig konstruiert sind. Konzepte und Praktiken der nuklearen Abschreckung, Rüstungskontrolle und Abrüstung müssen

[34] Helmut Lindemann (Hrsg.), Ist der Krieg noch zu retten? Eine Anthologie militärpolitischer Meinungen, Frankfurt 1965, S. 16.

kritisch befragt und nötigenfalls neu justiert werden, damit sie nicht nur kurzfristig funktionieren, sondern nachhaltige Stabilität erzeugen.[35] Nichtverbreitungspolitik muss begründen können, wie und warum ein Status der Ungleichbehandlung im Staatensystem dauerhaft zu legitimieren ist. Anerkannte Kernwaffenstaaten müssen akzeptieren, dass sie als Inhaber der stärksten Gewaltmittel nicht nur für die eigene Sicherheit verantwortlich sind, sondern auch mitverantwortlich für die der Nichtkernwaffenstaaten. Und diese wiederum müssen akzeptieren, dass für nukleare Sicherheit und für die Herstellung von Rahmenbedingungen nuklearer Abrüstung nicht nur die Atommächte zuständig sind, sondern alle Staaten.[36]

Erst wenn das Denken über Atomwaffen sich von der Fiktion der Singularität gelöst hat, wird eine schrittweise Erfüllung dieser Aufgaben möglich sein. Das wird noch lange dauern, ein Ende des Atomzeitalters ist vorerst nicht abzusehen. Bis es doch einmal dahin kommt, wird man mit der Normalität der Atomwaffen leben müssen.

---

[35] Gedankenreiche Überlegungen hierzu finden sich in dem schmalen Band von Michael Quinlan, Thinking About Nuclear Weapons: Principles, Problems, Prospects, Oxford 2009, bes. Teil II („Managing Nuclear Weapons"), S. 59-111.

[36] Viel zu oft wird übersehen oder verschwiegen, dass die Mitglieder des Nichtverbreitungsvertrags von 1968 diese Verantwortung bereits formell übernommen haben, denn gemäß Artikel VI ist „jede Vertragspartei verpflichtet", sich „in redlicher Absicht" an Verhandlungen zur Beendigung des nuklearen Wettrüstens und zur nuklearen Abrüstung zu beteiligen sowie „einen Vertrag zur allgemeinen und vollständigen Abrüstung unter strenger und wirksamer internationaler Kontrolle" anzustreben; siehe Vertrag über die Nichtverbreitung von Kernwaffen, deutscher Text in BGBl II, 1974, S.786, abgedruckt in: Christian Tomuschat (Hrsg.), Völkerrecht, 2. Aufl., Baden-Baden 2004, Ziffer 32. Wie weit die Vertragsgemeinschaft von der Wahrnehmung ihrer gemeinsamen Pflichten entfernt ist, zeigte erneut die Überprüfungskonferenz von 2010, bei der die Teilnehmer sich weitgehend damit begnügten, mit dem Finger jeweils auf die anderen zu zeigen; vgl. Harald Müller, Der nukleare Nichtverbreitungsvertrag nach der Überprüfung (HSFK-Report Nr. 3/2010), Frankfurt 2010.

Eric Chauvistré

Nur eine muss durchkommen: Militärische Singularität von Kernwaffen

Die Geschichte der Kriegführung war über Jahrhunderte begleitet von einer steigenden Zerstörungskraft der eingesetzten Waffen. Die Fähigkeit zur Tötung oder Verletzung anderer Menschen und zur Zerstörung ihrer Infrastruktur ist, bezogen auf die Anzahl eingesetzter Waffen, über die Jahrhunderte exponential gestiegen. Von Pfeil und Bogen über die Kanonenkugel bis zu den schweren Bomben des Zweiten Weltkrieges liegen gemessen in Toten pro Waffeneinsatz mehrere Dimensionen.[1] Die Kernwaffe steht am Ende dieser Kette – und dies aller Voraussicht nach nicht nur vorläufig. Die Zerstörungskraft der Kernwaffe ist um ein Vielfaches größer als die der bis dahin verfügbaren Kriegswaffen. Betrachtet man allein die Sprengkraft, so stellt ihre Verfügbarkeit zweifelsfrei einen qualitativen Sprung dar.

Doch auch wenn die Zerstörungskraft der Kernwaffe physikalisch messbar um ein Vielfaches größer ist als alles vor ihrer Einführung Bekannte, so muss dies nicht notwendigerweise eine proportionale Steigerung in der militärischen Wirkung zur Folge haben: Der qualitative Sprung in der Zerstörungskraft bedeutet also nicht zwangsläufig auch eine qualitative Veränderung in der Kriegführung. In der Tat ist auch denkbar, dass ab einem bestimmten Zerstörungsgrad, der militärische Nutzen nicht mehr steigt, also eine Sättigung eintritt. Es bleibt daher die Frage, ob und wie die neue Qualität in der Zerstörungskraft auch in eine neue militärische Qualität umschlägt, und woran dies gegebenenfalls messbar ist. Erst wenn deutlich wird, dass dies der Fall ist, kann und muss die Kernwaffe auch im militärischen Sinne als singulär betrachten werden.

Im Folgenden soll argumentiert werden, dass es tatsächlich plausibel, angemessen und sogar geboten ist, die Kernwaffe auch im militärischen Sinne als einzigartig zu bezeichnen. Es gab einen qualitativen Sprung. Im Kern liegt diese Einzigartigkeit in der Unmöglichkeit einer effektiven Verteidigung gegen Kernwaffen. Effektiv meint hier: Ein Verteidigungssystem kann sicherstellen, dass

---

[1] Siehe z.B. die Tabelle „lethality of weapons" in: Mary Kaldor und Julian Perry Robinson, „War" in Christopher Freeman und Marie Jahoda (eds.) *World Futures*, London, 1978, S. 343-379, inbs. S. 353.

der durch die eingesetzten Waffen entstandene Schaden so reduziert wird, dass das Risiko eines gegnerischen Angriffs erheblich und in einer kalkulierbaren Art und Weise eingegrenzt wird. Diese Kriterien, so die Kernthese dieses Beitrags, können gegen Kernwaffen gerichtete Abwehrsysteme nicht erfüllen. Dies ist unabhängig vom jeweiligen technischen Entwicklungsstand der Fall, weil dazu ein *absolut* verlässliches System notwendig wäre, das zudem noch – und das ist entscheidend – als absolut verlässlich wahrgenommen werden müsste. Alle weiteren militärstrategisch relevanten Singularitäten lassen sich von diesem Charakteristikum der Kernwaffe ableiten.

Dies bedeutet nicht, dass es eine technische Determinierung gibt, die Zerstörungskraft von Kernwaffen allein also zu der Annahme führt, dass eine Verteidigung nicht möglich ist. Im Gegenteil: Die Verteidigung funktioniert nur deshalb nicht, weil es eine politisch definierte – allerdings nicht notwendigerweise ausgesprochene – Schmerzgrenze gibt, jenseits derer eine Abwehr nicht mehr als effektive Verteidigung betrachtet wird. Zudem ist die daraus zu ziehende Konsequenz – z.B. die Entscheidung, auf ein Raketenabwehrsystem zu verzichten oder dies nicht zu tun – ebenso eine politische Entscheidung.

Die Geschichte der Kernwaffe ist geprägt durch immer neue, aber sich über die Jahrzehnte auffällig wiederholende Versuche, den militärischen Begrenzungen, die durch diese Singularität entstanden sind, entweder durch neue Einsatzrichtlinien oder durch die Nutzung neuer Technologien zu entgehen. Dazu zählt der Diskurs über die nukleare Abschreckung ebenso wie die Initiierung immer neuer Forschungs- und Entwicklungsprogramme zur Raketenabwehr. Im Kern geht es dabei stets darum, durch die Hoffnung auf technischen Fortschritt eben jenes Merkmal in Frage zu stellen oder zu relativieren, das die militärische Singularität von Kernwaffen begründet.[2]

Erschwert wird die Debatte seit 1990 durch eine anachronistische Einordnung der Kernwaffe in eine Konfliktkonstellation, die es so gar nicht mehr gibt. Immer noch wird dem Disput über nukleare Einsatzdoktrinen oder nukleare Abrüstung die Annahme eines elementaren Konflikts zwischen den USA und Russland (in Nachfolge der Sowjetunion) zugrunde gelegt. Immer noch werden die Waffen der einen Seite mit denen der anderen legitimiert, Reduzierungen der Arsenale finden aus alter Gewohnheit nur im Rahmen ausgehandelter Rüstungs-

---

[2] Auch die immer wieder aufgenommenen Bestrebungen zur Entwicklung möglichst kleiner Kernwaffen sind ein Ansatz, die militärische Singularität zu relativieren. Auch hier ist nicht der technische Prozess der Miniaturisierung an sich problematisch, sondern der Versuch, damit die Kernwaffen politisch den Nicht-Kernwaffen gleichzusetzen – obwohl auch das kleinste denkbare Kernwaffendesign immer noch zu einer Sprengkraft führt, die eine effektive Verteidigung unmöglich macht, im Sinne der hier genutzten Definition also zu einer singulären Waffe macht. Siehe dazu ausführlich den Beitrag von Leopold Barleon.

kontrollvereinbarungen statt.[3] Und dies obwohl beide Staaten sich längst nicht mehr als militärische Kontrahenten betrachten. Es gibt auf vielen Gebieten zwischen diesen vermeintlichen Kontrahenten sogar eine Zusammenarbeit auf militärischem Gebiet.[4] Mit gleicher Berechtigung könnte man die Kernwaffen Großbritanniens und Frankreichs in eine sich gegenseitig legitimierende Beziehung zueinander setzen.

Der anachronistische Blick auf die Ost-West-Konstellation liegt auch der immer wieder geäußerten pauschalen Einschätzung, Kernwaffen hätten an Bedeutung verloren, zugrunde. Die heute dominierenden Konfliktszenarien deuten allerdings eher darauf hin, dass die Bedeutung von Kernwaffen zunehmen wird. Ist also in diesem Beitrag von der militärischen Funktion der Kernwaffe die Rede, so bezieht sich dies ausdrücklich auf jene derzeit relevanten Konstellationen, bei denen kleinere Mächte sich in einer potentiellen Konfrontation mit militärisch deutlich stärkeren Staaten sehen.

Die absolute Waffe

Die Frage nach dem Kern dessen, was die Kernwaffe aus militärpolitischer Sicht von anderen Waffen unterscheidet, stand am Anfang ihrer Geschichte sehr viel deutlicher in der Diskussion als zu jedem späteren Zeitpunkt. Eine der ersten Beschreibungen des Unterschiedes zwischen Kernwaffen und anderen Kriegswaffen stammt aus dem Jahr unmittelbar nach ihrem ersten Einsatz. Mit dem Begriff der „absoluten Waffe“ schuf der US-Militärstratege Bernard Brodie 1946 einen Referenzpunkt für die nuklearstrategische Debatte der folgenden Jahrzehnte.[5] Mit dem Begriff des „Absoluten“ verweist Brodie darauf, dass die Existenz von Kernwaffen mehr als nur eine quantitative Steigerung in der Feuerkraft darstellt. Ihre Einführung in die Kriegführung, so sein Argument, stellt eine qualitative Veränderung dar.

Mit „absolut“ ist dabei jedoch nicht „perfekt“ gemeint, nicht also eine Waffe, die allen anderen Waffen zwingend überlegen ist, oder mit der all das erreicht werden kann, was je ein Mensch mit Waffengewalt erreichen wollte. Ebenso ist

---

[3] Diese anachronistische Vorgabe gilt merkwürdigerweise selbst dann, wenn die Waffen nicht einmal das Territorium des jeweils anderen Staates erreichen können, wie im Fall der in Deutschland stationierten US-Atomwaffen.

[4] Dies ist beispielsweise in bezug auf den US-geführten Krieg in Afghanistan der Fall. Die russische Regierung hat sich im Jahr 2009 ausdrücklich zu logistischer Unterstützung bereit erklärt. Peter Baker, „Russia to Open Air Space to U.S. for Afghan War“, *New York Times*, 4. Juli 2009, S. A1.

[5] Bernard Brodie (ed.), *The Absolute Weapon: Atomic Power and World Order,* Harcourt, Brace, 1946. Zur Bedeutung Brodies siehe z.B.: Lawrence Freedman, „Bernard Brodie: A Strategist's Evolution“, *Arms Control Today*, Vo. 21, No. 10, December 1991, S. 30.

nicht eine perfekt nutzbare Waffe mit größter denkbarer Effizienz gemeint. Vielmehr machte Brodie die qualitative Veränderung an der Art und Weise fest, wie Kernwaffen das traditionelle Verhältnis von Defensive und Offensive revolutionieren. In der Vergangenheit, so Brodie, hätten neue Technologien immer sowohl die offensiven als auch die defensiven Systeme gestärkt. Mit der Einführung der Kernwaffe sei ist dies erstmals nicht der Fall.[6] Die neue Technologie der Atombombe stärke die Offensive und schwäche die Defensive. Der außergewöhnliche Anstieg in der Zerstörungskraft mache die Verteidigung nicht nur sehr viel schwieriger, er mache sie unmöglich.

Von der „absoluten Waffe“ kann also deshalb gesprochen werden, weil es sich bei der Kernwaffe um eine in ihrer Wirkung nicht einschränkbare Waffe handelt. Diese Charakterisierung ist, wie zuweilen missverstanden, nicht physikalisch determiniert. Sie hängt immer davon ab, welches Zerstörungs*ausmaß* und welche Zerstörungs*wahrscheinlichkeit* als politisch akzeptabel betrachtet werden. Zu einer absoluten Waffe wird die Atombombe also erst durch die politische Bewertung der Folgen ihres Einsatzes. Sieht eine politische Führung die Existenz des Staates, das Überleben großer Bevölkerungsteile oder schlicht die Existenz der Herrschaftsriege in Gefahr, dürfte diese Entscheidung ganz anders ausfallen als im Fall einer Regierung, die einen Krieg führt, um sekundäre politische Ziele, wie etwa die gesteigerte Anerkennung bei Bündnispartnern, mehr Mitspracherecht in internationalen Gremien oder auch die diffuse Aussicht auf allgemeine wirtschaftliche oder machtpolitische Vorteile zu erreichen. Die Perzeption der Waffe hängt also immer einerseits von den angestrebten Zielen und andererseits von dem Niveau des maximal akzeptierten Schadens ab.

Die These von der absoluten Waffe wird bei Brodie mit einem Beispiel aus voratomarer Zeit untermauert, einem deutschen Angriff mittels V-1-Marschflugkörpern auf Großbritannien.[7] An dem von ihm beispielhaft untersuchten Tag im Jahr 1944, schoss das britische Abwehrsystem 97 der insgesamt 101 in Richtung London gesteuerter V-1 ab[8] – eine ungewöhnlich effektive Verteidigungsleistung, mit einer Erfolgsrate von 96,04 Prozent. Der entscheidende Punkt ist, dass damit auch das Ausmaß der Zerstörung Londons um 96,04 Prozent verringert wurde. Die deutschen Bomben konnten also nicht einmal vier Prozent des Schadens anrichten, der ohne ein solch effektives Verteidigungssystem verursacht worden wäre. Die Abwehr hatte damit, so darf angenommen werden, die Ziele des Angreifers vereitelt; das Ausmaß der Zerstörung war prognostizierbar.

[6] Brodie, a.a.O., S. 21-69.

[7] Die V-2 war im Gegensatz zur V-1 eine ballistische Rakete. Die Erfolge der Abwehr gegen diese waren praktisch gleich Null.

[8] A.a.O., S. 29. Beispielhaft untersucht Brodie die Folgen der Angriffe vom 28. August 1944.

Vor allem aber stellte das Verteidigungssystem angesichts der hohen Abfangrate einen sinnvollen Schutz für Material und menschliches Leben dar.

Würde exakt dasselbe hoch effektive Verteidigungssystem gegen Kernwaffen eingesetzt, wäre das Bild dagegen ein völlig anderes. Gegen Kernwaffen würde der Schaden nicht um 96 Prozent reduziert werden. Aufgebaut rund um eine Stadt oder ein ähnliches Ziel, würde dieselbe Abwehr im besten Fall die *Wahrscheinlichkeit* totaler Zerstörung durch einen atomaren Angriff auf vier Prozent senken, nicht aber das *Ausmaß* der Zerstörung. Was die Bombe in den Worten Brodies zu einer absoluten Waffe macht, ist folglich die Annahme, dass selbst eine angenommene geringe Wahrscheinlichkeit völliger Zerstörung als politisch ebenso inakzeptabel angesehen wird, wie eine hundertprozentige Wahrscheinlichkeit völliger Zerstörung.[9]

Zentral ist dabei die Frage, was man bereit ist, als effektive Verteidigung zu akzeptieren. Es ist immer eine Kombination aus technischer Kapazität und einem politischen Prozess, in dem – in der Regel implizit – definiert wird, welches Ausmaß der Zerstörung als akzeptabel gelten soll. Einerseits macht die technologische Begrenztheit eines Verteidigungssystems allein die Kernwaffe also noch nicht zur absoluten Waffe. Andererseits wird die politische Entscheidung über das akzeptierte Ausmaß der Zerstörung und des akzeptierten Risikos klar eingegrenzt durch das technische Potential der Waffe und die technischen Fähigkeiten zur Abwehr.

Der Punkt ist also nicht, dass Raketen- oder andere Luftabwehrsysteme nicht funktionieren können. Es wird auch nicht in Frage gestellt, dass deren Effektivität durch neue technische Entwicklungen gesteigert wird und möglicherweise sehr hoch sein kann. Der entscheidende Punkt ist, dass ein System, das nicht absolut perfekt funktioniert, für die politischen Entscheider denselben Wert hat wie eines, das überhaupt nicht funktioniert – oder erst gar nicht existiert.[10]

Wenn es denn so ist, dass selbst eine einzige dieser Waffen, die das Abwehrsystem durchbricht, zu einem totalen Desaster führt, dann bedeutet dies auch, dass eine einzige Kernwaffe in der Hand eines angenommenen Gegners denselben Effekt haben kann wie mehrere Tausend. Mit nur einer Waffe würde zwar die Wahrscheinlichkeit, dass ein Stadt getroffen wird, im Vergleich zu einer Konfrontation mit einem Gegner mit tausend Kernwaffen eben um jenen Faktor tausend reduziert, nicht jedoch das immer noch mögliche Ausmaß der absoluten Zerstö-

---

[9] A.a.O., S. 29-30.

[10] Vgl. Bradley S. Klein, *Strategic Studies and World Order: The Global Politics of Deterrence*, Cambridge Studies in International Relations, No. 34, Cambridge, 1994, S. 61.

rung einer Stadt oder eines anderen dichtbesiedelten Ballungsraums. Geht es um Kernwaffen, sind die entscheidenden Zahlen die Eins und die Null.[11]

Wenn also die militärische Singularität von Kernwaffen auf der Annahme basiert, dass gegen Kernwaffen keine effektive Verteidigung möglich ist, führt dies zu der entscheidenden militärpolitischen Frage, ob jemand, der für das Schicksal eines Bevölkerungszentrums verantwortlich ist, tatsächlich anders entscheiden würde, nur weil die Wahrscheinlichkeit eines Treffers und damit die Wahrscheinlichkeit einer völligen Zerstörung reduziert wird. Ist dies aber nicht der Fall, dann würde die Existenz eines Abwehrsystems die politische Entscheidungsfreiheit einer Regierung nicht erweitern.

Diese Erkenntnis hat in der Geschichte der Kernwaffe tatsächlich zu der militärhistorisch ungewöhnlichen Entscheidung geführt, ein mit hohem Aufwand entwickeltes, bereits fest installiertes und technisch funktionierendes Abwehrsystem wieder abzubauen. Die in den 1960er Jahren installierten ABM-Anlagen der USA wurden ja nicht wegen unerwarteter technischer Mängel deaktiviert. Das System konnte das, was es können sollte – aber dies war offenbar nicht ausreichend. Die ABM-Anlagen wurde abgebaut, weil sich die Erkenntnis politisch durchsetzen konnte, dass die technischen Möglichkeiten nicht den notwendigen *politischen* Anforderungen entsprachen. Die waffentechnischen Fähigkeiten der Anlage mögen sehr hoch gewesen sein – die Anforderungen an ein Abwehrsystem gegen Kernwaffen waren aber offenbar noch höher. Auch hier war es also letztendlich eine politische Entscheidung, die zum Abbau des Systems führte – eine Entscheidung, die selbstverständlich auch anders hätte ausfallen können. Doch es war eben die Kenntnis der begrenzten technischen Fähigkeit, die zu der Einsicht führte, dass das System keine sinnvolle Verteidigung aus Sicht des betreibenden Staates – hier die USA – darstellen kann.

Auf gegenwärtige Szenarien mit atomar gerüsteten Gegnern bezogen, führt das zu der Frage, ob tatsächlich ein Regierungschef in den USA oder Europa bereit wäre, eine militärische Intervention deshalb eher zu riskieren, weil der Preis eines atomaren Gegenschlags von dem betreffenden Staat nicht mehr hundert sondern vielleicht fünfzig oder auch nur fünf Prozent beträgt. Es ginge dann also beispielsweise um die Aussicht, dass dank eines Raketenabwehrsystems statt zehn europäischer Hauptstädte nur eine Hauptstadt weitgehend zerstört würde. Diesem Risiko stünde man nicht etwa in einer *existenziellen* Situation gegenüber, wie sie zur Zeit der Ost-West-Konfrontation angenommen wurde,[12]

[11] Vgl. Wolfgang K.H. Panofsky, „The Continuing Impact of the Nuclear Revolution", *Arms Control Today*, June 2001.

[12] Der Begriff „Kalter Krieg" wird hier bewusst gemieden, da er die Dynamik innerhalb der Ost-West-Konfrontation überdeckt. Wird im Rückblick zumeist die gesamte Periode zwischen 1945 oder 1948 und 1989 als „Kalter Krieg" bezeichnet, wurde der Begriff zuvor für besonders spannungsrei-

sondern es müsste gegen die militärische Durchsetzung *sekundärer* politischer Ziele abgewogen werden. Sieht man sich aber keiner existenziellen Bedrohung gegenüber, dann ist anzunehmen, dass die Risikobereitschaft noch weit geringer ist. Schon die vage Aussicht auf einen atomaren Gegenschlag und auf ein nicht vollständig funktionierendes Abwehrsystems dürfte daher dazu führen, dass die Bereitschaft politischer Entscheider, eine militärische Intervention gegen einen atomar bewaffneten Staat freizugeben, deutlich sinken wird. Und dies wird kein bisschen dadurch erleichtert, dass bei dem Raketenangriff dank des Abwehrsystems möglicherweise nicht Berlin, Madrid, Paris, Brüssel, Rom und London gleichzeitig, sondern nur eine dieser Metropolen zerstört würde.

In den Fokus politischer Analyse rückte ein solches Szenario nach der US-Intervention in Kuwait und den Irak im Frühjahr 1991. Damals kam die Frage auf, ob der damalige Präsident George Bush senior den Befehl für „Desert Storm" auch gegeben hätte, wäre er im Besitz von Informationen gewesen, dass der Irak über Kernwaffen verfüge – oder dass ein solcher Besitz von den US-Geheimdiensten auch nur für einigermaßen wahrscheinlich gehalten würde. Die Frage beherrschte in der Folge massiv das Denken der US-Regierung und der sie beratenden Institutionen. Gleich zwei einflussreiche Thinktanks, das Council on Foreign Relations und die Rand Corporation, befassten sich Anfang der 1990er Jahre mit den Folgen des potentiellen Kernwaffenbesitzes weiterer Staaten für die militärische Handlungsfreiheit der USA.[13]

Die Studie *New Nuclear Nations* des Council on Foreign Relations spielte die imaginären Szenarien durch. Die Autoren blieben dabei dicht am realen Ablauf der Procedere kurz vor Beginn des Krieges, änderten jedoch ein entscheidendes Detail: Am 16. Januar 1991, einen Tag bevor die US Air Force mit der Bombardierung Bagdads beginnen sollte, legten die US-Geheimdienste einen Bericht vor, wonach es starke Anzeichen dafür gäbe, dass Irak über Kernwaffen verfügt.[14] Die Autoren zeigten auf, dass weder die US-Regierung noch das US-Militär auf eine solche Situation vorbereitet waren. Sie plädierten deshalb dafür, die Vorbereitung auf Kriege, die den Gebrauch oder die Androhung des Gebrauchs von Kernwaffen einschließt, zu einem Fokus US-amerikanischer Mi-

---

che Phasen innerhalb der von den USA und der Sowjetunion dominierten Konfrontation benutzt, z.B. für die Zeit von Mauerbau und Kuba-Krise Anfang der 1960er und dann wieder für die Zeit Anfang der 1980er Jahre – gekennzeichnet durch den Beginn der sowjetischen Afghanistan-Invasion und den sogenannten Nato-Doppelbeschluss zur Aufstellung neuer atomar bestückter Mittelstreckenraketen in Westeuropa.

13 Robert D. Blackwill und Albert Carnesale (eds.), *New Nuclear Nations: Consequences for U.S. Policy*, New York, 1993; Marc Dean Millot, Roger Mollander und Peter A Wilson, *„The Day After... " Study: Nuclear Proliferaion in the Post-cold War World*, Vollumes I-III, Santa Monica, CA, 1993.

14 Robert D. Blackwill und Albert Carnesale, „Introduction: Understanding the Problem", in Blackwill und Carnesale (eds.), *New Nuclear Nations: Consequences for U.S. Policy*, S. 3-19.

litärpolitik zu machen: Fortan gab es eine neue Doktrin, die der *Counterproliferation*. Wie die Debatte über Counterproliferation in US-Thinktanks und Regierungsstellen schließlich die offizielle Politik prägte, zeigten die Argumentationsstränge vor dem US-Angriff auf den Irak 2003. Auch die späteren Drohungen gegen den Iran basierten auf der Anfang der 1990er Jahre initiierten Doktrin.

Seit dem Irakkrieg 2003 ist auch deutlich, dass eine von potentiellen neuen Kernwaffenbesitzern betriebene Strategie der atomaren Ambivalenz für die betreffenden Akteure nicht ohne Risiko ist. In der Phase, in der ein Programm Fortschritte macht, oder das von außen so gesehen wird, ist die Gefahr eines militärischen Angriffes sogar deutlich erhöht, da dieser die letzte Chance sein könnte, das Programm mit einem Präemptivschlag zu beenden. Ist diese Schwelle aber erst einmal überschritten, herrscht also der Eindruck, als sei die Entwicklung einer Kernwaffe schon gelungen, oder als seien zumindest alle Bestandteile einschließlich des spaltbaren Materials an unerreichbaren Orten gebunkert, wird die Wahrscheinlichkeit eines externen militärischen Angriffs deutlich sinken.

Dieses Spiel mit der Ambivalenz ist ebenfalls eine militärische Singularität von Kernwaffen. Und auch dieses Merkmal lässt sich von der Einsicht ableiten, dass eine effektive Verteidigung prinzipiell nicht möglich ist. Durch die Unfähigkeit zur Verteidigung und durch das Ausmaß des potentiell angerichteten Schadens steigt das Risiko potentieller Zielstaaten eines Kernwaffeneinsatzes. Daraus folgt aber, dass nicht nur der erwiesene sondern bereits der vermutete Besitz einer Kernwaffe auf die Entscheidung für oder gegen eine Intervention Einfluss nimmt. Aus diesen Gründen ist es für einen Staat gar nicht zwingend notwendig, tatsächlich eine Kernwaffe zu besitzen. Es reicht aus, genügend Unsicherheit darüber herzustellen, dass möglicherweise eine solche Waffe vorhanden sein könnte.[15]

Selbst wenn ein neuer Kernwaffenstaat nicht in der Lage ist, eine Kernwaffe zielgerichtet gegen das Territorium einer gegnerischen Interventionsmacht, gegen das Territorium eines Verbündeten dieser Macht oder gegen dessen Truppenbasen einzusetzen, kann er durch die Zündung eines Atomsprengsatzes in großen Höhen einen nuklearen Elektromagnetischen Puls (EMP) auslösen und damit immensen Schaden an militärischer und ziviler Infrastruktur anrichten.[16] Auch so würden die materiellen und politischen Kosten einer militärischen Intervention deutlich erhöht. Dazu bedarf es zwar ebenfalls der Raketentechnologie, aber die technischen Ansprüche in bezug auf die Steuerung sind weitaus geringer und daher für militärtechnisch weniger fortgeschrittene Staaten eher erreichbar.

---

[15] Ironischerweise kann dies auch dazu führen, dass ein Staat den Einblick etwa in Form von Inspektionen verweigert, um den *mangelnden* Fortschritt und eben nicht, wie gewöhnlich angenommen, um den *gemachten* Fortschritt zu verbergen.

[16] Siehe dazu ausführlich den Beitrag von Wilhelm Gmelin.

Abschreckung und Entsingularisierung

Die Einsicht in die Unmöglichkeit einer effektiven Verteidigung gegen Kernwaffen sagt noch nichts über die daraus erwachsenen Konsequenzen aus dem Umgang mit der „absoluten Waffe". Einerseits gilt es, die Option zu akzeptieren, dass die Einführung von Kernwaffen gravierende Folgen für die internationale Politik, die Souveränität von Staaten und für ihre militärische Interventionsfähigkeit hat. Andererseits gab und gibt es selbstverständlich die Option, dennoch nach Wegen zu suchen, die durch die neue Verwundbarkeit entstandenen Einschränkungen zu überwinden – oder dies zumindest zu suggerieren. Dieser zweite Weg führte in den frühen 1950er Jahren zu dem Konstrukt der nuklearen Abschreckung. Die nächsten vierzig Jahre sollte diese Doktrin nicht nur den Blick auf die Rolle der Kernwaffen sondern auf die Welt insgesamt dominieren.

Trotz aller Einsatzrichtlinien, die über vier Jahrzehnte entworfen, variiert und wieder verworfen wurden, ging es in erster Linie darum, dem Gegner mit einer für ihn inakzeptablen Zerstörung zu drohen, sobald es erste Anzeichen eines atomaren Angriffs geben sollte.[17] In der Praxis führte dies dazu, dass es keine Unterscheidung mehr zwischen Friedens- und Kriegszeiten geben konnte und keinen Ausbau der Fähigkeiten nach dem Beginn eines Krieges. Es ging um eine frühzeitige militärische Mobilisierung. In der Konsequenz führte dies zu einem ständigen Alarmzustand.[18] In der Logik der atomaren Abschreckung musste der Krieg schon gewonnen sein, bevor er überhaupt begonnen hatte.

Die atomare Abschreckung nahm den Krieg also durchaus in Kauf. Ihr erstes Ziel war es, die dem US-Militär durch die Unmöglichkeit einer effektiven Verteidigung entglittene militärische Interventionsfähigkeit, wegen der dann zu erwartenden Gegenangriffen, zumindest partiell wieder herzustellen. Da die atomare Abschreckung den Anspruch erhob, das Problem der Kernwaffen praktisch gelöst zu haben, lenkte dieses Konzept von der Dringlichkeit ab, mit der

[17] Die zwangsläufig daraus resultierenden, extrem kurzen Reaktionszeiten für diejenige Seite, die sich angegriffen fühlte, erhöhten das Risiko eines unbeabsichtigtem Atomkriegs. In einem erst 1998 bekannt gewordenen Fall, der sich am 26. September 1983 ereignete, wurde ein Atomkrieg nur verhindert, weil der diensthabende Kommandeur, Oberst Stanislaw Petrow, gegen seine Dienstvorschriften verstieß. Ein sowjetischer Frühwarnsatellit zeigte eindeutig einen US-Angriff an. Weil er Zweifel an der Korrektheit der Daten hatte, entschied Petrow eigenmächtig, keinen sowjetischen Gegenschlag einzuleiten. Siehe z.B. David Hoffman, „I Had A Funny Feeling in My Gut", *Washington Post*, 10. Februar 1999; S. A19.

[18] Das deutlichste Symbol für diesen permanenten Kriegszustand war die fliegende Kommandozentrale „Looking Glass" der US Air Force. Jahrzehntelang waren bis zum Juli 1990 rund um die Uhr hohe US-Offiziere in der Luft, die für den Fall, dass alle politischen und militärischen Einrichtungen am Boden zerstört worden wären, zur Auslösung des atomaren Gegenschlag autorisiert waren. Eine ähnliches Flugzeug samt Besatzung existiert weiterhin. Es ist zwar nicht mehr im Dauereinsatz, wird aber jederzeit abrufbereit am Boden bereitgehalten.

angesichts der neuen einzigartigen Waffe nach neuen Wegen in den innerstaatlichen Beziehungen hätte gesucht werden müssen.[19] Dennoch bezog die „atomare Abschreckung“ ihre Legitimation aus dem Anspruch, dass sie dazu beigetragen habe, einen Krieg zwischen den USA und der Sowjetunion zu verhindern.[20] Dieser Anspruch ging von zwei Prämissen aus: Zum einen wurde unterstellt, dass die sowjetische Führung tatsächlich die Intention zur Invasion Westeuropas hatte – was zumindest umstritten ist. Zum anderen wurde unterstellt, dass die Führungen der Sowjetunion und der USA allein durch die Aussicht auf einen Atomkrieg von den Angriffsplänen abgehalten wurden. Ein Zurückschrecken vor einem nicht-atomar geführten Krieg im dichtbesiedelten und hochindustrialisierten Europa wurde und wird bei Vertretern dieser These vom nuklear abgesicherten Frieden, wie Kritiker anführen, nicht in Betracht gezogen – und dies obgleich sowohl in den USA als auch in der Sowjetunion die Erinnerungen an die Zerstörungen des Zweiten Weltkrieges noch frisch waren.[21] Die Bedeutung der Kernwaffen für den Nicht-Krieg zur Zeit der Ost-West-Konfrontation kann also, wenn nicht vollends negiert, so doch relativiert werden.

Auch wenn es plausibel erscheint, dass schon die Ballung nicht-atomarer Arsenale in Europa die Akteure von einem Krieg zurückschrecken ließ, war angesichts einer atomar gerüsteten Sowjetunion endgültig klar, dass ihr Herrschaftsbereich kein Ziel militärischer Intervention durch die USA werden konnte. Welche Gebiete dazu zählen, wurde im Laufe der Ost-West-Konfrontation, meist im Rahmen von Krisen, immer deutlicher. Mit dem Ungarn-Aufstand 1953 und spätestens mit der faktischen Akzeptanz der Berliner Mauer 1961 durch die Westalliierten war klar, dass es keine militärische Interventionen der USA bei engen Verbündeten der Sowjetunion in Europa geben würde. Weiter an der Peripherie – Vietnam, Mittelamerika, Afghanistan, Naher Osten – blieben die Einflusszonen länger umstritten. Nicht zufällig sprachen die USA in bezug auf ihre Verbündeten in diesen Regionen nicht von atomarer Abschreckung. Sie hielten also in diesen Fällen eine Androhung des Einsatzes von Kernwaffen selbst für unglaubwürdig.

Die ständige Spannung zwischen dem Anspruch auf Kriegsvermeidung, einerseits, und dem Einsatz der Kernwaffen als politisches Instrument, andererseits,

[19] Vgl. Michael MccGwire, „Nuclear Deterrence", in *The Canberra Commission on the Elimination of Nuclear Weapons, Background Papers*, Canberra, Department of Foreign Affairs and Trade, August 1996, S. 229-240, insb. S. 234.

[20] Brodie formulierte pathetisch, die Aufgabe des militärischen Establishments sei es fortan „Kriege zu verhindern statt sie zu gewinnen. Es kann keinen anderen Zweck erfüllen.“ Die Worte wurden zu einer Standardformulierung zur Rechtfertigung der nuklearen Abschreckung.

[21] Siehe dazu insbésondere: John Mueller, „The Essential Irrelevance of Nuclear Weapons: Stability in the Postwar World", *International Security*, Vol.13, No. 2, Fall 1988, S. 55-79; John Mueller, *Retreat From Doomsday: The Obsolence of Major War* (New York: Basic Books, 1989).

seits, wurde auch bei der Einbindung der Verbündeten der USA in die atomare Abschreckung deutlich. Die politischen Debatten über und in der Nato kreisten vierzig Jahre lang fast ausschließlich um die Frage, ob diese ihren eigenen Versicherungen Glauben schenken könne. Mit zahlreichen Beistandsgarantien, Konstrukten wie der „nuklearen Teilhabe" und vor allem mit der physischen Präsenz von Kernwaffen in Europa sollte dies garantiert werden.[22]

Und doch zeigten gerade diese Debatten, wie sich die atomare Logik verselbstständigt hatte und in jede Richtung drehen ließ. Beispielhaft ist die Stationierung zusätzlicher Kernwaffen in den frühen 1980er Jahren in Belgien, Großbritannien, Italien, den Niederlanden und der Bundesrepublik: Während die europäischen Regierungen argumentierten, die Stationierung von Pershing II und Cruise Missiles würde die USA enger an Westeuropa binden, wurde vor allem in den USA argumentiert, dass diese Waffen eine Eskalation verzögerten, da bei einem sowjetischen Angriff erst später Interkontinentalraketen vom US-Territorium aus eingesetzt werden müssten. Was die einen also plausibel als Instrument zur *An*koppelung deuteten, wurde von den Anderen nicht minder plausibel als ein Mittel zur *Ab*koppelung interpretiert. In der Tat war das Konstrukt der atomaren Abschreckung schließlich so verästelt, dass es möglich wurde, fast jedes Argument auf beiden Seiten einer Auseinandersetzung zu nutzen.[23]

Obgleich die klassische atomare Abschreckung eben auch die Möglichkeit zur militärischen Intervention freihalten sollte, kam das daraus resultierende Abschreckungsszenario immer wieder in Konflikt mit traditionellem militärischen Denken: Trotz permanenter höchster Alarmbereitschaft wurde die Initiative stets dem potentiellen Gegner überlassen. Auch die zwingende Einsicht, dass Überlegenheit in einer atomaren Konfrontation unerreichbar ist, war mit militärischen Grundsätzen nie wirklich zu vereinbaren.[24] Die eigentlich notwendige Erkenntnis schließlich, dass die Präsenz der Kernwaffe zu einem ganz neuen Verhältnis von Verteidigung und Angriff geführt hatte, widersprach erst recht allen Grundlagen klassischen militärischen Denkens.[25] Es ist bezeichnend, dass die Freigabe zum Einsatz von Kernwaffen – soweit bekannt – in allen Kernwaffenstaaten nicht bei der militärischen Führung liegt sondern der höchsten Regie-

---

[22] Wie stark diese Selbstzweifel an den atomaren Beistandsversprechen die Identität der Nato prägt und immer noch prägt, zeigt die Debatte um den Verbleib der letzten etwa 20 US-Kernwaffen in Deutschland. Die Befürworter eines Verbleibs argumentieren nahezu ausschließlich mit der Rolle der Waffen als symbolische Garantie für die nukleare Anbindung innerhalb der Nato.

[23] Vgl. MccGwire, „Nuclear Deterrence", S. 231; William A. Schwarz und Charles Derber, *The Nuclear Seduction: Why the Arms Race Doesn't Matter – and What Does*, Berkeley, 1990, S. 23.

[24] Siehe dazu auch: Eric Chauvistré, „Faites vos jeux: Arms Control or Confrontation", *Security Dialogue*, Vol. 26, No. 3, Sepetmebr 1995, S. 293-304, insb. S. 302, Anm. 5.

[25] Vgl. Klein, Strategic Studies and World Order: The Global Politics of Deterrence, S. 61.

rungsebene vorbehalten ist, eine einzigartige Regelung, die es in dieser Stringenz bei keinem anderen Waffensystem gibt. [26]

Doch auch politisch war es schwer zu verkraften, dass eine offenbar vorhandene Bedrohung gegen die eigenen Bevölkerungszentren nicht beseitigt werden könnte. Denn die Akzeptanz der atomaren Abschreckung ist eben ein Eingeständnis, dass der Staat seiner ersten und ihn eigentlich erst souverän machenden Aufgabe, den physischen Schutz seiner Bevölkerung zu garantieren, nicht gerecht werden kann. Die Verwundbarkeit des Staates ist damit mehr als eine außenpolitische Frage, sie führt zu einem Legitimitätsverlust im Inneren.[27] Gegner einer minimalistischen Auslegung der atomaren Abschreckung hatten es daher leicht, das Prinzip in Frage zu stellen. Sie suggerierten, dass es einen Weg aus dem unmenschlichen Konzept des apokalyptischen Automatismus der „gegenseitig gesicherten Vernichtung" (mutual assured destruction, MAD) geben könne, ohne sich dabei – und das war entscheidend – in irgendeiner Weise militärisch einschränken zu müssen. Nicht zufällig bekamen ausgerechnet in den frühen 1980er Jahren, als die Kritik an der atomaren Bewaffnung und den damit verbundenen apokalyptischen Szenarien auch in den USA laut wurde, selbst innerhalb des atomaren Abschreckungsdiskurses diejenigen vermehrt Zulauf, die diesen tödlichen Automatismus in Frage stellten. Dass diese vorgebliche Ablehnung des Zerstörungsautomatismus gleichzeitig zu einem Plädoyer für einen führbaren Atomkrieg wurde, gehört zu den vielen Absurditäten und Widersprüchlichkeiten in den Diskursen um die atomare Abschreckung.

Deutlich wurde diese Ambivalenz in einer Debatte, die um 1980, ausgelöst durch einen Aufsatz in *Foreign Policy* mit dem programmatischen Titel „Victory is possible", geführt wurde. In der Argumentation wurde das Misstrauen gegen die Logik der massiven Zerstörung eines umfassenden Atomkriegs aufgegriffen und das Szenario eines begrenzten, damit aber auch vermeintlich führbaren Atomkriegs entworfen. Es sei sehr wohl möglich, so die These, die Waffen gezielt einzusetzen, und somit sei es auch möglich, den Verlauf eines Atomkriegs zu kontrollieren. Dabei wurde auch das moralische Argument angeführt, wonach ein kontrollierter, eingegrenzter Atomkrieg immer noch besser sei als ein unkontrollierter, umfassender Krieg.

Entkräftet wurden solche Plädoyers für einen führbaren Atomkrieg dann vor allem durch Studien, die nüchtern die favorisierten Optionen durchspielten. Darin wurde belegt, dass selbst die ausgefeilten selektiven Szenarien einer begrenz-

[26] Die in der Disziplin der Internationalen Beziehungen in der Regel überstrapazierte Fiktion vom Staat als homogenem Akteur wird bei Kernwaffen, aufgrund der zentralisierten Verfügungsgewalt, ausnahmsweise zur realitätsnahen Annahme.

[27] Siehe auch unter „Souverän durch die Bombe".

ten Kriegführung nicht funktionieren würden.[28] Selbst wenn es politisch akzeptabel wäre, so das Argument, technisch wäre es nicht umsetzbar. Die hochkomplexen Kommando-, Kommunikations-, Kontroll- und Aufklärungssysteme (C^3I) würden rasch zusammenbrechen, u.a. aufgrund des EMP. Da schon nach kurzer Zeit kein Verlass mehr auf die Systeme wäre, würden die politischen Akteure ohnehin wieder auf die einzig verlässliche Option, das „all out", also den Schlag mit allen verfügbaren Kernwaffen, zurückgreifen. Aus dem vermeintlich begrenzten Atomkrieg würde nach wenigen Minuten wieder ein umfassender Atomkrieg.[29]

Nicht nur durch die Umformulierung der Einsatzdoktrin, auch durch die Entwicklung neuer Rüstungstechnik wurden die Widersprüche der atomaren Abschreckung immer wieder deutlich. Insbesondere die Programme zur Raketenabwehr sollten die Perspektive auf eine effektive Verteidigung und damit auf eine Entsingularisierung der Kernwaffe öffnen. Am meisten Aufmerksamkeit erregte 1983 die Initiative zur Strategischen Verteidigung (Strategic Defense Initiative, SDI) unter Präsident Ronald Reagan. Auch sie wurde ausdrücklich mit dem Zweifel an dem Zerstörungsautomatismus der herrschenden Atomdoktrin begründet. Die technischen Entwicklungen, so ihre Befürworter, böten eine Alternative zu den Szenarien der gegenseitig gesicherten Vernichtung. Mit Hilfe von SDI sei es möglich Kernwaffen „obsolet" zu machen.[30] Die Einzigartigkeit der Kernwaffe, so die Vision hinter diesen Bemühungen zur Raketenabwehr, könne man durch neue technische Entwicklungen überwinden. Die Singularität sollte weggerüstet werden.

Dieses Bestreben wurde mit dem Ende der Ost-West-Konfrontation nicht aufgegeben. Es wurde seitens der USA, im Sinne der Counterproliferation-Doktrin, sogar ausgeweitet. Da das potentielle militärische Gegenüber fortan keine alteingesessene militärische Großmacht sein würde, wie bei der Sowjetunion der Fall, fiel es den USA und ihren Verbündeten offenbar noch schwieriger zu akzeptieren, dass der Handlungsspielraum der Streitkräfte durch den potentiellen

[28] Wegweisend war hier: Desmond Ball, *Can Nuclear War Be Controlled?*, Adelphi Papers, No. 169, London: International Institute of Strategic Studies, 1981. Siehe auch: Bruce G. Blair, *Strategic Command and Control: Redifining the Nuclear Threat*, Washington, D.C.: Brookings Institution, 1985; Daniel Ford, *The Button*, New York: Simon & Schuster, 1985.

[29] Zu Ablauf und Folgen eines umfassenden Atomkrieges siehe auch die Beiträge von Martin Kalinowsky und Egbert Kankeleit.

[30] Präsident Ronald Reagan verband die Ankündigung von SDI in seiner legendären „Star-Wars-Rede" vom 23. März 1983 mit einer deutlichen Kritik an der Logik der nuklearen Abschreckung („Wouldn't it be better to save lives than to avenge them?") und stellte sie als einen Weg zu einer von Kernwaffen freien Welt dar („I call upon the scientific community in our country, those who gave us nuclear weapons, to turn their great talents now to the cause of mankind and world peace, to give us the means of rendering these nuclear weapons impotent and obsolete.")

oder bereits realen Besitz von Kernwaffen eingeschränkt werden kann. Daraus folgte das Bestreben, eine Abwehr gegen Kernwaffen aufzubauen – *präemptiv* in der Flugphase durch Raketenabwehrsysteme oder auch *präventiv* durch die Zerstörung von Waffen oder der dazugehörenden Infrastruktur am Boden.[31] Unabhängig vom Erfolg dieser Bestrebungen waren die dazu geeignet, die Singularität von Kernwaffen zu untergraben.

Souverän durch die Bombe

Die Kernwaffe stellt traditionelle Denkschemata über Territorialität und Unverletzlichkeit von Staaten in Frage. Auch dies lässt sich von der Grundthese ableiten, wonach eine effektive Verteidigung gegen Kernwaffen nicht möglich ist. In letzter Konsequenz wird damit das hergebrachte Konzept des souveränen Staates untergraben, selbstverständlich nicht im völkerrechtlichen Sinne, wohl aber in militärischer und politischer Hinsicht. Eine Anerkennung dieser Einzigartigkeit der Kernwaffe stellt damit eine Herausforderung für die Sicht auf die internationale Staatenordnung und die Funktion des Staates dar.[32] Die Einsicht in die militärische Singularität weist damit über den militärischen Diskurs im engen Sinne hinaus.

Zumindest für starke und hochgerüstete Staaten ist die Unfähigkeit zur militärischen Verteidigung gegen ein Waffensystem ein gravierender Einschnitt. Denn es waren die europäischen Kolonialmächte selbst, die einst das Konzept der Souveränität an der Undurchdringlichkeit ihrer Grenzen festmachten. Damit sollte die Eroberung eben jener durchdringbaren – *penetrable* – Territorien legitimiert werden, die sie zu ihren Kolonien erklärt hatten. Wer nicht in der Lage war, sein Territorium militärisch zu schützen, so wurde gefolgert, war auch nicht souverän.[33] Gebiete, in denen sich die Kolonialmächte keinem militärischen Widerstand gegenübersahen wurden zu *terra nullus* erklärt, zum Niemandsland, zur frei okkupierbaren Fläche. Daraus folgte im Umkehrschluss, dass die europäischen Kolonialstaaten ihre eigene Souveränität implizit mit der militärisch gesicherten Unverletzlichkeit begründeten. Diese Haltung wurde durch keine Waffe so in Frage gestellt wie durch die Kernwaffe. Mit der Kernwaffe wurden alle Staaten grundsätzlich verletzlich, da ein militärischer Schutz nicht mehr möglich

---

[31] Im Rahmen dieser Bestrebungen wurden die Raketenabwehrprogramme der USA seit Beginn der 1990er Jahre, wenn auch unter häufig wechselnden Bezeichnungen, stets weitergeführt. Siehe dazu Eric Chauvistré, *Das atomare Dilemma: Die Raketenabwehrpläne der USA,* Berlin, 2001.

[32] Siehe dazu auch die Beiträge von Thilo Marauhn und Christopher Daase.

[33] Paul Keal, „'Just Backward Children': International Law and the Conquest of Non-European Peoples", *Australian Journal of International Affairs*, Vol. 49, No. 2, November 1995, S. 191-206.

war. Mit Einführung der Kernwaffe war niemand mehr militärisch unverwundbar. In hergebrachter Sichtweise war fortan kein Staat mehr souverän.

Der deutsch-amerikanische Politikwissenschaftler John Herz stellte schon 1959 fest, mit der Kernwaffe beginne eine Ära des absoluten Preisgegebenseins, der „absolute exposure“, eine Ära „ohne Mauern und Gräben“ und somit ein Ende der Souveränität.[34] Auch Herz macht diesen historischen Wendepunkt fest an der „offensichtlichen Abwesenheit einer effektiven Verteidigung gegen die neue Waffe“.[35] Selbst wenn eine ansehnlicher Prozentsatz angreifender Flugzeuge oder Raketen am Durchkommen gehindert werden könne, so Herz, liege es in der „Natur der Waffen allein“, dass einige von ihnen, gegen die nichts unternommen wird, ausreichend Schaden anrichten können.[36] Herz bezog sich dabei nicht nur auf die zu seiner Zeit existierenden Abwehrmöglichkeiten sondern kalkulierte eine mögliche und wahrscheinliche künftige Verbesserung der Verteidigungssysteme in seine Überlegungen explizit mit ein.

Ausgerechnet in demjenigen Staat, der als erster über eine Kernwaffe verfügte und immerhin vier Jahre lang ein Monopol auf diese Technologie besaß,[37] wurden die gravierenden Einschränkungen der Souveränität durch die Kernwaffe am deutlichsten. Die Fallhöhe war am größten. Denn selbst nach dem gewaltigen Sprung in der Militärtechnologie vor und während des Zweiten Weltkrieges waren die USA durch ihre geographische Distanz zu anderen großen Militärmächten faktisch immun geblieben gegen Attacken auf ihr Kernland. Zwar hatte der japanische Angriff auf den Marinestützpunkt Pearl Harbour im Jahr 1941 die vollständige Verteidigungsfähigkeit in Zweifel gezogen, aber dabei handelte es sich eben um eine Militärbasis in Hawaii, einige Tausend Kilometer vom Festland der USA und deren Bevölkerungszentren entfernt. Erst der sogenannte Sputnik-Schock im Jahr 1959 veränderte diese Sicht grundlegend: Wenn es der Sowjetunion gelang, einen Satelliten in den Weltraum zu bringen, dann stand fest, dass sie auch in absehbarer Zeit in der Lage sein würde, eine Kernwaffe über dem Gebiet der USA zu zünden. Die Souveränität, in dem Sinne, dass der Staat undurchdringliche Grenzen hat und seine Bürger militärisch vor Angriffen von außen schützen kann, war damit für die USA in Frage gestellt.

---

[34] John H. Herz, *International Politics in the Atomic Age*, New York, 1959, S. 76.
[35] A.a.O., S. 19.
[36] A.a.O.
[37] Nimmt man die Fähigkeit zum Test eines nuklearen Sprengsatzes als Maßstab, dauerte diese Periode des nuklearen Monopols vom Tag des ersten US-Atomtests am 15. Juli 1945 bis zur ersten sowjetischen Testexplosion am 29. August 1949. Allerdings besaßen die USA nach dem Abwurf der Bomben auf Hiroshima und Nagasaki zeitweise keine Kernwaffe. Dies ist jedoch deshalb hier irrelevant, weil andere Staaten davon ausgehen mussten, dass weitere Kernwaffen im Arsenal der USA waren.

Mit dem demonstrierten Fortschritt der Sowjetunion in der Raketentechnologie wurde absehbar, dass die gerade erst gewonnene militärische Macht der USA, ihre Fähigkeit zu weltweiter militärischer Intervention, bald schon wieder eingeschränkt sein würde. Mit der Aussicht auf einsetzbare Kernwaffen potentieller Gegner würde die USA nicht mehr sicher sein vor Gegenschlägen auf die eigene Bevölkerung; ihre militärische Stärke war daher politisch eng begrenzt. Die auch nach Ende des Zweiten Weltkrieges aufrechterhaltene militärische Vormachtstellung würde durch Kernwaffen in den Händen potentieller Kontrahenten reduziert – oder gar obsolet. Verinnerlicht wurde dies offenbar nicht: Es ist bezeichnend, dass nach den Anschlägen vom 11. September 2001 stets auf Pearl Harbour und nicht auf den Sputnik-Schock verwiesen wurde. Es wurde sogar von der Verwundbarkeit als einem Novum in der US-Geschichte gesprochen. Die grundlegende Veränderung, die gut vier Jahrzehnte zuvor einsetzbare Kernwaffen in den Händen potentieller Kontrahenten bewirkt hatten, war offensichtlich verdrängt worden.

Die durch die Kernwaffe verursachte Einschränkung in der Interventionsfähigkeit galt und gilt nicht nur für die USA. Wenn es eine solche Einschränkung für die stärkste Militärmacht gibt, dann muss dies erst recht für die schwächeren Militärmächte gelten. Die Einschränkung trifft aber ebenso, und auch das verweist auf die Einzigartigkeit der Kernwaffe, für die Staatenwelt als Ganzes zu. Die singulären Charakteristika der Kernwaffe bedeuteten das faktische Ende des Konzepts der „kollektiven Sicherheit", das erst kurz vor dem ersten Einsatz der Atombombe in der Charta der Vereinten Nationen festgeschrieben worden war.[38] „Aus dem Blickwinkel des Atomzeitalters", so formuliert Herz, „erscheint ein Plan, individuelle Souveränitäten durch kollektive Garantien zu verteidigen, fragwürdig, nicht wegen seines innovativen sondern wegen seines konservativen, vielleicht sogar überholten Charakters."[39]

In der Tat basiert das Konzept der „kollektiven Sicherheit" auf der Annahme, dass das Kollektiv der Staaten immer eine militärische Macht vereinen kann, die größer ist als die eines einzelnen, aus diesem System ausgescherten, potentiellen Aggressors. Genau diese Möglichkeit besteht aber nicht mehr, wenn der Aggressor atomar bewaffnet ist. Die Zusammenführung einer überragenden Militärmacht gegen die Gewalt eines Angreifers ist unmöglich, denn die Gewalt der Kernwaffe selbst ist bereits überwältigend.[40] Da das Konstrukt der kol-

[38] Die UN-Charta wurde am 26. Juni 1945 von den Gründungsmitgliedern unterzeichnet, also knapp drei Wochen vor der weltweit ersten Kernexplosion am 16 Juli 1945 und etwa sechs Wochen vor dem ersten Kriegseinsatz einer Kernwaffe am 6. August 1945. In Kraft trat die Charta erst nach Hiroshima, am 24. Oktober 1945.

[39] A.a.O., S. 76.

[40] A.a.O., S. 95.

lektiven Sicherheit bis zum Ende der Ost-West-Konfrontation faktisch ungetestet blieb,[41] erhielt dieser Zusammenhang zwischen der Existenz von Kernwaffen und militärischer Interventionsfähigkeit kaum Beachtung. Bedenklicher ist, dass dies in der Zeit seit 1990 weitgehend ignoriert wurde, obwohl man sich bei der Legitimierung der seitdem durchgeführten internationalen Militäreinsätze zumeist auf das System kollektiver Sicherheit der Vereinten Nationen bezog.[42]

Kernwaffen sind also deshalb eine Herausforderung an Systeme kollektiver Sicherheit, weil sie für schwache Staaten eine ganz andere Relevanz haben als für militärisch starke Staaten. Während Letztere ihre Souveränität durch Kernwaffen eingeschränkt sehen, hat deren Potential auf militärisch relativ schwache Staaten den gegenteiligen Effekt. Sie können in der Beschaffung einer Kernwaffe einen Weg sehen, ein Stück ihrer eingeschränkten Souveränität wiederzuerlangen – was sie, legt man die militärische Verteidigungsfähigkeit als Maßstab an, nicht sind. Erst mit Kernwaffen können sie auch einer weit überlegenen Militärmacht empfindlichen Schaden zufügen. Geht man davon aus, dass eine militärische Großmacht das Risiko eines erheblichen Schadens auf dem eigenen Territorium nur dann akzeptiert, wenn es um existentielle Belange wie den Fortbestand des eigenen Staatswesens geht, dann folgt daraus, dass sie durch Kernwaffen von militärischen Interventionen für nichtexistentielle Ziele abgehalten werden können.

Allerdings ist die explizite oder implizite Drohung mit dem Einsatz einer Atombombe, deutlicher noch als in der Doktrin der atomaren Abschreckung im Ost-West-Kontext, nur im Sinne einer Selbstzerstörungswaffe plausibel. Versagt die Abschreckung und kommt die Waffe tatsächlich zum Einsatz, ist auch der Einsatz von Kernwaffen durch die Gegenseite, also die intervenierenden Macht, absehbar. Deshalb muss ein Regime versuchen zu vermitteln, dass es bereit ist, die Kernwaffe gegen eine potentielle Interventionsmacht kurz vor seinem sicher geglaubten eigenen Untergang einzusetzen – bekannt auch als die „Samson Option".[43] Wie in der gesamten Debatte über „atomare Abschreckung" wird auch hier die Frage bleiben, ob eine solche Drohung als glaubwürdig betrachtet wird oder nicht.

---

[41] Zumindest formal bildet der Koreakrieg die große Ausnahme. Die USA und ihre Verbündeten agierten hier offiziell als Truppen der Vereinten Nationen. Das Mandat des UN-Sicherheitsrates war zustande gekommen, weil die Sowjetunion seinerzeit die Sitzungen des Gremiums (aus Protest gegen die Nichtanerkennung Pekings als legitimem Vertreter Chinas bei den Vereinten Nationen) boykottierte.

[42] Ausführlicher dazu: Eric Chauvistré, *Wir Gutkrieger: Warum die Bundeswehr im Ausland scheitern wird*, Frankfurt am Main, 2009, S. 146-152.

[43] Seymour M. Hersh, The Samson Option: Israel's Nuclear Arsenal and American Foreign Policy, New York, 1991.

Aktuell ergeben der tatsächliche oder potentielle Besitz von Kernwaffen durch Iran und Nordkorea vor allem dann Sinn, wenn diese als letztes Mittel im Falle einer militärischen Bedrohung des jeweiligen Regimes angesehen werden. Mit anderen Worten: Den betroffenen Entscheidern dürfte klar sein, dass sie Kernwaffen nicht als aktives Druckmittel einsetzen können, um politische Ziele zu erreichen oder gar eine militärische Konfrontation für sich zu entscheiden. Jeder Einsatz von Kernwaffen wäre eine Suizidoption, die deshalb – ein gewisses Maß an Rationalität vorausgesetzt – wohl nur im äußersten Fall einer existentiellen Bedrohung für den jeweiligen Machtapparat eingesetzt würde.

Neu ist weder die Konstruktion als Suizidwaffe noch der Effekt als Gleichmacher. Israels Kernwaffen sollten ursprünglich diese Funktion erfüllen – in diesem Fall selbstverständlich nicht gegen die USA gerichtet, sondern gegen eine gefühlte oder für die Zukunft befürchtete nicht-atomare militärische Übermacht seiner feindlich gesinnten Nachbarländer. In Zeiten der Ost-West-Konfrontation wiesen auch die USA und die Nato den Kernwaffen eine gleichmacherische und potentiell suizidale Funktion zu. Dies war auch der Grund für die USA, und ebenso für die Nato als Ganzes, einen Ersteinsatz von Kernwaffen ausdrücklich nicht auszuschließen. Speziell die in Europa stationieren Kernwaffen wurden mit einer numerischen Überlegenheit der Sowjetunion auf nichtatomaren Gebiet gerechtfertigt. Die heranrückenden Panzerformationen sollten im Zweifelsfall mit dem Einsatz von Kernwaffen gestoppt werden.[44]

Die Wirkung der Existenz von Kernwaffen auf die militärische Stellung von Staaten ist also durchaus ambivalent. Während militärisch starke Staaten durch die Einführung der Kernwaffen Einschränkungen der Souveränität im Sinne militärischer Handlungsfreiheit akzeptieren müssen, können militärisch schwächere Staaten sie als ein Mittel zur Bewahrung oder überhaupt erst zur Herstellung der Souveränität im Sinne einer Unverletzlichkeit des Territoriums oder des Regimes betrachten.[45]

---

[44] Es war ausgerechnet der damalige US-Verteidigungsminister Les Aspin, der im Jahr 1993 diese Parallele zog. „Während des Kalten Krieges war es unser Hauptwidersacher, der über konventionelle Kräfte verfügte, die numerisch überlegen waren. Für uns waren die Nuklearwaffen der Ausgleich. (...) Aber heute sind es die Vereinigten Staaten, die über unerreichte konventionelle Macht verfügen, und es sind unsere potentiellen Gegner, die sich Kernwaffen beschaffen könnten.“ Les Aspin, *Remarks by the Secretary of Defense*, National Academy of Sciences, Committee on International Security and Arms Control, 7. Dezember 1993.

[45] Die Kategorien Stärke oder militärische Schwäche ist relativ. Frankreichs Streben nach Kernwaffen war auch ein Versuch, militärisch an die nicht-nuklear weit überlegene USA heranzurücken und somit das Gefühl der Souveränität zurückzugewinnen. Und auch für Russland stellen die Kernwaffen mittlerweile ein Mittel dar, um den militärischen Niedergang auszugleichen und um gegen Intervention immun, also souverän zu bleiben.

Inwieweit Kernwaffen die Souveränität eines Staates begrenzen oder festigen hängt folglich davon ab, ob diese Souveränität mit Blick auf die eigene territoriale Unversehrtheit definiert, oder ob sie von einem erweiterten Verständnis militärpolitischer Unbeschränktheit abgeleitet wird. Ist Ersteres der Fall, können Kernwaffen als Mittel zur Wahrung der staatlichen Souveränität verstanden werden. Ist aber Letzteres der Fall führt die besondere Qualität der Kernwaffe unausweichlich zu Einschränkungen. Weder die ausgefeiltesten Konzepte nuklearer Abschreckung noch die ambitioniertesten technischen Entwicklungen zur Abwehr nuklear bestückter Raketen konnten und können daran etwas ändern. Staatliche Souveränität im Sinne militärischer Handlungsfreiheit muss mit Existenz der Kernwaffe neu gedacht werden. Das macht die Kernwaffe militärisch singulär.

Martin Kalinowski

Physikalische Singularität von Kernwaffen

Naturwissenschaftler verstehen unter Singularität (nach lat. singularis, einzeln, einzigartig, außerordentlich) die Einzigartigkeit einer Erscheinung. Ein Ding gilt also nur dann im physikalischen Sinn als singulär, wenn es kein zweites Phänomen mit vergleichbar herausragenden physikalisch messbaren Eigenschaften gibt. Kernwaffen werden mit anderen Waffen verglichen: ihre Energiedichte und Explosionswirkung mit denen chemischer Sprengwaffen und ihr Potential zur Massenvernichtung mit denen von biologischen und chemischen Waffen. Die Singularität von Kernwaffen wird dabei durch vier Merkmale begründet:

1. Die Energiedichte der bei der Detonation freigesetzten Energie. Sie liegt um das hunderttausend- bis millionenfache über den Energiedichten, die mit chemischen Explosionen (konventionellen Waffen) erreichbar sind. Außerdem wird die Energie in erheblich kürzerer Zeit freigesetzt. Nur die so erzeugten Stoßwellen können hoch gehärtete Ziele wie verbunkerte Kommandozentralen oder Raketensilos zerstören.[1]
2. Die enorme Fläche, über die sich schädliche Radioaktivität ausbreitet. Im Blick auf dieses Merkmal ist der Unterschied zu anderen Mitteln der „Massenvernichtung" jedoch geringer. Mit chemischen und mehr noch mit biologischen Waffen lassen sich ähnlich ausgedehnte Landstriche unbewohnbar machen.
3. Die Langzeitwirkung, die mit dem radioaktiven *Fall-out* zusammenhängt. Auch einige biologische oder chemische Kampfstoffe verlieren ihre Wirksamkeit erst nach langer Zeit. Ihre Wirkung lässt sich aber zumindest im Prinzip mit chemischen Mitteln annullieren. Das ist bei radioaktiven Nukliden nicht möglich.
4. Schließlich den Elektromagnetischen Impuls (EMP), der die computergestützte technische Infrastruktur in modernen Industriegesellschaften über große Flächen lahmlegen kann.[2]

---

[1] S. dazu die Beiträge von Leon Barleon und Egbert Kankeleit/Ulrich Ratsch.
[2] S. dazu den Beitrag von Wilhelm Gmelin.

In diesem Beitrag wird die Physikalische Singularität von Kernwaffen näher begründet.

Das Manhattan-Projekt – Das erste vernetzte Megaprogramm für Forschung, Entwicklung und Produktion

Die Dynamik der gesamten Entwicklung von der Entdeckung der Kernspaltung im Dezember 1939 über den Beginn einer ersten nuklearen Kettenreaktion im Dezember 1942 in Chicago bis hin zum Einsatz von Kernwaffen im August 1945 ist atemberaubend. Von März 1943 bis Juli 1945 wurden die ersten drei Kernsprengkörper im Rahmen des Manhattan-Projektes hergestellt. An diesem Ziel wurde mit einem bis dahin nicht gekannten Einsatz von vernetzten Teams an verschiedenen Standorten gearbeitet. In dem 1942 gegründeten ersten Forschungs- und Entwicklungszentrum für die Atombombe in Los Alamos (Neu-Mexiko) gab es erst vier, dann sieben Abteilungen, u.a. für theoretische Physik, Chemie/Metallurgie und Explosivstoffe. Parallel zum Forschungszentrum in Los Alamos wurde in Chicago der erste Reaktor aufgebaut; die großen Reaktoren zur Plutoniumproduktion wurden in Hanford (Washington) angefertigt; die Anlage zur Anreicherung von Uran-235 wurde in Oak Ridge (Tennessee) errichtet.

Das Kernwaffenprogramm integrierte Wissenschaftler verschiedener Disziplinen mit den notwendigen industriellen Produktionsfähigkeiten und unterlag militärischer Kontrolle. Insgesamt waren 150.000 Menschen, darunter 14.000 Physiker, Chemiker und Ingenieure, beteiligt. Diese waren nicht nur aus den USA, sondern auch aus Kanada, Großbritannien und anderen Ländern rekrutiert worden. Die eingesetzten materiellen Ressourcen konnten unter Bedingungen der Kriegswirtschaft an die Grenze des Machbaren gehen. So wurden fast 15.000 Tonnen aus dem Silbervorrat der USA für die Fertigung von Leitern mit geringem Widerstand für die Urananreicherung verbraucht.[3]

Bis August 1945 haben die USA für Forschung, Entwicklung und Bau der ersten Kernwaffen $ 20 Milliarden ausgegeben (umgerechnet auf die Kaufkraft von 1995). Zwischen 1940 und 1995 hat das gesamte USA-Kernwaffenprogramm $ 5,48 Billionen (1995-Dollars) gekostet.[4]

[3] Stephen S. Schwartz (ed.), Atomic Audit: The Costs and Consequences of U.S. Nuclear Weapons since 1940, Washington DC 1998.

[4] Stephen Schwartz: Four Trillion Dollars and Counting, in: Bulletin of the Atomic Scientists, 1995, Vol. 51, Nr. 6, S. 32-52.

Die einzigartige Energiedichte von Kernwaffen

Die mittleren Energien der chemischen und der nuklearen Bindung stehen im Verhältnis von 1:100.000 bis 1:1 Million. Daher ist theoretisch eine entsprechende Steigerung der Energiefreisetzung von chemischen zu nuklearen Explosionen im selben Maße denkbar. Bei dem Vergleich verschiedener Explosionswaffen muss das Gewicht der Gehäuse und Zündvorrichtungen mit berücksichtigt werden. Bei den ersten Kernspaltwaffen lag das Gesamtgewicht bei einigen Tonnen, während das verwendete Spaltmaterial nur in der Größenordnung von 10 Kilogramm (Plutonium) bis 50 Kilogramm (Uran) wog. Deren Energiefreisetzung lag um 20 Kilotonnen TNT, entsprach also zwanzigtausend Tonnen des Sprengstoffs TNT.

Schon wenige Jahre nach dem Bau der Kernspaltwaffe gelang die Entwicklung der Wasserstoffbombe, bei der durch Verschmelzen (Fusion) der Wasserstoffisotope Deuterium und Tritium Energie freigesetzt wird. Fusionsbomben setzen bei nur wenig größerem Waffengewicht nochmals eine etwa 10- bis 1000-fach höhere Energie frei als die Kernspaltwaffen. Die Sprengenergie einer einzigen Wasserstoffbombe kann mehrere tausend Kilotonnen TNT betragen, also dem Äquivalent von mehreren Millionen Tonnen des Sprengstoffs TNT entsprechen. Die historisch größte Testexplosion wurde im Oktober 1961 durch die Sowjetunion unter dem Namen „Zar-Bombe" durchgeführt und erreichte 57.000 Kilotonnen TNT. Die stärkste Kernwaffe im Arsenal der USA ist die B83 Bombe mit einer durch *„boosting"* einstellbaren Sprengenergie von bis zu 1.200 Kilotonnen TNT.

Abbildung 1 zeigt das Verhältnis von Energiefreisetzung und Waffengewicht (yield-to-weight ratio) für Kernwaffen aus dem Arsenal der USA, für eine historische Testexplosion und für die beiden Kernwaffen, die in Hiroshima („Little Boy") und Nagasaki („Fat Man") eingesetzt wurden. Durch Miniaturisierung des Aufbaus wurde die Energiefreisetzung bei gleichem Gewicht der Bombe um zwei Größenordnungen gegenüber den ersten Atomwaffen gesteigert. Fügt man im Zentrum einer Spaltbombe eine kleine Menge Tritiumgas hinzu (wenige Gramm), so wird durch die Spaltreaktion eine zusätzliche Fusionsreaktion ausgelöst. Sie trägt zwar nur wenig zur gesamten freigesetzten Energie bei, die bei der Fusion entstehenden Neutronen erhöhen aber die Ausbeute der Fissionsreaktion beträchtlich. In Abb. 2 ist schematisch der Aufbau einer „Tritium-geboosteten" Spaltwaffe dargestellt. Durch dieses sogenannte *Boosting* kann nicht nur das yield-to-weight-Verhältnis um eine Größenordnung gegenüber einfachen Kernspaltwaffen gesteigert werden, sondern es erlaubt auch, die Sprengkraft einer Waffe über einen weiten Bereich einzustellen. Deshalb finden sich in Abb. 1 für einige Bomben zwei Punkte (z.B. für W54, W45 oder W84).

Mit Wasserstoffbomben wurde eine weitere Steigerung der Sprengkraft um zwei Größenordnungen erzielt. Die leichteste Kernspaltwaffe der USA (W54) wiegt weniger als 25 Kilogramm und erreicht eine Kilotonne TNT. Die leichteste Wasserstoffbombe (W80) wiegt etwa 100 Kilogramm und erreicht 100 Kilotonnen TNT. Sie ist damit um den Faktor eine Million leichter als die Masse an chemischem Sprengstoff mit derselben Energiefreisetzung. Dessen Menge reinen TNTs würde einen Würfel mit einer Kantenlänge von fast 40 Metern bilden (TNT hat eine Dichte von 1,6 g/cm³).

Abbildung 1: Verhältnis von Energiefreisetzung und Waffengewicht (yield-to-weight ratio) für Kernwaffen der USA, die Bomben von Hiroshima und Nagasaki und eine historische Testexplosion.[5]

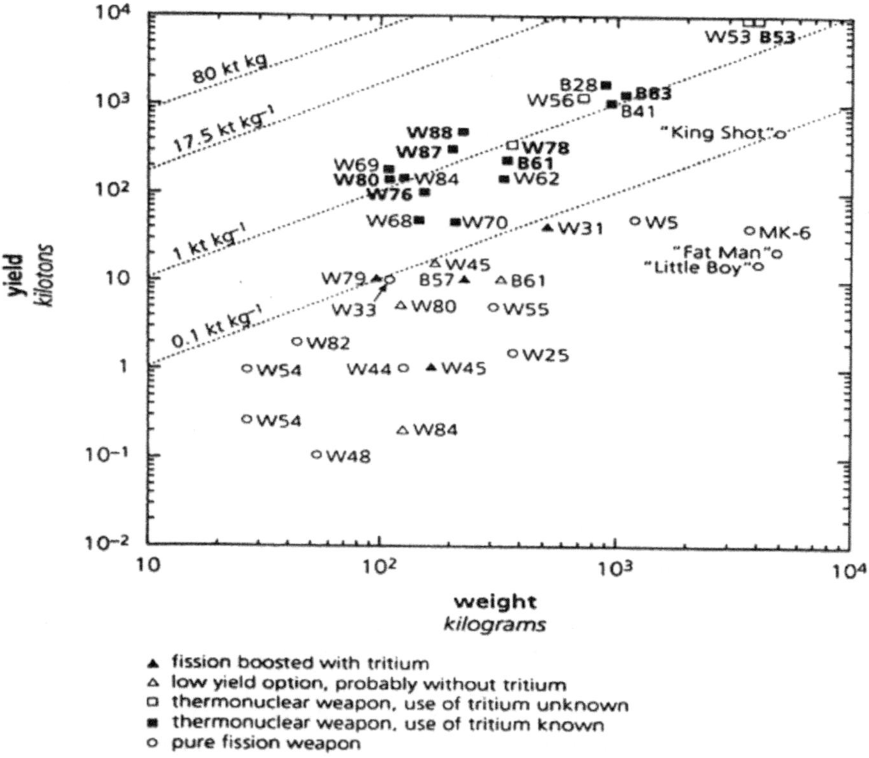

---

[5] Abbildung 1 aus Martin B. Kalinowski, International Control of Tritium for Nuclear Nonproliferation and Disarmament. London: 2004.

Abbildung 2: Schematische Darstellung einer geboosteten Kernspaltungsbombe nach dem Implosionsdesign.

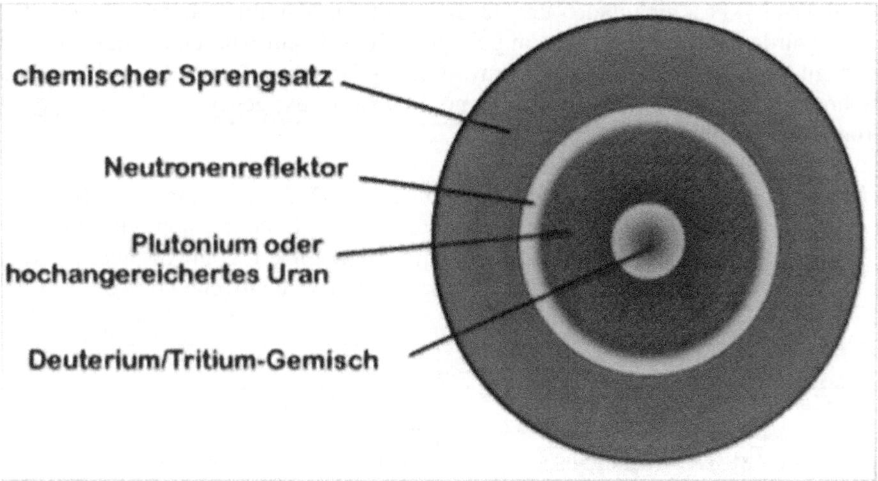

Entscheidend für die Zerstörungswirkungen einer Bombe ist die Energiedichte. Die gesamte Energiefreisetzung von Kernwaffen ist um mehrere Größenordnungen höher als bei konventionellen Bomben. Hinzu kommt, dass die Energie in viel kürzerer Zeit freigesetzt wird. Beides zusammen hat zur Folge, dass die Energiedichte einer Kernwaffe die einer chemischen Explosion um ein Vielfaches übersteigt. Mit konventionellen Waffen unzerstörbare Ziele können daher mit Nuklearwaffen vernichtet werden.[6]

Massenvernichtung durch einzelne Kernwaffen

Die erste Nuklearexplosion bekam den Code-Namen „Trinity" und wurde am 16. Juli 1945 in der Wüste im Süden von New Mexico durchgeführt. Die an der Waffenentwicklung beteiligten Wissenschaftler waren von der Gewalt der ersten gelungenen Kernexplosion selbst tief beeindruckt. Die meisten beteiligten Wissenschaftler waren davon überzeugt, dass sie eine Waffe gebaut hatten, die nicht im Krieg eingesetzt werden würde. Adolf Hitler sollte von dem Einsatz einer Kernwaffe abgeschreckt werden, falls Deutschland eine solche entwickelt hätte.

[6] Zur praktischen Bedeutung dieser Tatsache s. die Beiträge von Leon Barleon und Egbert Kankeleit/ Ulrich Ratsch.

Deutschland hatte keine Kernwaffe und verlor den Krieg, bevor das Manhattan-Projekt erfolgreich war. Einige Physiker schlugen vor, japanische Beobachter zum Trinity-Test einzuladen und Japan damit zur Kapitulation zu bewegen. Der Test wurde jedoch streng geheim gehalten. Kurz darauf wurden die beiden anderen zu der Zeit vorhandenen Kernwaffen in Hiroshima und Nagasaki auf die schrecklichste Weise eingesetzt, die möglich ist: direkt gegen die zivile Bevölkerung (siehe Abbildung 2).

Tabelle 1: Thermische Wirkung und Folgen der Druckwelle einer 600 Meter über dem Erdboden gezündeten Kernwaffenexplosion mit 100 Kilotonnen TNT-Äquivalent in Abhängigkeit vom Abstand. Für die Absorption der Wärmestrahlung ist eine Sichtweite von 80 Kilometern angenommen.[7]

Thermische Strahlung		**Druckwelle**	
Radien ca.	**Wirkung**	**Radien ca.**	**Wirkung**
0,2 km	Metall verdampft oder schmilzt im Feuerball	1 km	Straßen werden unpassierbar, Lungenschäden
1,7 km	Dünnes Metall schmilzt	2 km	Verstärkte Gebäude werden beschädigt
3,4 km	Polster entzündet sich	2,9 km	Trommelfelle reißen Strom-/Telefon-Masten stürzen um
4,9 km	Verbrennungen 3. Grades trockene Blätter entzünden sich	4 km	(Holz-)Häuser werden zerstört Bäume stürzen um
5,6 km	Verbrennungen 2. Grades zerknittertes Papier entzündet sich	6,5 km	Gegenstände fliegen durch die Luft
8,1 km	Verbrennungen 1. Grades		

Der Ablauf einer Kernwaffenexplosion hat verschiedene Phasen. Am Ende der nuklearen Kettenreaktion (0 bis 1 μs) beträgt die Temperatur 100 Millionen Grad Celsius im Zentrum der Explosion. Ein Strahlungsstoß (Gamma-Strahlung) wird mit 5% der Gesamtenergie frei, wodurch ein Elektromagnetischer Impuls verursacht wird.[8] Der Feuerball wächst in der Zeitspanne von 1 μs bis 0,1 s nach der

[7] Nuclear Attack and Industrial Survival, in: Nucleonics 20/1 (1962), Special Report, S. S1-S16; sowie eigene Berechnungen nach Samuel Glasstone/Philip J. Dolan, The Effects of Nuclear Weapons, 3. Aufl., Washington DC, 1977.

[8] S. dazu den Beitrag von Wilhelm Gmelin.

Zündung und trägt 35% der gesamten Energie. Die Druckwelle breitet sich innerhalb von 0,1 bis 10 Mikrosekunden nach der Explosion aus und transportiert 50% der Energie. Die Bildung der Pilzwolke von 10 bis 12 Kilometer Höhe dauert von Mikrosekunden bis Minuten. Danach breiten sich die radioaktiven Materialien innerhalb von Tagen bis Wochen in der Atmosphäre aus. Der radioaktive Niederschlag wird schließlich auf der Erdoberfläche deponiert und enthält 10% der Gesamtenergie. Der sogenannte radioaktive Fallout kann nicht örtlich begrenzt werden, und die Freisetzungen von Radioaktivität aus den rund 2000 durchgeführten Kernwaffentests belasten die gesamte Erde über lange Zeit.[9]

In der Tabelle 1 wird die Reichweite der thermischen Strahlung und der Druckwelle nach einer Kernwaffenexplosion dargestellt. Als Beispiel für konkrete Zahlen wird die Zündung einer Bombe mit 100 Kilotonnen TNT in 600 Metern Höhe über dem Boden angenommen. Noch in einigen Kilometern Abstand kann man durch beide Wirkungen unmittelbar sterben.

Die Vernichtungswirkung von Kernwaffen ist nicht nur im Hinblick auf nichtnukleare Waffen, sondern auch im Vergleich zu biologischen und chemischen Waffen einzigartig. Nie zuvor und niemals seither sind auch nur annähernd so viele Menschen infolge einer einzigen Waffenanwendung in kurzer Zeit gestorben wie in Hiroshima und Nagasaki. Die Folgen dieser beiden Kernwaffeneinsätze sind in der Tabelle 2 zusammengefasst.

Abbildung 3: Verbrennungen und Ruinen nach dem Abwurf der Atombombe über Hiroshima am 6. August 1945.

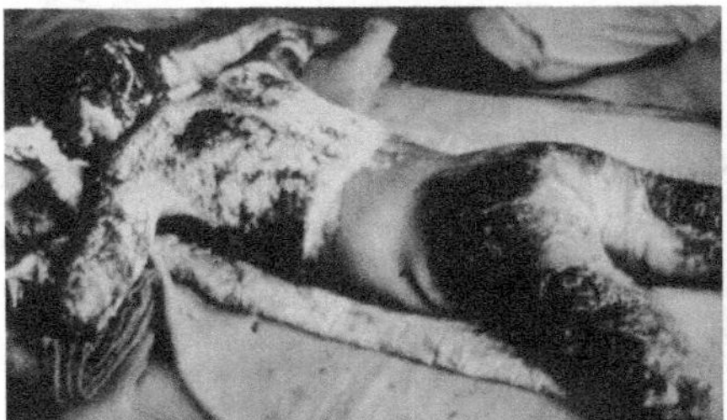

Linkes Foto: Masami Onuka[10], rechts: der „Atomic Bomb Dome“ von Hiroshima[11]

[9] Die Folgen der Kernwaffentests werden im Beitrag von Christoph Pistner behandelt.

[10] http://de.wikipedia.org/w/index.php?title=Datei:Victim_of_Atomic_Bomb_002.jpg&filetimestamp=20050910125952

[11] http://www.hiroshima-remembered.com/photos/hiroshima/index.html

Tabelle 2: Folgen der beiden Kernwaffenangriffe auf Hiroshima und Nagasaki.

Hiroshima, 6. August 1945: Little Boy mit hochangereichertem Uran (15 kt TNT)	
Bewohner:	250.000-350.000
Opfer, direkt:	70.000-120.000
Opfer, weitere bis Ende 1945:	20.000-30.000
Nagasaki, 9. August 1945: Fat Man mit Plutonium (21 kt TNT)	
Bewohner:	240.000
Opfer, direkt:	40.000
Opfer, weitere bis Ende 1945:	40.000

Abbildung 4: Historische Entwicklung der Kernwaffenarsenale von USA und Sowjetunion bzw. Russland von 1945 bis 1997. Gezählt wurden einsatzbereite Sprengköpfe.[12]

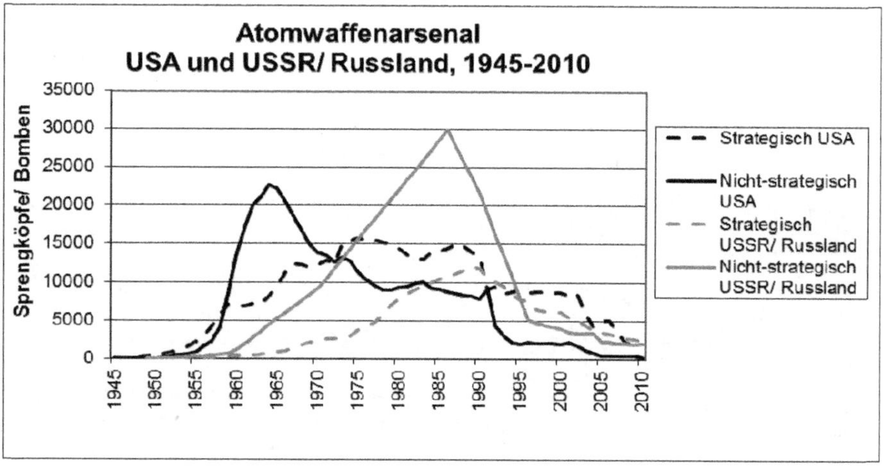

[12] Stephen Schwartz, Atomic Audit, a.a.O.; Robert S. Norris/William M. Arkin/Hans M. Kristensen/ Joshua Handler, Nuclear Notebook, in: Bulletin of the Atomic Scientists, verschiedene Ausgaben und Jahrgänge, 1998-2011.

Quantitativer Aufbau der nuklearen Arsenale durch den Rüstungswettlauf im Kalten Krieg

Obwohl mit den beiden Einsätzen von Kernwaffen im Zweiten Weltkrieg gegen Japan erwiesen war, dass die Intention, Kernwaffen nicht einsetzen zu wollen, im Kriegsfall nicht unbedingt eingehalten wird, setzte sich die Abschreckungsdoktrin durch. Im Zuge des Rüstungswettlaufs der beiden Machtblöcke USA/ NATO und Sowjetunion/Warschauer Pakt wurden Kernwaffenarsenale aufgebaut, die innerhalb von Minuten für eine gesicherte gegenseitige Vernichtung (MutuallyAssuredDestruction, MAD) hätten eingesetzt werden können (siehe Abbildung 4).

Abbildung 5: Beispielhafte Verteilung radioaktiven Niederschlags nach einem Kernwaffenangriff.

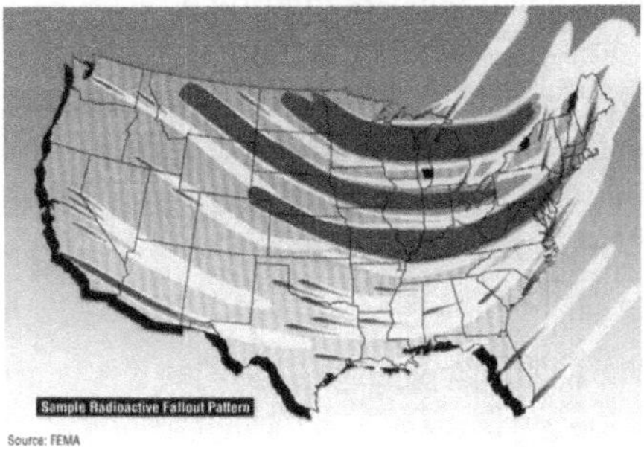

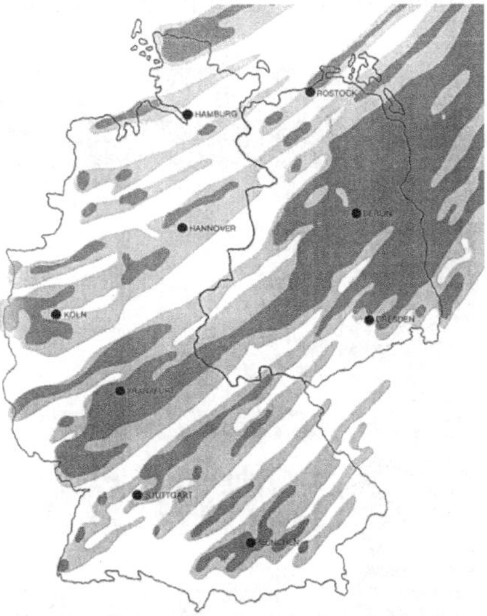

Links: Angriff auf die USA.[13] Rechts: Angriff mit Nuklearwaffen gegen 171 militärische Ziele in Ost- und Westdeutschland mit 200 kt TNT Sprengköpfen. In den dunkelgrau dargestellten Gebieten tritt eine Strahlenbelastung von über 6 Gy auf, in den hellgrauen eine Strahlenbelastung von über 2 Gy.[14]

---

[13] Risks and Hazards: A State By State Guide FEMA-196. Federal Emergency Management Agency, September 1990, S. 14. Dort werden keine Angaben über das zugrunde liegende nukleare Angriffsszenario gemacht. Das Fallout Muster sei nur beispielhaft gezeigt.

[14] Spektrum der Wissenschaft, Heft 3/1983, S. 19.

Mit der Einführung von Interkontinentalraketen in Ergänzung zu Bombenflugzeugen war es endgültig nicht mehr möglich, einen nuklearen Angriff abzuwehren. Die Raketen können auch mit heutiger Raketenabwehrtechnologie nur mit sehr niedriger Erfolgsquote abgeschossen werden, und die Flugzeit zwischen den Kontinenten beträgt für Raketen nur etwa eine halbe Stunde. In dieser kurzen Zeit wird über das Leben von Millionen von Menschen entschieden. Der Angriff soll entdeckt und richtig interpretiert, dann ein Gegenangriff ausgelöst werden, bevor die Raketen einschlagen und die eigenen Kernwaffenarsenale entwaffnen.

Massenvernichtung durch einen Kernwaffenkrieg

Szenarien von Nuklearkriegen mit vielen Waffen

Abbildung 6: Historische Berechnung der Anzahl von Toten infolge verschiedener Szenarien von Kernwaffenangriffen.

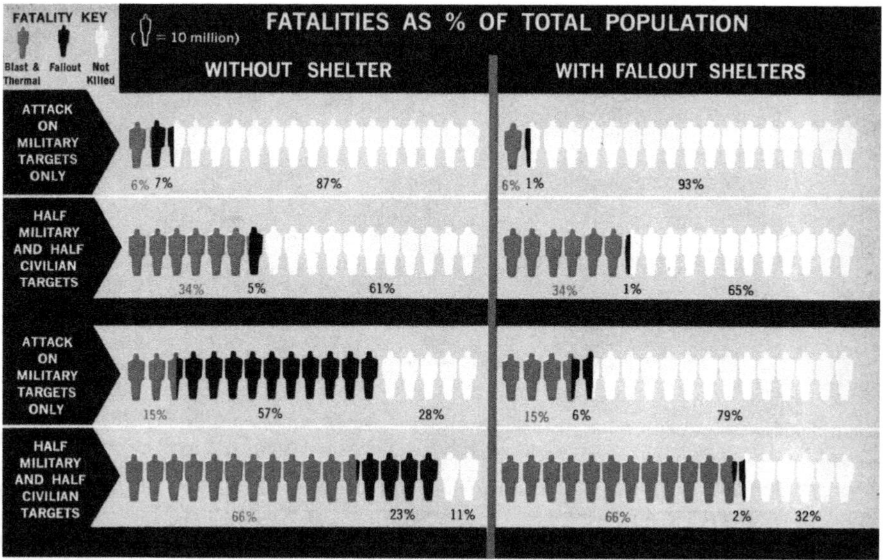

(obere Hälfte mit insgesamt 1.000.000 und untere Hälfte mit 10.000.000 kt TNT) und Schutzmaßnahmen.[15]

[15] Nuclear Attack and Industrial Survival, a.a.O.

Würden in einem Nuklearkrieg zahlreiche Kernwaffen eingesetzt, so kämen in der unmittelbaren Umgebung der Nuklearexplosionen viele Menschen sofort durch die direkte Wirkung von Hitzeblitz, Druckwelle und anschließenden Bränden ums Leben. Über größere Entfernungen wären weitere Opfer in Folge der radioaktiven Strahlung zu beklagen. So könnte der Großteil einer Region durch radioaktiven Niederschlag verseucht werden. Abbildung 5 zeigt zwei historische Beispiele für jeweils ein Szenario in den USA und in Deutschland.

Abbildung 6 fasst grafisch die Ergebnisse einer historischen Berechnung der Opferzahlen bei verschiedenen Szenarien von Kernwaffenkriegen und Schutzmaßnahmen zusammen. Nach den damaligen Rechenmethoden und Vorstellungen würden bei dem kleinsten untersuchten Szenario 7% aller Menschen in den USA sterben, bei dem Fall mit den weitestgehenden Auswirkungen kämen 89% aller US-Amerikaner ums Leben. Das wären Anfang der 1960er Jahre 160 Millionen Menschen gewesen. Gleichzeitig würden 80% der industriellen Anlagen des ganzen Landes zerstört. Das dazugehörige Szenario nimmt den Einsatz von insgesamt 10.000.000 Kilotonnen TNT zu jeweils der Hälfte gegen militärische und gegen zivile Ziele an. Die von Schockwelle und direkter thermischer Strahlung betroffene Fläche wurde auf 42% der Landmasse der USA geschätzt, vom radioaktiven Niederschlag wären 95% der Fläche betroffen. All diese katastrophalen Folgen könnten das Ergebnis eines Kernwaffenkrieges sein, der innerhalb von wenigen Stunden zwei ganze Kontinente weitgehend zerstört und unbewohnbar macht. Angesichts dieser Zahlen ist es unglaublich, dass Menschen Pläne machen können, entsprechende Waffensysteme zu bauen und weiter bereitzuhalten.

Wirkung von Zivilschutzprogrammen

Die ganze Gesellschaft wurde auf die mögliche Situation eines Kernwaffenkrieges eingestellt. Zivilschutzprogramme wurden aufgelegt und die Bevölkerung darin geschult, die Folgen eines Kernwaffenangriffs zu überleben („duck and cover"). Wie begrenzt deren Effektivität wäre, wird ebenfalls aus Abb. 6 ersichtlich. Ob die Zivilschutzmaßnahmen überhaupt den angenommenen Schutz hätten bieten können, muss ernsthaft angezweifelt werden.

Die Fragen nach den Folgen eines Kernwaffeneinsatzes und den begrenzten Möglichkeiten für Zivilschutz wurden in Deutschland in detaillierten wissenschaftlichen Studien untersucht, die die Forschungsstelle der Vereinigung Deutscher Wissenschaftler (VDW) unter der Leitung von Carl Friedrich von Weizsäcker durchgeführt und publiziert hat.[16] Der Verharmlosung taktischer Kernwaffen wird darin mit einer Beschreibung ihrer zerstörenden Wirkung entgegengewirkt. Darüber hinaus wird in der VDW-Studie verdeutlicht, dass entgegen den Annahmen aus der zitierten amerikanischen Arbeit ein Schutz großer Bevölkerungszahlen vor der von Kernwaffen verbreiteten Radioaktivität nicht möglich wäre. Zu ähnlichen Erkenntnissen sind auch andere Experten und Nichtregierungsorganisationen gekommen. Abschätzungen über die medizinischen Folgen eines Kernwaffenkrieges wurden vor allem von der Organisation Internationale Ärzte für die Verhütung des Atomkrieges (International Physicians for the Prevention of Nuclear War, IPPNW) vorgelegt. Deren Schlussfolgerung war, dass eine medizinische Versorgung der Überlebenden nicht möglich wäre.

Umweltauswirkungen eines Nuklearkrieges

1983 publizierten Carl Sagan und andere Experten (vor allem das internationale Komitee SCOPE und der amerikanische Wissenschaftsrat) Studien über die Umweltauswirkungen eines massiven nuklearen Schlagabtausches zwischen den USA und der Sowjetunion unter Einsatz von 5.000 Mt TNT-Äquivalent.[17] Sie hatten erkannt, dass die vielen Millionen Tonnen Ruß aus den entstehenden Bränden in Form kleiner Aerosolpartikel durch die Dynamik der nuklearen Pilzwolke bis in die Stratosphäre transportiert würden. Dort würden sie sich rasch über den ganzen Globus ausbreiten und zur Abschirmung des Sonnenlichtes führen. In der Folge kommt es zu einer so starken Abkühlung der Atmosphäre, dass die Temperaturen auch im Sommer Null Grad unterschreiten würden (siehe Abbildung 7). Dieser Effekt wurde Mitte der 80er Jahre unter dem Stichwort „nuklearer Winter“ diskutiert. Er hätte, wegen der Ernteausfälle, Hungersnöte zur Folge.

---

[16] Carl Friedrich von Weizsäcker (Hrsg.), Kriegsfolgen und Kriegsverhütung, München 1971. VDW, „Ziviler Bevölkerungsschutz heute“. Frankfurt 1972.

[17] Scientific Committee on Problems of the Environment (SCOPE), Report 28, Environmental Consequences of Nuclear War: Vol. I, Physical and Atmospheric Effects by A. Barrie Pittock et al. (eds.), 1986, 2nd ed. 1989, Wiley & Sons, New York; Vol. II, Ecological and Agricultural Effects by Mark A. Harwell and Thomas C. Hutchinson (eds.), 1985, 2nd ed. 1989, Wiley & Sons, New York. PDF Datei verfügbar unter www.icsu-scope.org (letzter Zugriff am 11. Oktober 2010). G.S. Golitsyn and N.A. Phillips, Possible Climatic Consequences of a Major Nuclear War, World Meteorological Organization, World Climate Program Report WCP-142, Geneva, 1986. U.S. National Research Council, The Effects on the Atmosphere of a Major Nuclear Exchange, Washington, D.C., 1985.

Abbildung 7: Änderung von Temperatur im Laufe des ersten Jahres nach einem globalen Kernwaffenkrieg für verschiedene Szenarien.

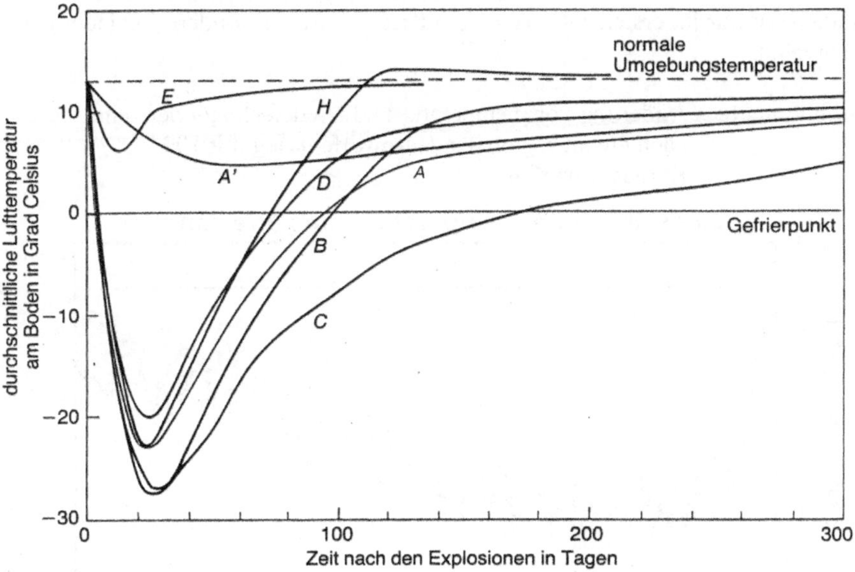

Die Kurve A gilt für einen Schlagabtausch, bei dem 10.400 Kernwaffen mit einer gesamten Sprengkraft von 5.000.000 kt TNT explodieren. Dadurch würden 225 Millionen Tonnen Rauch entstehen.[18]

In den letzten Jahren sind außerdem neue Studien zum Thema „nuklearer Winter" veröffentlicht worden. Das ergibt sich aus dem großen Fortschritt meteorologischer Modelle und der Möglichkeit, die früheren Arbeiten überprüfen zu können. Wichtiger war aber die Frage, ob die Auswirkungen auch einen derart dramatischen Effekt zeigen, wenn Kernwaffenkriege mit einer deutlich geringeren Zahl von Waffen geführt würden, als dies in den früheren Studien angenommen worden war.

Robok und seine Mitautoren gehen in ihrer Studie von 2007 von einem regionalen Krieg zwischen Indien und Pakistan aus, bei dem von beiden Seiten 50 Kernwaffen mit je 15 Kilotonnen TNT zum Einsatz kommen. Abbildung 8 zeigt die Ergebnisse für die Oberflächentemperatur und den Niederschlag. Erschreckend ist nicht nur die Erkenntnis, dass die Folgen von kleineren Kernwaffen-

[18] Richard P. Turco u.a., Die klimatischen Auswirkungen eines Nuklearkrieges, in: Spektrum der Wissenschaft, Oktober 1984, S. 36-50.

kriegen in den früheren Studien drastisch unterschätzt worden waren. Vor allem die Dauer der Abkühlung war völlig falsch vorhergesagt worden. So würden Klimafolgen und die daraus resultierenden ökologischen Schäden und Ernteausfälle nicht nur im ersten Jahr nach dem Krieg eintreten, sondern in einem ganzen Jahrzehnt.

Abbildung 8: Änderung von Temperatur und Niederschlag über zehn Jahre nach einem regionalen Kernwaffenkrieg mit 100 Kernspaltwaffen.

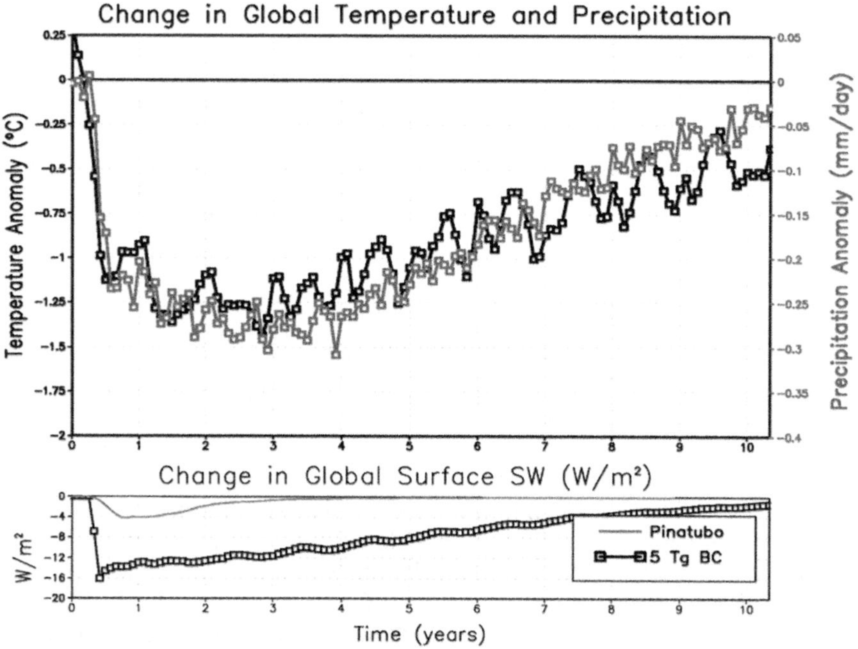

„SW" bezeichnet „Short Wave Radiation", die Lichteinstrahlung der Sonne, welche die Erdoberfläche erreicht.[19]

Eine zweite atmosphärische aber weniger bekannte Folge eines Kernwaffenkrieges ist ein dramatischer Abbau der Ozonschicht, auch „UV-Frühling" genannt. Bei einem Einsatz von 100 Kernwaffen würden weltweit 20% des Ozons verlo-

[19] Alan Robok et al., Climatic consequences of regional nuclear conflicts, Atmospheric Chemistry and Physics 7, 2007, S. 2003-2012

ren gehen und in den nördlichen Breiten sogar 50-70%. Auch nach 5 Jahren hätte sich die Ozonschicht davon nicht erholt und es gäbe weiterhin substantielle Reduktionen.[20] Die daraus resultierende Intensivierung der UV-Strahlung hätte gravierende Konsequenzen für die menschliche Gesundheit und die gesamte Biosphäre.

Die mögliche Auslöschung der Menschheit

Einige Experten hatten vor der ersten Testexplosion die ernsthafte Befürchtung, dass die gesamte Erdatmosphäre von einer sich selbst ausbreitenden nuklearen Kettenreaktion ergriffen und damit die Menschheit vernichtet werden könnte. Noch während des Manhattan Projektes gab der wissenschaftliche Leiter, Robert Oppenheimer, eine Studie in Auftrag, um diese Gefahr abzuschätzen. Das Ergebnis war, dass eine solche Entzündung der atmosphärischen Luft ausgeschlossen sei, und das Projekt zu Ende geführt werden könne.[21]

Immer wieder wird die Singularität von Kernwaffen mit dem Argument begründet, dass mit diesem Kriegsinstrumentarium die ganze Menschheit ausgerottet werden könnte. So wurde etwa die berühmte Doomsday Clock des Bulletin of the Atomic Scientists mit dem Zweck eingeführt, symbolisch mit dem Minutenzeiger vor Punkt 12 Uhr anzuzeigen, wie nah sich die Menschheit an der Gefahr der Selbstvernichtung befindet.[22] Nach den obigen Ausführungen scheint die Vorstellung von der Auslöschung der Menschheit eine dramatisierende Übertreibung zu sein, da die zitierten Studien nicht den Schluss zulassen, es könne selbst unter den ungünstigsten Umständen keine Überlebenden geben. Für das vollständige Aussterben aller Menschen scheint also keine Gefahr zu bestehen, die auf physikalischen und geowissenschaftlichen Grundlagen beruht. Aber die Folgen für die Überlebenden wären schrecklich. Nachdem unvorstellbar viele Menschen in extrem kurzer Zeit gestorben sind, würde der Rest der Menschheit zwar weiterleben, jedoch unter katastrophalen Bedingungen, die das Leiden und Sterben für lange Zeit anhalten ließen. Humanitäre Vorstellungen des menschlichen Umgangs miteinander würden durch derart grausame und folgenschwere Kriegs-

---

[20] Michael J. Mills, Owen B. Toon, Richard P. Turco, Douglas E. Kinnison, Rolando R.Garcia: Massive global ozone loss predicted following regional nuclear conflict. Proceedings of the National Academy of Sciences of the United States of America, Band 105 Nr. 14, 2008, 5307-5312.

[21] Emil J. Konopinski, C. Marvin, Edward Teller: Ignition of the Atmosphere with Nuclear Bombs. Technical Report Los Alamos National Laboratory LA-602, 1946, declassified February 1973.

[22] The Bulletin of the Atomic Scientists: „The Doomsday Clock conveys how close humanity is to catastrophic destruction--the figurative midnight--and monitors the means humankind could use to obliterate itself.“ (letzter Zugriff am 26. März 2010).

handlungen erschüttert, die Voraussetzungen für zivilisiertes Leben weitgehend zerstört. Bei einem derartigen Gesamtbild kann man metaphorisch durchaus von der Vernichtung der „Menschheit“ sprechen.

Fazit

Aus diesen Überlegungen ergibt sich für die vier genannten Aspekte der physikalischen Singularität von Kernwaffen folgendes Fazit:

1. Energiedichte: Vergleicht man die in Tests maximal erreichten Energiefreisetzungen, so liegen Kernwaffen um sechs Größenordnungen höher als chemische Explosionen. Das resultiert aus der extrem hohen Energiedichte, also dem Verhältnis von Energie zum Volumen. Außerdem wird die Energie in erheblich kürzerer Zeit freigesetzt als bei konventionellen Explosionen.[23] Infolge des Einsatzes einer einzigen Kernwaffe können hunderttausende Menschen sterben. Bei einem Kernwaffenkrieg könnten Millionen von Menschen in kurzer Zeit umkommen. Vor allem in der Schnelligkeit der Wirkung und der damit verbundenen Schutzlosigkeit übertreffen Kernwaffen die Wirkungen der beiden anderen Massenvernichtungswaffen (biologische und chemische).
2. Räumliche Wirkung: Die unvermeidlich als Nebenprodukt einer Kernwaffe entstehende Radioaktivität breitet sich in der Atmosphäre aus und verteilt sich innerhalb weniger Wochen über eine ganze Hemisphäre. Der radioaktive Niederschlag (Fall-out) führt im Umkreis von rund 100 km² durch primäre Strahlenwirkung zu Krankheit und Tod und lässt darüber hinaus enorme Flächen unbewohnbar und für Landwirtschaft untauglich werden. Solche Schäden können auch durch aufwendige Dekontamination nicht vollständig beseitigt werden.[24]
3. Langzeitwirkung: Die Folgen von Radioaktivität halten über lange Zeit an und schädigen viele künftige Generationen.
4. EMP: Ein elektromagnetischer Impuls kann die computergestützte technische Infrastruktur moderner Industriegesellschaften über große Flächen hinweg lahmlegen.[25]

---

[23] Die so erzeugten Stoßwellen können hoch gehärtete Ziele wie verbunkerte Kommandozentralen oder Raketensilos zerstören. Siehe dazu die Beiträge von Leon Barleon und Egbert Kankeleit/Ulrich Ratsch.

[24] Im Blick auf dieses Merkmal ist der Unterschied zu anderen „Massenvernichtungswaffen“ weniger deutlich ausgeprägt als bei den anderen Merkmalen.

[25] S. dazu den Beitrag von Wilhelm Gmelin.

Ein weiteres herausragendes Merkmal der Singularität von Kernwaffen besteht in der Komplexität der Gesamtwirkungen beim kurzfristigen Einsatz vieler Sprengkörper, weil die ökologischen Folgewirkungen eine unabsehbar große Zahl von Menschen töten können und durch einen „nuklearen Winter" sogar die Menschheit im Ganzen bedrohen.

In den folgenden naturwissenschaftlichen Beiträgen werden eine Reihe physikalischer Aspekte von Kernwaffen detaillierter erörtert. Nicht nur wegen der physikalischen, sondern auch wegen der politisch-medialen Wirkung der Tests erlangten diese Waffen im Bewusstsein der Menschheit eine einzigartige Stellung (Christoph Pistner). Trotzdem gehen die Bemühungen weiter, Atomwaffen ihren Status des Singulären zu nehmen. Zwar wurde inzwischen quantitativ abgerüstet; aber die Versuche, „qualitativ" aufzurüsten und anwendbare Kernwaffen zu entwickeln, hören nicht auf (Egbert Kankeleit/Ulrich Ratsch). Zunehmende Zielgenauigkeit von Raketen bei kleineren Volumen der Sprengkörper scheinen die Gefahr eines nuklear geführten Krieges wieder zu erhöhen. Die Versuche, „Mini-Nukes" als bunkerbrechende Waffen zu konstruieren (Leon Barleon) ebenso die Überlegungen, wie man mit einem Elektromagnetischen Impuls eines in großer Höhe gezündeten Kernsprengkörpers ganze Regionen lahmlegen könnte (Wilhelm Gmelin), führen immer wieder zu dem Resultat, dass Schäden von einer inakzeptablen Größenordnung angerichtet werden.

Christoph Pistner

Kernwaffentests und fall-out

Kernwaffen weisen eine Reihe von physikalisch/technischen Eigenschaften auf, die als singulär bezeichnet werden können (Kalinowski in diesem Band). Darüber hinaus lässt sich aber ihre Einstufung als singuläre Waffen noch durch weitere Besonderheiten begründen. Werden Kernwaffen in das militärische Arsenal eines Staates aufgenommen, gewinnt dieser einen Sonderstatus in der Weltgesellschaft. Dabei spielt das Testen eine große Rolle. Testgelände werden für sehr lange Zeit extrem radioaktiv kontaminiert; die physikalischen Auswirkungen überirdischer Tests lassen sich auf der ganzen Erde messen. Ebenso beispiellos wie die physikalische ist jedoch die mediale Wirkung. In allen Staaten haben sich die Bilder von Kernwaffenexplosionen in einer Weise in das kollektive Bewusstsein eingegraben, wie das bei keiner anderen Waffe der Fall ist. Schließlich hängt auch die Zukunft der Kernwaffen in besonderem Maße von der Durchführbarkeit und der Nachweisbarkeit solcher Tests ab.

Der erste Test einer Kernwaffe erfolgte am 16. Juli 1945 unter dem Codenamen „Trinity" in der Wüste von Alamogordo, New Mexiko und erreichte eine Sprengkraft von etwa 20 kt TNT-Äquivalent. Bei diesem Test wurde Plutonium als Spaltmaterial verwendet, das auf das sogenannte Implosions-Design für die Erzeugung einer überkritischen Anordnung angewiesen ist.[1] Aufgrund der relativen Komplexität dieser Anordnung sollte diese Kernwaffe vor ihrem ersten Einsatz getestet werden. Demgegenüber wurde die erste Kernwaffe mit Uran, die beim Einsatz in Hiroshima verwendet wurde, zuvor nicht getestet. Vielmehr folgten auf den ersten Test die beiden bislang einzigen militärischen Einsätze von Kernwaffen.

Nach diesem Einsatz durch die USA gegen Japan im zweiten Weltkrieg wurden Kernwaffen nie wieder in einem militärischen Konflikt eingesetzt. Dennoch gibt es heute, verankert durch den nuklearen Nichtverbreitungsvertrag (NVV) fünf sogenannte „offizielle" Kernwaffenstaaten. Diese Staaten haben sich von allen anderen dadurch hervorgehoben, dass sie vor dem Stichtag des 1. Ja-

[1] Vgl. den Beitrag von Martin Kalinowski.

nuar 1967[2] durch einen Kernwaffentest der Öffentlichkeit demonstrierten, dass sie über die technologische Fähigkeit zur Herstellung von Kernwaffen verfügen. Neben den USA waren dies die Sowjetunion am 29. August 1949, Großbritannien am 3. Oktober 1952, Frankreich am 13. Februar 1960 sowie zuletzt China am 16. Oktober 1964. Für keine andere Waffengattung gibt es eine vergleichbare Einstufung, die nicht nur die Staaten in „Kernwaffenstaaten" und „Nichtkernwaffenstaaten" untergliedert sondern darüber hinaus auch noch zu signifikanten politischen Bedeutungsunterschieden führt.

Neben den „offiziellen" Kernwaffenstaaten im Sinne des NVV gibt es auch noch weitere, inoffizielle Kernwaffenstaaten, die nicht Mitglieder des NVV sind, aber auch erst nach dem 1. Januar 1967 einen Kernwaffentest durchführten. Hierzu zählt Indien, das bereits am 18. Mai 1974 eine als „peaceful nuclear explosion" deklarierte Kernwaffenexplosion ausführte und im Mai 1998 weitere Kernwaffentest durchführte, sowie Pakistan, welches in Erwiderung auf die indischen Tests ebenfalls noch im Mai 1998 Kernwaffen testete.

Zwei weitere Staaten waren oder sind weiterhin vermutete Kernwaffenstaaten.[3] Dies war zum einen Südafrika, welches über ein Kernwaffenprogramm verfügte und sechs Kernwaffen produzierte, seine Kernwaffenfähigkeit aber nie durch einen Test demonstrierte und erst nach Aufgabe seiner Kernwaffen in 1991 dem nuklearen Nichtverbreitungsvertrag beitrat. Des Weiteren wird Israel als de facto Kernwaffenstaat angesehen. Für Israel gilt jedoch, dass es die Politik verfolgt, nicht offen einen Kernwaffenbesitz zuzugestehen und diesen daher auch nicht durch einen Kernwaffentest bestätigt.[4] Auch Israel ist niemals dem NVV beigetreten. Schließlich hat Nord-Korea, bis dahin Mitglied des NVV, in 2003 seinen Austritt aus dem Vertrag erklärt und im Anschluss 2006 und 2009 Kernwaffentests durchgeführt. Der Status des Landes in Hinblick auf seine Mitgliedschaft im NVV ist seither ungeklärt.

Im Gegensatz zu anderen Waffengattungen kann man also bei Kernwaffen davon sprechen, dass es „inoffizielle" und „offizielle" Kernwaffenstaaten gibt (im Gegensatz etwa zu „Biowaffenstaaten", „Landminenstaaten" oder „Raketenstaaten"). Die Zugehörigkeit zur Gruppe der Kernwaffenstaaten wird durch das Testen einer Kernwaffe demonstriert. Hinsichtlich der Staaten, die nicht zu den offiziell anerkannten Kernwaffenstaaten im Sinne des NVV zählen, stellt sich

---

[2] Siehe Artikel IX (3) des Vertrags über die Nichtverbreitung von Kernwaffen, http://www. auswaertiges-amt.de/diplo/de/Aussenpolitik/Themen/Abruestung/Downloads/NVV/NVV.pdf, Stand 21.10. 2010.

[3] Sieht man einmal von einigen ehemaligen Sowjet-Republiken ab, die durch ihr nukleares Erbe in der Nachfolge der Sowjet-Union zu Kernwaffenstaaten wurden, diesen Status jedoch durch die Aufgabe ihrer Kernwaffen wieder abgaben.

[4] Es gibt allerdings eine Diskussion, ob es sich bei einem Ereignis im Indischen Ozean im Jahr 1979 möglicherweise um einen Kernwaffentest Südafrikas und Israels gehandelt haben könnte.

dagegen heute insbesondere auch die Frage, in welcher Form sie in das NVV-System eingebunden werden könnten.[5]

Eine weitere Singularität stellt der Aspekt der weltweiten Wahrnehmung der Kernwaffen insbesondere durch das Testen dar. Es ist davon auszugehen, dass eine vergleichbare weltweite Wahrnehmung – und Wahrnehmbarkeit – bei keiner anderen Waffengattung festgestellt werden kann.[6] Dies spiegelt sich bereits darin wider, dass die seit den 1940er Jahren durchgeführten überirdischen Kernwaffentests ein besonderes mediales Echo erfuhren. Das Symbol des Atompilzes wurde dadurch im kollektiven Gedächtnis der Menschheit fest verankert. Hierfür steht beispielhaft auch die Benennung eines Badeanzugtyps nach der gleichnamigen Südsee-Inselgruppe, auf der die amerikanischen Kernwaffentests von 1954 durchgeführt wurden (vgl. Abbildung 1). Doch neben der rein medial bedingten Aufmerksamkeit ist mit den überirdischen Kernwaffentests eine durchaus reale, auch heute noch feststellbare weltweite Auswirkung und damit „Wahrnehmbarkeit" im Sinne einer Messbarkeit verbunden: der radioaktive fall-out.

Kernwaffenexplosionen erzeugen eine große Menge radioaktiver Spalt- und Aktivierungsprodukte. Auch bleibt ein relevanter Anteil des ursprünglichen Spaltmaterials erhalten, zum Teil wird dieses bei der Explosion auch in schwerere Elemente (je nach Ausgangsmaterial vor allem Plutonium, Americium oder Curium) umgewandelt. Werden die Tests überirdisch durchgeführt, wird diese Radioaktivität direkt in die Biosphäre freigesetzt. Insgesamt wurden 502 solcher überirdischer Kernwaffentests durchgeführt, der größte Teil davon in den Phasen zwischen 1952 und 1958 sowie zwischen 1961 und 1962.[7] Die dabei freigesetzte Radioaktivität kann auch heute noch auf der ganzen Erde gemessen werden.[8]

Die aus den überirdischen Kernwaffentests weltweit resultierende mittlere jährliche Dosis erreichte ihr Maximum im Jahr 1963 mit einem Wert von 0,11 tausendstel Sievert (mSv). Zum Vergleich: die weltweite mittlere jährliche Dosis durch natürliche Strahlungsquellen (wie Radongas, kosmische Strahlung etc.) beträgt etwa 2,4 mSv. Alleine durch die atmosphärischen Kernwaffentests

---

[5] Vgl. auch den Beitrag von Thilo Marauhn.

[6] Eine ähnliche „Sichtbarkeit" weisen zwar beispielsweise Raketen und Raketentests auf. In einem engeren Sinne handelt es sich aber bei Raketen „nur" um ein Trägersystem und nicht um eine Waffengattung.

[7] Verschiedene Quellen geben eine unterschiedliche Anzahl für die weltweit durchgeführten Tests an. Dies liegt unter anderem daran, dass ein Test mehrere Kernwaffenexplosionen umfassen kann und sich hieraus eine unterschiedliche Zählung ergibt. Weiterhin gab es eine Reihe von Kernwaffentests, bei denen Unfälle mit Kernwaffen simuliert wurden und es nicht zu einer eigentlichen Kernwaffenexplosion kam.

[8] Die hier und im Folgenden angegebenen Zahlenwerte sind entnommen aus: United Nations Scientific Committee on the Effects of Atomic Radiation: Sources and Effects of Ionizing Radiation. Report to the General Assembly with Scientific Annexes. United Nations, New York, 2010. http://www.unscear.org/unscear/en/publications.html, Stand 01.02.2011.

wurde also in den sechziger Jahren für alle Menschen auf der Welt die radioaktive Strahlenbelastung um etwa 5% erhöht. Heute beläuft sie sich noch auf ca. 0,005 mSv. Dieser Wert wird nur noch sehr langsam abnehmen, da er wesentlich von den langlebigen Nukliden Kohlenstoff-14 und Cäsium-137 verursacht ist. Erst bis zum Jahr 2200 wird ungefähr ein Viertel der insgesamt resultierenden Kollektivdosis angefallen sein.

Abbildung 1: Castle Bravo Explosion auf dem Bikini-Atoll am 28.02.1954

(Quelle: nuclearweaponsarchive.com)

Neben den globalen Auswirkungen kommt es vor allem an den Kernwaffentestgeländen zu einem erheblichen radioaktiven Niederschlag. Bis zu 50% der freigesetzten Radioaktivität werden im Rahmen des lokalen fall-out in einer Umgebung von weniger als 100 km um den Ort des Kernwaffentests abgelagert. Damit entstehen im Vergleich zu den mittleren weltweiten Dosisbelastungen deutlich höhere Werte für Bevölkerungsgruppen in der näheren Umgebung der Kernwaffentestgelände. Ausgehend vom amerikanischen Testgelände in Nevada, an dem 86 überirdische Tests durchgeführt wurden, kam es beispielsweise in der Bevölkerung in Nevada und Utah zu Dosen von bis zu 60-90 mSv alleine aufgrund der externen Strahlenbelastung.

Besonders hohe Belastungen entstanden für Bevölkerungsteile der Marshallinseln. Hier führten die USA eine Anzahl überirdischer Kernwaffentests durch. Dazu wurde allerdings zunächst die ursprüngliche Bevölkerung des Bikini-Atolls von 167 Personen evakuiert. Auf dem Atoll wurde dann unter anderem am 1. März 1954 der Test „Castle Bravo" durchgeführt (vgl. Abbildung 1). Aufgrund des unerwartet hohen Yields dieses Test sowie ungewöhnlicher Windverhältnisse kam es zu einem besonders hohen lokalen fall-out, der insbesondere auf der 210 km entfernten Insel Rongelap niederschlug. Es wurden Personen mit einer Dosis von bis zu 1,9 Sv, also knapp dem eintausendfachen der mittleren jährlichen Dosis aus natürlichen Quellen belastet.

Nach der Einstellung der Tests auf dem Bikini-Atoll 1968 sollten die ursprünglichen Bewohner wieder auf das Atoll zurückkehren. Hierzu wurden die Inseln dekontaminiert und neu bepflanzt. Knapp 140 Personen kehrten auf das Atoll zurück. Doch im Jahr 1978 wurde festgestellt, dass diese Personen durch die Aufnahme über Lebensmittel und Trinkwasser deutlich erhöhten Belastungen mit Cäsium ausgesetzt waren. Daraufhin wurde das Atoll erneut evakuiert. Studien in den neunziger Jahren ergaben, dass sich bei einer erneuten Besiedelung für die Bevölkerung, insbesondere durch die Radioaktivitätsaufnahme, eine jährliche Dosis im Bereich von 5-15 mSv ergeben würde. Auch für andere ehemalige Testgelände wurden Überlegungen angestellt, welche Belastungen entstehen würden, wenn solche Gebiete erneut besiedelt würden. So würden sich beispielsweise für das ehemalige russische Testgelände Semipalatinsk Werte von 140 mSv pro Jahr für potenzielle zukünftige Bewohner ergeben.

Selbst in Deutschland sind und waren die Auswirkungen der weltweiten Kernwaffentests messbar, obwohl Deutschland verhältnismäßig weit von den Testgebieten entfernt liegt. So betrug die mittlere Strahlenexposition im Jahr 2008 aus den Kernwaffentests noch ca. 0,01 mSv und war damit etwa gleich groß wie die mittlere Strahlenbelastung aus den Folgen des Tschernobyl-Unfalls von 1986.[9] Einen wesentlichen Beitrag zur radioaktiven Belastung von Menschen liefert dabei das radioaktive Isotop Cäsium-137. In Abbildung 2 sind Ergebnisse von Messungen des Cäsium-137 Gehalts im Körper für eine ausgewählte Personengruppe (Referenzgruppe) am Forschungszentrum Karlsruhe dargestellt. Es ist klar ersichtlich, wie es durch die überirdischen Kernwaffentests in den 1950er und 1960er Jahren zu einer starken Zunahme der gemessenen Cäsi-

[9] Bundesamt für Strahlenschutz (BfS): Umweltradioaktivität und Strahlenbelastung im Jahr 2008. Unterrichtung durch die Bundesregierung. http://www.bfs.de/de/bfs/druck/uus/JB2008.pdf, Stand 01.02.2011

um-Werte kam (ein zweiter Peak kam nach dem schweren Reaktorunfall von Tschernobyl im April 1986 zustande).

Abbildung 2: Cs-137-Körperaktivität der Karlsruher Referenzgruppe

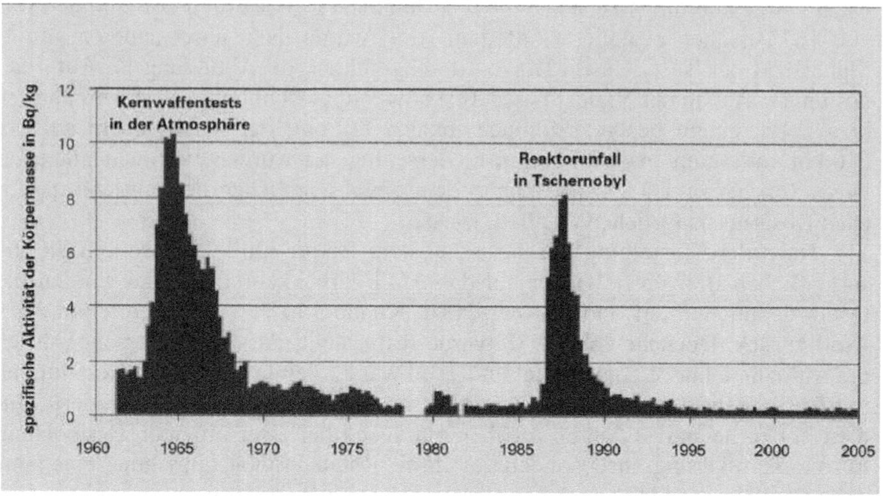

Diese weltweiten Auswirkungen der Kernwaffentests in den fünfziger und sechziger Jahren führten dazu, dass man alle Kernwaffentests mit Ausnahme der unterirdischen Versuche vertraglich verbot. Der sogenannte partielle Teststoppvertrag wurde am 5. August 1963 von der Sowjetunion, Großbritannien und den USA unterzeichnet; er verbietet Kernwaffentest in der Atmosphäre, unter Wasser und im Weltraum. Die Zahl der überirdischen Kernwaffentests ging daraufhin sehr stark zurück; allerdings erfolgte der bis heute letzte atmosphärische Test erst am 16. Oktober 1980 durch China, das den Vertrag bis dahin nicht unterzeichnet hatte.

Unterirdische Kernwaffentests sind bisher aber nicht verboten. Am 24. September 1996 wurde zwar ein Vertrag über das umfassende Verbot von Nuklearversuchen (Comprehensive Test-Ban Treaty, CTBT) zur Unterzeichnung aufgelegt. Mit diesem Vertrag sollen sämtliche nuklearen Versuchsexplosionen verboten werden. Sein Ziel ist es, die Weiterentwicklung und Weiterverbreitung von Kernwaffen einzuschränken. Seit diesem Zeitpunkt haben insbesondere die fünf offiziellen Kernwaffenstaaten keine Kernwaffen mehr getestet. Aber der Vertrag ist immer noch nicht in Kraft getreten.

Insgesamt wurden bis heute ca. 2000 Kernwaffentests durchgeführt, davon über 1200 in den USA und über 700 in der Sowjetunion. Diese Tests dienten einer Vielzahl von Messungen, mit denen grundlegende nukleare Daten gewonnen und technische Einrichtungen erprobt werden konnten. Zentral war dabei zunächst auch die Gewinnung von nuklearen und thermohydraulischen Daten für die grundlegenden physikalischen Prozesse. Darüber hinaus mussten jedoch auch technologische Verbesserungen mit dem Ziel einer Weiterentwicklung von Kernwaffen (Miniaturisierung und Gewichtseinsparung, Optimierung von bestimmten Kernwaffeneffekten) durch Testen verifiziert werden. Schließlich wurden sogar sogenannte „zivile" Kernwaffentests durchgeführt, die beispielsweise die Schaffung von unterirdischen Kavernen für Speicherzwecke zum Ziel hatten.

Umstritten ist, welche Bedeutung das Testen von Kernwaffen heute noch für die Kernwaffenstaaten oder zukünftige Kernwaffenaspiranten hat.[10] Insbesondere für die offiziellen Kernwaffenstaaten ist davon auszugehen, dass die grundlegenden Informationen zur Funktionsweise von Kernwaffen mittlerweile bekannt sind, so dass ein Erhalt der Kernwaffenfähigkeit zumindest mittelfristig nicht von der Möglichkeit zum Testen von Kernwaffen abhängt.

Zur militärischen Einsetzbarkeit einer Kernwaffe ist mittlerweile ein vorhergehender Test keine zwingende Notwendigkeit; für eine aus heutiger Sicht „einfach" konstruierte Kernwaffe wäre auch ein – erfolgreicher – Einsatz ohne Test denkbar. Selbst die erste in einem militärischen Konflikt jemals eingesetzte Kernwaffe ist wegen ihrer relativ einfachen Konstruktion zuvor nicht getestet worden. Natürlich geschah dies insbesondere vor dem Hintergrund, dass die vorhandenen Mengen an spaltbarem Material zu diesem Zeitpunkt extrem begrenzt waren, und ein Test daher nicht möglich gewesen wäre. Auch hätte ein Fehlschlag dieser ersten Kernwaffe sich letztlich nicht anders auf den weiteren Verlauf des Krieges ausgewirkt als ein Verzicht auf diesen Einsatz, da bereits kurz danach die schon erfolgreich getestete Plutonium-Variante über Nagasaki explodierte. Dennoch bleibt festzuhalten, dass grundsätzlich die Entwicklung und der Einsatz einer „einfachen" Kernwaffe auch ohne vorhergehenden Test denkbar sind.[11]

Für die mögliche Weiterentwicklung von Kernwaffen oder den langfristigen Erhalt von Arsenalen ist die Situation hingegen nicht so eindeutig. Mit Blick auf

---

[10] Vgl. hierzu bspw. George P. Shultz, William J. Perry, Henry A. Kissinger, Sam Nunn: How to Protect Our Nuclear Deterrent. The Wall Street Journal, 21.01.2010. http://online.wsj.com/article/SB10001424052748704152804574628344282735008.html, Stand 01.02.2011

[11] Unter einem „einfachen" Kernwaffendesign ist hier insbesondere zu verstehen, dass es sich um eine reine Spaltwaffe handelt, die aufgrund ihres Konstruktionsprinzips auch über ein relativ großes Gewicht und große Abmessungen verfügen würde. Dies würde insbesondere auch einen Einsatz über Raketen als Trägersysteme ausschließen.

den Erhalt von Kernwaffenarsenalen sind Alterungseffekte von Kernwaffen relevant. Hierzu zählt zunächst vor allem die physikalische Alterung der Kernwaffe durch die Radioaktivität des Spaltmaterials; dazu kommt aber auch die konventionelle Alterung wie Korrosion, Ermüdung oder Versprödung von mechanischen und chemischen Komponenten. Diese Alterungsprozesse sind grundsätzlich bekannt und dürften solange keine signifikante Rolle spielen, wie ein Austausch von gealterten Komponenten durch identische, neue oder erneuerte Komponenten möglich ist. So können bspw. Effekte des radioaktiven Zerfalls der Spaltmaterialien dadurch kompensiert werden, dass die Materialien in regelmäßigen Zeitabständen chemisch gereinigt und erneuert werden.

Problematischer für den Erhalt eines Arsenals kann das technologische Veralten werden. So werden beispielsweise schon heute bisherige, in einem konkreten Kernwaffendesign verwendete Komponenten in ihrer ursprünglichen Form nicht mehr hergestellt. Sie müssen dann durch andere, modernere Komponenten ersetzt werden. Allerdings zeigt die Erfahrung mit komplexen technischen Systemen, dass gegebenenfalls nicht alle für die korrekte Funktionsweise eines komplexen Systems notwendigen Spezifikationen vollständig erfasst sind. Es kann daher beim Ersatz einer Komponente durch eine andersartige in Einzelfälle zu nicht vorhergesehenen Rückwirkungen auf das Gesamtsystem kommen, die die tatsächliche Funktionsfähigkeit des Systems in Frage stellen können. Wie lange ein nukleares Arsenal ohne die Möglichkeit des nuklearen Testens aufrechterhalten werden kann, ist eine offene Frage. Deshalb könnte vom Verbot der Kernwaffentests auf lange Sicht die Aufrechterhaltung der nuklearen Kernwaffenfähigkeit in Frage gestellt werden.

Insbesondere in Hinblick auf neue Kernwaffenstaaten stellt sich im Zusammenhang mit dem CTBT zentral auch die Frage nach einer Überwachbarkeit eines Kernwaffenteststopps. Diese ist für eine Zustimmung vieler Staaten zu diesem Vertag zentral, da sie eine Gefahr eines unentdeckten Kernwaffentest durch einen möglichen Proliferator sehen. Für die Verifikation dieses Vertrages wird daher zurzeit ein Messnetz mit 321 Messstationen aus seismographischen, Hydroakustik-, Infraschall- und Spurenmessstationen für Radioaktivität in der Luft aufgebaut, dass in der Lage sein soll, nukleare Explosionen einer Stärke von über einer Kilotonne TNT-Äquivalent zu entdecken, zu identifizieren und zu lokalisieren. Damit wären Kernwaffen die einzige Waffengattung überhaupt, deren Einsatz (sei es im Rahmen eines Tests oder als realer Einsatz) zu einem beliebigen Zeitpunkt an einem beliebigen Ort auf der Welt entdeckt werden würde.

Auch durch diese Überwachungsmöglichkeit sind Kernwaffen im Vergleich zu anderen Waffensystemen singulär.

Egbert Kankeleit/Ulrich Ratsch

Quantitative Abrüstung und qualitative Aufrüstung

Motive der quantitativen und qualitativen Aufrüstung (Erstschlagsfähigkeit)

Ziel dieses Kapitels ist es nicht, Argumente für und gegen die These der Singularität der Kernwaffen vorzutragen. Vielmehr wird beschrieben, welche militärischen Optionen sich aufgrund der singulären physikalischen Wirkungen ergeben. Die einzigartigen Eigenschaften der Kernsprengköpfe in Verbindung mit einer immensen Steigerung der Zielgenauigkeit eröffnen – das soll gezeigt werden – ein Zerstörungspotential, das in den Zeiten der massiven Aufrüstung nicht denkbar war. Quantitative Aufrüstung wurde gleichsam durch qualitative Aufrüstung ersetzt.

Schon in den 1960er Jahren überstieg die kumulierte Sprengkraft sowohl der amerikanischen als auch der sowjetischen nuklearen Arsenale um Zehnerpotenzen diejenige, die ausgereicht hätte, den Gegner zu vernichten und die Infrastruktur seines Landes völlig zu zerstören. Auf den ersten Blick könnte es erscheinen, als ob die Kernwaffen schon dadurch obsolet geworden wären, zumindest in Planspielen für einen nuklearen Krieg zwischen diesen Supermächten. In den strategischen Überlegungen spielte deshalb die Frage eine wichtige Rolle, ob es gelingen könne, mit einem überraschenden Angriff, bei dem gleichzeitig eine große Zahl von Kernwaffen eingesetzt würde, die gegnerischen Sprengköpfe bzw. Trägersysteme so weit zu beseitigen, dass ein nuklearer Gegenschlag (Zweitschlag) nur noch geringen – „akzeptablen“ – Schaden anrichten könnte. Besäße eine Seite diese Fähigkeit, die sogenannte Erstschlagsfähigkeit, dann käme für sie aus militärstrategischer Sicht ein solcher Angriff in Frage. Damit wäre der nukleare Krieg wieder in den Bereich des Möglichen gerückt.

Der Gefahr, einen solchen Erstschlag erleiden zu müssen, kann – vereinfacht gesagt – durch zwei Optionen begegnet werden: durch Qualität und durch Quantität. Quantität heißt hier, dass die Zahl der eigenen Sprengköpfe und ihrer Standorte immer weiter gesteigert wird, um so die Wahrscheinlichkeit zu vergrößern, dass nach einem gegnerischen Erstschlag noch immer eine abschreckend große Zahl einsatzfähiger Waffen vorhanden ist. Verbesserung der Qualität hinsichtlich der Abwehr eines Erstschlags bedeutet z.B., dass die Sprengköpfe und Raketen in tiefen gehärteten Bunkern (Silos) vergraben werden. Auch ein Raketenabwehrsystem (anti-ballistic missile system, ABS-System) fiele in diese Kategorie. Die eigenen Interkontinentalraketen auf fahrbaren Lafetten zu stationieren und durch ständigen Ortswechsel der Zielprogrammierung des Gegners zu entziehen, spielt heute wegen der höheren Treffergenauigkeit der Trägersysteme kaum noch eine Rolle. Aber auch der potentielle Angreifer erhöht die Wahrscheinlichkeit eines erfolgreichen Erstschlags mit der Zahl der Angriffswaffen (Quantität). Auf dem Höhepunkt der beidseitigen Aufrüstung wurde deshalb der zusätzliche Nutzen zahlenmäßiger Steigerung immer geringer. Zugleich wuchs international der politische Druck auf die Kernwaffenstaaten, merkliche Abrüstungserfolge zu erzielen. Im Folgenden wird dargestellt, wie in den Zeiten quantitativer Abrüstung durch qualitative Fortschritte die Erstschlagsoption weiterhin aufrechterhalten werden sollte.

Welche Optionen im Möglichkeitsraum von quantitativer und qualitativer Rüstung erwogen werden, hängt nicht zuletzt davon ab, gegen welche Angriffsziele Kernwaffen in den Planspielen eingesetzt werden sollen. Es kann sich um militärische Ziele wie Raketensilos oder Kommandozentralen handeln, aber auch um zivile Ziele wie Industrieanlagen, Knotenpunkte des Transportnetzes, Kraftwerke oder andere wichtige Komponenten der Infrastruktur. Mit dem Wechsel von Militärdoktrinen hat es hier Verschiebungen gegeben, die in anderen Beiträgen dieses Bandes erörtert werden (s. die Artikel von Chauvistré, Daase und Häckel). Dort wird auch das Wechselverhältnis der dabei einschlägigen Teildiskurse von Politikern, Technikern und Militärs beschrieben, die nicht immer optimal aufeinander bezogen sind.

Zielgenauigkeit

Seit den 1970er Jahren wurde mit den SALT-Verträgen von 1972 und 1979[1], dem ABM-Vertrag von 1972, dem INF-Vertrag von 1987, den START-Abkommen von 1991 und 1993[2] sowie dem SORT-Abkommen („Moskauer Abkommen") von 2002[3] zwischen den USA und Rußland vereinbart, die Zahl der einsatzfähigen Sprengköpfe zu verringern. Auch wenn Fachleute die Wirksamkeit und Verläßlichkeit dieser Verträge zum Teil kritisch beurteilen, wurden mit ihnen begrüßenswerte Schritte zur Beendigung der atomaren Rüstungsspirale

[1] SALT: Strategic Arms Limitation Talks
[2] START Strategic Arms Reduction Treaty
[3] SORT: Strategic Offensive Reductions Treaty

getan. Die nuklearen Supermächte hatten sich, so scheint es, auf den Weg begeben, ihrer Verpflichtung zu nuklearer Abrüstung aus Artikel VI des Nichtverbreitungsvertrags (NVV) nachzukommen und technisch abzurüsten. Abb. 1 umfasst sowohl die Zeit des Wettrüstens, als die Zahl der Sprengköpfe um mehrere Größenordnungen wuchs[4], als auch die Verminderung der Zahl aller einsetzbaren Kernwaffen von ca. 70.000 in der Mitte der 1980er Jahre auf ca. 28.000 im Jahre

Abbildung 1: Zahl der Kernwaffen der USA (schwarz) und SU/Russland (grau)

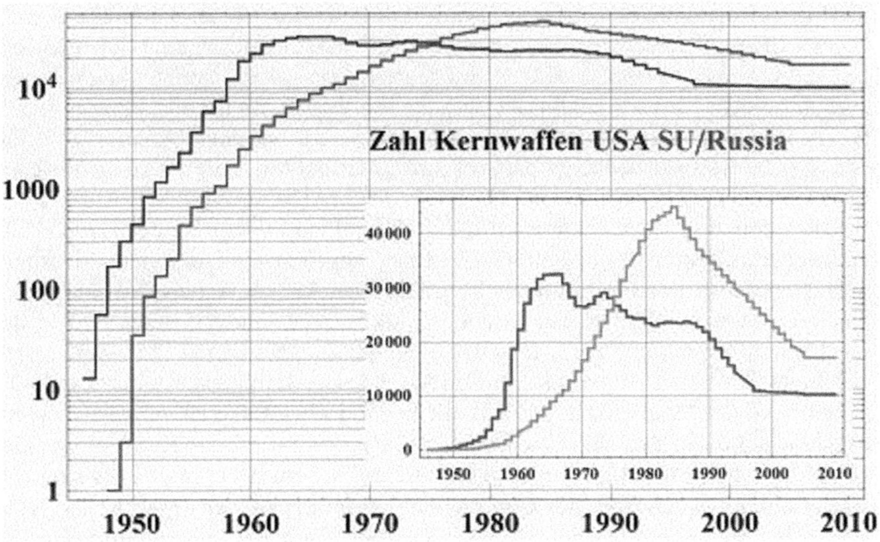

2005. Das ist eine Verringerung um den Faktor 2,5. Im März 2010 unterzeichneten die Präsidenten der USA und Rußlands ein weiteres Abkommen („New START“), das eine Reduzierung der Anzahl strategischer Sprengköpfe von je 2200 auf 1550 und der Anzahl der Trägersysteme von 1600 auf 800 vorsieht. Aber die Hoffnung, durch die bisher vereinbarten Maßnahmen sei die Gefahr eines Nuklearkrieges gesenkt worden, trügt. Denn parallel zur der in den genannten Abkommen angestrebten – und verwirklichten – zahlenmäßigen Verringerung der Kernwaffen wurde durch technische Innovationen die Wirksamkeit der verbleibenden Waffen gesteigert und dadurch das jahrzehntelang ungebrochene

[4] Logarithmischer Maßstab, da die Werte über fünf Größenordnungen ansteigen, in der Einfügung die gleichen Werte in linearem Maßstab.

Tabu, Kernwaffen überhaupt in einem Kriegsszenario zu verwenden, tendenziell aufgeweicht. Die parallel laufende Senkung der mittleren Sprengwirkung ist paradoxerweise ein Attribut der qualitativen Aufrüstung (s.u., Abschnitt „Verringerung und Kalibrierung der Sprengkraft").

Treffsicherheit der Trägersysteme

Durch die Fähigkeit zu einem vernichtenden Zweitschlag – wegen der immensen Zahl der einsatzfähigen Waffen – wurde bis Ende der 1970er Jahre ein System gegenseitiger Abschreckung und damit eine gewisse Stabilität, ein Gleichgewicht des Schreckens, bewahrt. Keine der nuklearen Supermächte konnte davon ausgehen, mit einem Kernwaffeneinsatz die gegnerischen Waffen vollständig auszulöschen. Beide mussten erwarten, im Gegenzug unermesslichen Schaden zu erleiden. Genau dies war der Kern der Abschreckungsdoktrin. Parallel zu technischen Entwicklungen der Waffensysteme wurde die MAD-Logik (MAD: Mutual Assured Destruction) – charakterisiert durch die völlige Zerstörung der Hauptstädte und weiterer Zentren des jeweiligen Gegners – abgelöst von Doktrinen, die primär darauf gerichtet waren, militärische Ziele (Bunker, Raketensilos) möglichst punktgenau zu vernichten. Die wichtigste technische Innovation bestand in der erheblichen Steigerung der Zielgenauigkeit der Trägerwaffen. Mit den neuen zielgenauen Waffen ist zumindest die Idee eines gewinnbaren Atomkrieges aufgekommen, der Möglichkeit nämlich, die gegnerischen Raketen in einem Präventivschlag schon in den Silos zu vernichten. Zugleich wird das Konzept des Gegenschlags bei Eintreffen einer gegnerischen Atomwaffe (launch-on-impact) ersetzt durch das Konzept des Gegenschlags beim Start einer gegnerischen Nuklearwaffe (launch-on-warning) – mit der Gefahr, dass auch eine Fehlinformation den Gegenschlag auslösen kann. Man kann also aus der Tatsache, dass über Jahrzehnte internationale Konflikte nicht mit Atomwaffen ausgetragen wurden, nicht mit Zuversicht schließen, dass das auch in Zukunft so bleiben wird.

Zur Steigerung der Treffsicherheit haben zwei Entwicklungen beigetragen: Am wichtigsten war die erheblich verbesserte Steuerung der Trägerwaffen, also Fortschritte auf dem Gebiet konventioneller, nichtnuklearer Techniken, insbesondere der Informationstechnik. Innovationen der Nukleartechnik haben diese Entwicklung verstärkt, vor allem die Verringerung des Gewichts der Sprengköpfe bei gleicher Sprengkraft. Es ist üblich, die Zielgenauigkeit durch den „circular error probable" (CEP) anzugeben, den Radius eines Kreises um das angegriffene Ziel, in dem die Detonation mit einer Wahrscheinlichkeit von mindestens fünfzig Prozent erfolgt. Die so gemessene Treffsicherheit wurde in den zurückliegenden vier Jahrzehnten entscheidend gesteigert, das zeigt Abb. 2 für sowjetische bzw.

russische und für amerikanische Trägersysteme von 1959 bis Ende der 1980er Jahre. Der CEP westlicher Trägersysteme lag stets bei etwa der Hälfte der sowjetisch/russischen Systeme. Beiden Militärblöcken gelang es, den CEP in diesem Zeitraum alle 6 Jahre zu halbieren.

Der CEP der sowjetisch/russischen Systeme hat sich seit 1960 um den Faktor 50 verringert, seit 1980 noch um das fünffache. Für heutige Waffensysteme in Ost und West liegt der CEP unter 200m. Für die Trident-Rakete der britischen Marine wird z.B. ein CEP von 120m angegeben.[5] Diese Zielgenauigkeit erreicht die Rakete nach Aussage der zitierten Quelle durch eine Trägheitssteuerung (während des Flugs werden kontinuierlich die Beschleunigungen in drei Raumrichtungen gemessen), die durch die Ortung von Sternenpositionen unterstützt wird („star sight aided inertial guidance“). Mit Hilfe von Satellitenortung (GPS-Systeme) kann sogar ein CEP von 13m erreicht werden.[6]

Abbildung 2: Entwicklung des CEP (oben SU/Rußland, unten USA)

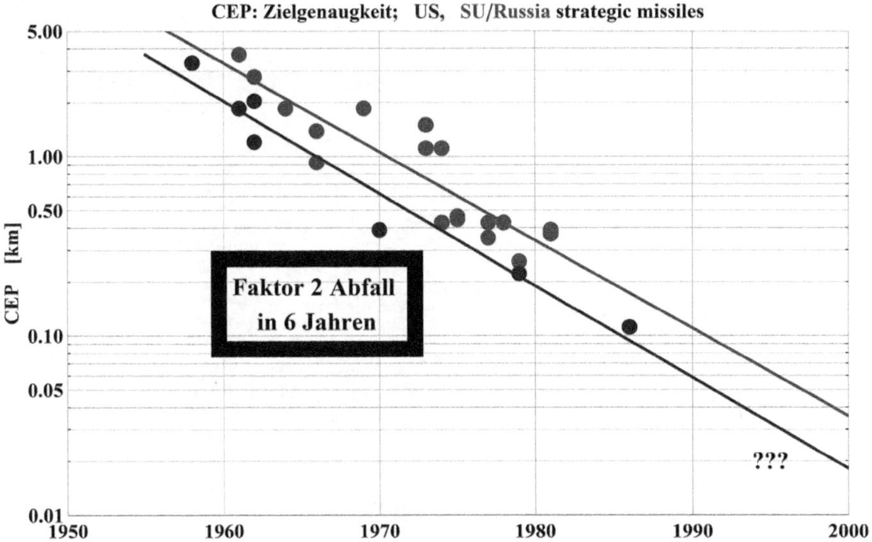

Quelle für die CEP-Daten: Robert S.Norris, Hans M.Kristensen, Nuclear Notebook: U.S. and Soviet/ Russian intercontinental ballistic missiles, 1959 – 2008, Bull. At. Sci., Vol. 65 No 1, 2009.

[5] http://www.naval-technology.com/projects/vanguard, 14.07.2010.

[6] S. die Angaben in dem Artikel von Barleon, Abschnitt IV.

Härtung von Zielen

Die Verringerung des CEP der Trägersysteme hat entscheidende Folgen für die Zerstörungswirkung der Waffen. Der maximale Druck der Stoßwelle, die von nuklearen Detonationen an der Erdoberfläche ausgelöst wird, erhöht sich bei Distanzen zwischen 4000m und 200m bei jeder Halbierung des Abstands um etwa das Siebenfache. Um verbunkerte, gehärtete Ziele zu zerstören, ist ein Druck von mindestens 100 bar erforderlich.[7] Innerhalb heute erreichbarer Werte des Streukreises (CEP) werden diese Drücke erreicht, also auch gehärtete Ziele zerstört. Das wird in Abb. 3 verdeutlicht.

Abbildung 3: Vernichtung von Punktzielen gegebener Härtung (Überdruck) mit 95 % Wahrscheinlichkeit[8]

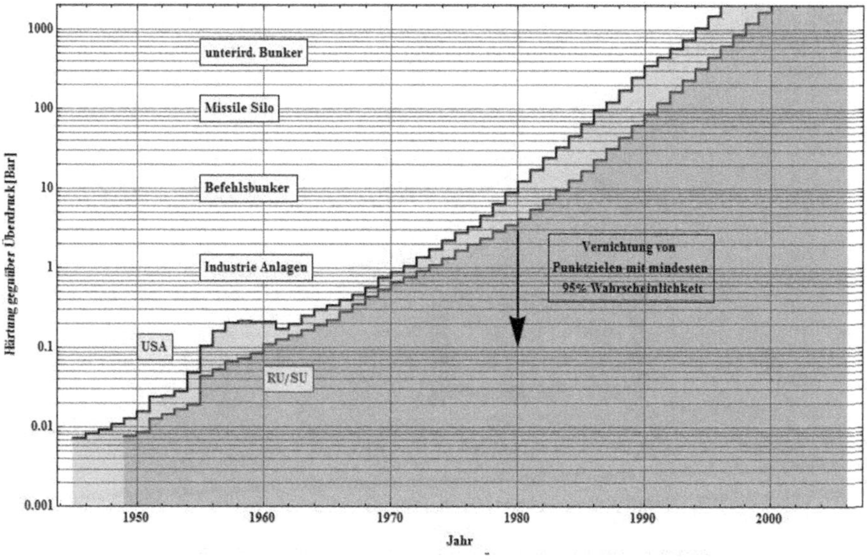

Wegen der wachsenden Treffsicherheit stieg die Verwundbarkeit gehärteter Ziele steil an. Während amerikanische Raketen mit einem Sprengkopf von 1 MT in der Mitte der 1980er Jahre nur Bunker mit einer Härtung gegen 10 Bar Überdruck

[7] Weitere Daten dazu in dem Artikel von Barleon, Abschnitt IV.

[8] Daten aus: Nuclear Stockpiles World Summary.mht, compiled by Wm. Robert Johnston, last modified 26 November 2007

zerstören konnten, sind heute auch unterirdische Bunker mit einer Härtung gegen 500 Bar Überdruck von einer einzigen solchen Waffe verwundbar.

Bei der Explosion einer 1 Mt-Bombe werden auf einer Fläche von 100 km^2 mit einem Umkreisradius von ca. 5,6 km alle Menschen getötet und alle Gebäude vernichtet. Eine dieser Bomben würde z.B. Darmstadt völlig zerstören, drei Bomben würden ausreichen, Berlin oder New York dem Erdboden gleich zu machen. Die Streukreisradien lagen bereits in den 1960er Jahren unter diesem Wert. Das damalige strategische Ziel der Abschreckung durch einen Zweitschlag gegen Städte und Industrieanlagen wäre also auch ohne Steigerung der Treffgenauigkeit gewährleistet gewesen. Es ist demnach zu vermuten, dass durch die Bemühungen um weitere Verringerung des CEP andere militärische Optionen eröffnet werden sollten.

„Killfactor"

Die Eignung einer Kernwaffe, ein gegebenes Ziel zu zerstören, wird in der Literatur mit „killfactor" bezeichnet.[9] Zur Berechnung des *killfactor* dient die Formel

$$k = Y^{\frac{2}{3}} / CEP^2,$$

dabei ist Y die Sprengkraft der Waffe *(„yield")*, gemessen in t TNT-Äquivalent. Die Wahrscheinlichkeit, dass ein Ziel, z.B. ein Bunker oder ein Raketensilo, vernichtet wird, hängt u.a. von der Härtung des Ziels ab, also vom maximalen Druck der Stoßwelle, den der Bunker oder das Silo unbeschadet übersteht. Im Einzelfall spielen dabei eine Reihe von Faktoren eine Rolle (geologische Formation, Tiefe der Verbunkerung, Tiefe der Detonation u.a.), die in einer generell gültigen Formel kaum abgebildet werden können und hier nicht detailliert behandelt werden müssen. Berechnungen der Zerstörungswirkung haben deshalb in der Regel keine mathematisch strenge Präzision.[10] In jedem Fall hängt der *killfactor* viel stärker vom CEP ab als von der Sprengkraft Y. Die aus Abb. 3 ables-

---

[9] Vgl. Kosta Tsipis, Arsenal Understanding Weapons in the Nuclear Age, Simon & Schuster Inc (1985) oder Dietrich Schroeer, Science, Technology and the Nuclear Arms Race, Wiley (September 24, 1984). Andere Autoren verwenden den Ausdruck „letality",, z.B.: D.S. Lutz, Towards a Methodology of Military Farce Comparison, Baden-Baden,1986

[10] Es gibt – hier nicht zu erörternde – Gründe, in der oben angegeben Formel für den *killfactor* bei hohen Werten $Y^{2/3}$durch $Y^{1/3}$ zu ersetzen. Ist der CEP kleiner als die lateralen Abmessungen des Ziels, gilt diese Formel nicht mehr; das Ziel wird dann voll getroffen und es hängt nur von der Sprengkraft ab, wie stark es zerstört wird.

baren Aussagen werden durch die mögliche Varianz der Berechnung nicht in Frage gestellt.

Die Entwicklung des *killfactor* ist in Abb. 4 zusammen mit dem CEP dargestellt und zwar einerseits für einzelne Sprengköpfe des sowjetischen/russischen Arsenals (*killfactor per weapon*), jeweils für das Jahr, in dem diese Sprengköpfe in Dienst gestellt wurden, und andererseits kumuliert für die zum jeweiligen Zeitpunkt vorhandene Zahl *(Raketenzahl*) an Waffensystemen (*killfactor* * *Raketenzahl*).

Abbildung 4: Entwicklung des CEP und des *killfactor* für einzelne Waffen und kumuliert

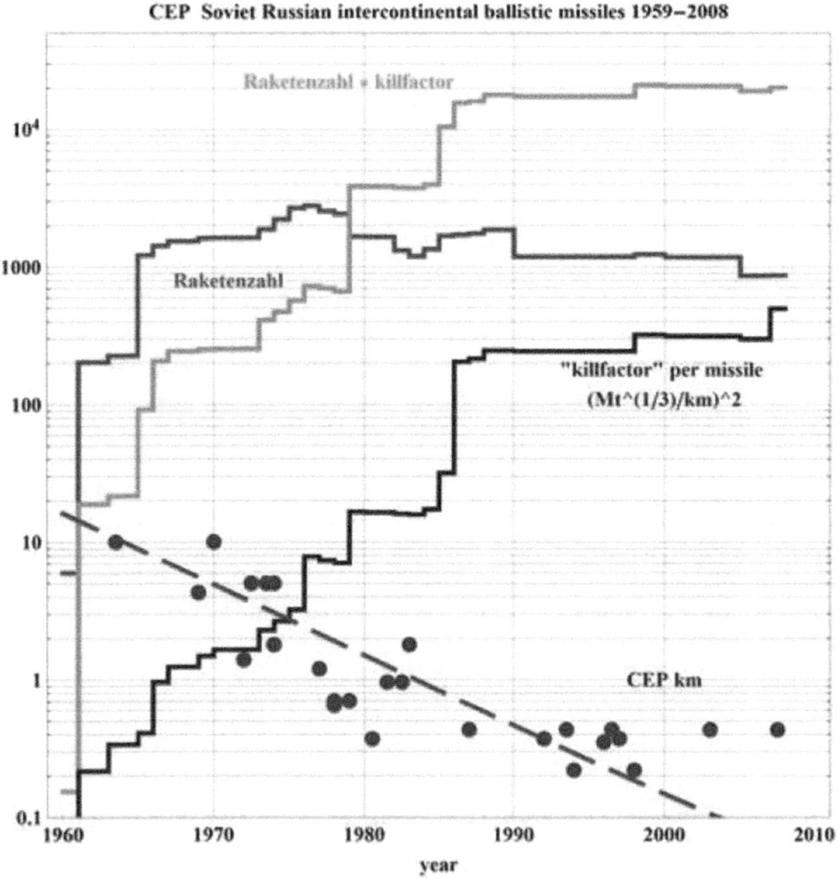

Abb. 4 zeigt, dass auch der kumulierte *killfactor* trotz Reduzierung sowohl der Arsenale als auch der mittleren Sprengkraft gestiegen ist und zwar um etwa das 10fache.

Die folgende Abb. 5 zeigt die Entwicklung des *killfactor* sowohl für amerikanische (obere Kurve) als auch für sowjetisch/russische Trägersysteme seit Anfang der 1950er Jahre (dickere Kurven). Angenommen ist dabei ein Sprengkopf mit einem für den jeweiligen Zeitpunkt mittleren yield (Mittelwert der einsetzbaren Waffen).

Abbildung 5: Zusammenhang von killfactor und Bunkerhärtung (Überdruck) an Punktzielen

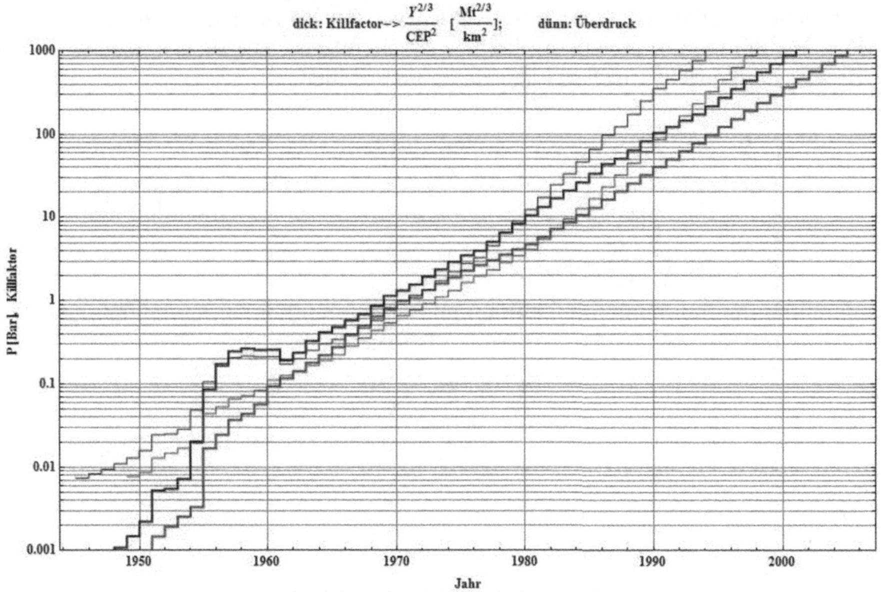

Wegen der gestiegenen Zielgenauigkeit erhöhte sich der spezifische *killfactor* von unter 0,01 $Mt^{2/3}km^{-2}$ im Jahr 1950 auf über 1000 $Mt^{2/3}km^{2}$ heute. Veranschaulicht wird in dieser Abbildung auch der Zusammenhang zwischen dem killfactor und dem erreichbaren Überdruck, der mit 95% Wahrscheinlichkeit zur Zerstörung von Zielen entsprechender Härtung ausreicht (dünne Kurven).

Verringerung und Kalibrierung der Sprengkraft

Während die Zielgenauigkeit der Trägerwaffen wuchs, verringerte sich die mittlere Sprengkraft der bereitgehaltenen Waffen, bis zum Jahr 2000 auf etwa ein Fünftel des Werts von 1960 (siehe Abb. 5). Wenn ein Ziel präziser getroffen werden kann, genügt eine Explosion mit geringerer Sprengkraft, um es zu zerstören. Aber wenn stärkere Waffen zur Verfügung stehen, warum sollten Militärs dafür optieren, eine kleinere einzusetzen? Offenbar ist die Absicht, die „Kollateralschäden“ zu senken. Das gilt nicht nur für die unmittelbaren Zerstörungen an zivilen Objekten in der Umgebung des Ziels sondern auch für die langfristigen Schäden durch den radioaktiven Niederschlag (*fallout*). Indem also die beiden Wirkungen minimiert werden, die Nuklearwaffen am markantesten von konventionellen Sprengkörpern unterscheiden, erscheint es weniger verwerflich, sie in strategischen oder taktischen Planspielen vorzusehen.

Abbildung 6: Mittlere Energie/Sprengkopf der einsetzbaren Waffen

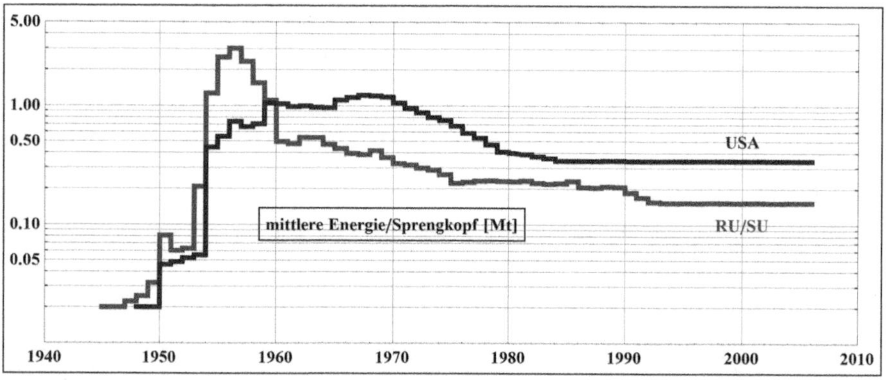

Schon mit dem ersten kriegerischen Einsatz einer Kernwaffe in Hiroshima wurde bewiesen, dass eine einzige Bombe dieses Typs genügt, Hunderttausende von Menschen zu töten.[11] Diese Schäden und „Kollateralschäden“ suchen Militärs heute zu vermeiden. Kernwaffen sollen präzise konzipierte militärische Aufgaben erfüllen und dafür „maßgeschneidert“ sein. Die Sprengkraft soll möglichst

[11] In Hiroshima wurden 150.000 Menschen unmittelbar getötet; die langfristigen Folgen erhöhte die Zahl der Opfer bis heute auf ca. 270.000. Von August 2009 bis August 2010 starben 5.500 Menschen an den Spätfolgen der radioaktiven Verseuchung. (Laut dpa, http://www.tz-online.de/nachrichten/welt/hiroshima-gedenken-abwurf-atombombe-868406.html, 10.8.2010)

auf das für diese Aufgabe minimale Maß begrenzt sein. Die erhöhte Zielgenauigkeit ist eine Voraussetzung dafür, Sprengköpfe mit niedrigerem *yield* zu verwenden. Die Sprengwirkung über einen weiten Bereich kalibrieren zu können, ist eine der technischen Möglichkeiten, um Waffen dem jeweils in den Planungen festgelegten Einsatzzweck anzupassen.[12] Die Sprengwirkung eines Sprengkopfes kann z.B. zwischen einigen kt bis zu hunderten kt eingestellt werden. Da die Zielprogrammierung einer Rakete in nur wenigen Minuten umgestellt werden kann, erhöht sich so die gezielte Einsetzbarkeit der verfügbaren Systeme und die Zahl der militärischen Optionen bei gegebenem Waffenarsenal.

Einsatz von Kernwaffen

Die Arsenale einsatzbereiter Kernwaffen der beiden nuklearen Supermächte Rußland und USA sind in den vergangenen Jahrzehnten kleiner geworden, ein begrüßenswerter Effekt globaler Rüstungskontrollbemühungen. Die hier beschriebenen technischen Entwicklungen haben die Möglichkeit eröffnet, Einsatzoptionen für Kernwaffen anders zu definieren, als es im Rahmen der Doktrin flächenhafter Zerstörung gegnerischer Städte oder Infrastruktureinrichtungen üblich war. Die neu gewonnene und über viele Jahre weiter gesteigerte Fähigkeit, Einzelziele punktgenau zu treffen und auch tief verbunkerte militärische Ziele zu vernichten, hat das Feld militärischer Einsatzoptionen für diese Waffen signifikant ausgeweitet. Während der Herrschaft der Abschreckungsdoktrin auf der Basis gesicherter gegenseitiger Zerstörung („MAD“) waren rationale Kalküle des Einsatzes von Kernwaffen kaum vorstellbar. Das hat die Steigerung der Treffsicherheit geändert. Zwar mögen die Fortschritte auf den Gebieten der Zielortung, der Kommunikation und Informationstechnik gleichsam naturwüchsig aus dem Streben von Naturwissenschaftlern und Technikern nach Steigerung der Effizienz und der Genauigkeit erwachsen sein. Aber der Verdacht ist unabweisbar, dass als rationales Ziel für diese Entwicklungsprogramme – und deren Finanzierung – lediglich in Frage kommt, nukleare Waffen auch in Zukunft als „normale“ Optionen militärischer Planung erscheinen zu lassen.

Das Augenmerk in diesem Beitrag lag vorrangig auf den – tatsächlichen oder potentiellen – Planspielen der USA und Russlands bzw. der Sowjetunion. Bei den „kleinen“ Nuklearmächten spielen andere Motive für den Besitz von Kernwaffen und andere Optionen für mögliche Einsätze eine Rolle. Das ist hier nicht zu erörtern. Wichtig erscheint uns aber, daran zu erinnern, dass die beschriebenen technischen Entwicklungen aus dem Zusammenspiel nuklearer und

[12] Vgl. die Bemerkungen über das „Boosten“ im Beitrag von Kalinowski.

konventioneller Innovationen bestehen, wobei die letzteren für die Erweiterung der Einsatzoptionen die größere Bedeutung haben. Die benötigten konventionellen Techniken stehen heute auch den „kleinen" Nuklearstaaten zur Verfügung. Auch in deren militärischen Kalkülen kann daher das Unterlaufen der nuklearen Tabuschwelle durch einen punktgenauen Angriff mit einer Waffe von relativ geringer Sprengkraft eine Rolle spielen.[13]

[13] Die hier vorgetragene Argumentation stützt sich zum Teil auf Zahlen (CEP, yield der verfügbaren Waffen, Kalibrierungsbereich), die in der Literatur nachgewiesen sind, zum Teil auf plausible Abschätzungen, da die präzise Berechnung wegen der großen Zahl von Einflußfaktoren mathematisch kompliziert sind. Es erschien uns hier nicht angemessen, diese Rechengänge im Detail vorzuführen, zumal die durchgeführten Rechnungen und deren von uns erörterten Ergebnisse zeigen, dass rechnerische Variationen die grundlegenden Aussagen nicht in Frage stellen.

Leopold Barleon

Heben Mini-Nukes die Singularität auf?

Mini-Nukes und ihre militärische Aufgabe

Bereits 1997 beschäftigte sich eine geheime Studie, „Projekt Sand Dune", mit der Rolle von Nuklearwaffen für die Zerstörung von tief eingegrabenen gehärteten Zielen (Hardened Deep Buried Targets – HDBT). Diese Studie wurde Anfang 1999 fertiggestellt. In ihr wurde beschrieben, dass Nuklearwaffen eine einzigartige Möglichkeit bieten, um chemische und biologische Waffen zu vernichten. Bei hinreichender Genauigkeit und Eindringtiefe, sagt der Report, könne eine Waffe mit niedriger Sprengkraft (Yield) und mit geringem Kollateralschaden verwendet werden.[1]

Anlass für diese Studie waren die Ergebnisse einer Untersuchung von Alternativen, die sich vor allem mit konventionellen Lösungen beschäftigte, und die zeigte, dass es nicht möglich ist, alle HDBT mit vorhandenen oder projektierten konventionellen Waffen zu zerstören.[2] Konventionelle hochexplosive Waffen wie z.B. der „Massive Ordnance Penetrator" (MOP) mit einem Gesamtgewicht von 15 Tonnen und 2404 kg Sprengstoff können zwar genauso tief, wenn nicht gar tiefer in die Erde eindringen, sind aber gegen Ziele, die der Penetrator nicht erreichen kann, nicht wirksam. Für die Zerstörung von Zielen nahe der Oberfläche können sowohl konventionelle Waffen wie z.B. die GBU-43/B Massive Ordnance Air Blast (MOAB)[3] mit 8200 Kilogramm Sprengstoff (entsprechend 11 Tonnen TNT-Äquivalent) als auch nukleare Waffen wirksam eingesetzt werden. Wegen ihrer radioaktiven Strahlung und der bei der Detonation wesentlich höheren Temperatur werden Nuklearwaffen zur Zerstörung von biologischen

---

[1] Niedliche „Mini-Nukes" – USA erwägen den Bau einer kleinen Atombombe/Nuclear Weapons do defeat Hard and Deeply Buried Targets (HDBT) and WMD, http://www.uni-kassel.de/fb5/frieden/themen/Waffen/mininukes.html

[2] Report to Congress on the Defeat of Hard and Deeply Buried Targets, Submitted by the Secretary of Defense in Conjunction with the Secretary of Energy, In Response to Section 1044 of the Floyd D. Spence National Defense Authorization Act for Fiscal Year 2001, PL 106-398.

[3] http://de.wikipedia.org/wiki/GBU-43/B_Massive_Ordnance_Air_Blast

oder chemischen Stoffen in Bunkern nahe der Oberfläche jedoch als wirksamer angesehen als konventionelle Waffen.[4]

Im Oktober 2001 wurde dann dem US-Kongress ein Bericht vorgelegt, in dem die Neuentwicklung „kleiner" Atomsprengköpfe („mini-nukes") empfohlen wurde, die vor allem der Zerstörung unterirdischer Lagerstätten von biologischen und chemischen Waffen dienen sollten. Derartige Sprengköpfe könnten eine Sprengkraft von fünf Kilotonnen haben. Zum Vergleich: die 1945 auf Hiroshima und Nagasaki abgeworfenen Atombomben hatten eine Sprengkraft von 15 Kilotonnen. Die größten Kernwaffen haben eine Sprengkraft von bis zu 50 Megatonnen. Aber der Trend geht zu kleineren Waffen. Die U.S. Kernwaffe MK-41 mit 25 Megatonnen Sprengkraft wurde schon 1976 zu Gunsten der MK-53 (Titan 2 Gefechtskopf) abgerüstet, die eine Sprengkraft von 9 Megatonnen hat. Der in dem Bericht verwendete Begriff „Mini-Nukes" macht bereits deutlich, dass versucht werden sollte, den beim Einsatz einer solchen Waffe entstehenden Schaden für die Zivilbevölkerung („Kollateralschaden") zu verharmlosen.

Im Folgenden soll gezeigt werden, dass diese „harmlosen" kleinen Kernwaffen auch bei sehr hoher Zielgenauigkeit nicht ausreichen, die militärische Aufgabe zu erfüllen und gleichzeitig die Zivilbevölkerung zu schonen.

Was sind Mini-Nukes?

Schon Ende der 50er Jahre wurden in den USA Kernwaffen für den taktischen Einsatz entwickelt. Die kleinste Waffe, der Davy Crocket Artillerie Gefechtskopf MK-54, hatte eine Sprengkraft von 10 bis 20 Tonnen TNT-Äquivalent, eine Sprengkraft, die immer noch fünffach höher ist als die der zur Zeit stärksten konventionellen Waffe, der „Massive Ordnance Penetrator" (MOP). Die MK-54 SADM (SADM = Special Atomic Demolition Munition) hatte eine variable Sprengkraft von 1 bis 10 Kilotonnen. Letztere wurde auch als „Rucksackbombe" (Suitcase Nuke) bezeichnet. Hinter dieser Entwicklung stand ursprünglich die Vorstellung, es müsse möglich sein, eine Kernwaffe zu entwickeln, die aus Kanonen verschossen, oder wie eine Panzerfaust eingesetzt werden könne.[5]

In den letzten Jahren wurde der Einsatz von neuen Kernwaffen mit kleiner Sprengkraft, die „more useable" sind, in die militärischen Überlegungen einbezogen; es galt, Atombomben zu entwickeln, bei deren Einsatz der Kollateralschaden minimiert wird, um damit ihren Einsatz anwendbarer und „humaner" zu machen. Diese Atomwaffen werden als Bunker Buster, d.h. als bunkerbrechende

[4] Effects of Nuclear Earth –Penetrator and Other Weapons, http://www.nap.edu/catalog/11282.html
[5] http://en.wikipedia.org/wiki/Davy_Crockett_(nuclear_device)

Bomben, zumindest nach Ansicht des Pentagon, immer wichtiger, weil sie in Form von Präzisionsbomben auch zur Zerstörung von Zielen in Städten eingesetzt werden können.

Da potentielle Gegner wichtige Anlagen tiefer in die Erde verlagern und mit dicken Stahlbetonschichten schützen würden, müssten Bomben entsprechend tiefer in die Erde eindringen, bevor sie explodieren. Deshalb verfolgt das Pentagon seit etwa 2002 den Plan, hierfür diese kleinen Atombomben mit bis zu 5 Kilotonnen Sprengkraft zu entwickeln, um sie unterhalb der Atomkriegsschwelle als normale taktische Waffen einzusetzen.[6] Mini-Nukes, wie sie zu Beginn der Diskussion als bunkerbrechende Waffen vorgeschlagen wurden, ließen sich bezüglich ihrer Sprengkraft in die Kategorie der Rucksackbomben einreihen.

Wenn von Mini-Nukes die Rede ist, geht es also um zwei verschiedene Zielsetzungen: zum einen darum, Kernwaffen mit sehr geringer Sprengkraft (ca. fünf kt TNT) herzustellen, zum anderen darum, Waffen zu entwickeln, mit denen gehärtete, tief verbunkerte Ziele mit minimalem Kollateralschaden zerstört werden können. Im Folgenden wird gezeigt, dass diese beiden Ziele nicht gleichzeitig zu erreichen sind. Durch Kernwaffen mit einer so geringen Sprengwirkung lassen sich tief eingegrabene Bunker nicht brechen.[7] Vermutlich deshalb wurde die verharmlosende Bezeichnung Mini-Nukes mehr und mehr durch die Bezeichnung „Bunker Booster Bombs" (Bunkerbrechende Bomben) verdrängt und die hierzu erforderliche Sprengkraft der gestellten Aufgabe, Bunker zu brechen, angepasst.

Im US-Arsenal gibt es bereits eine bunkerbrechende Waffe *(Bunker Buster)*, die Wasserstoffbombe B-61-mod 11, mit einem Eigengewicht von 540 kg (etwa 1/3 des Gewichts von MOP), die laut des im Januar 2002 veröffentlichen Überprüfungsberichtes der US-Atomwaffenpolitik (Nuclear Posture Review, NPR) eine variable Sprengkraft von 0.3 bis 340 Kilotonnen TNT-Äquivalent hat, und die damit nicht mehr als Mini-Nuke im strengeren Sinn betrachtet werden kann. Durch ihre einstellbare Sprengkraft („selectable Yield")[8] kann die B61-mod 11 sowohl als Kernspaltwaffe mit geringer Sprengkraft als auch als Wasserstoffbombe eingesetzt werden. Sie ist die einzige Nuklearwaffe im US-Arsenal, die als Penetrator konstruiert wurde. Während eine erste Variante bei Tests 1997 nur 3 m in den Boden eindrang, soll mit einer verbesserten, gehärteten und hochdichten Spitze eine Tiefe von 7.6 m erreicht worden sein.[9]

---

[6] F. Rötzer, „Mini-Nukes gegen Schurkenstaaten", http://www.heise.de/tp/r4/artikel/12/12070/1.html

[7] „Effects of Nuclear Earth-Penetrator and other Weapons", http://books.nap.edu/openbook.php?record_id=11282&page=R1

[8] S. dazu den Beitrag von Martin Kalinowski.

[9] A. Stump, B-2 successfully drops improved bunker buster bomb, 354. Fighter Wing, Eielson AFB, Alaska, 26.3.1998, www.fas.org/nuke/guide/usa/bomber/n19980326_980417.html

Es sollten also mit den Mini-Nukes Bomben entwickelt werden, die mit ihrer hohen Sprengkraft in der Lage sind, bei nur geringer Belastung der Umwelt unterirdische Bunker zu zerstören. Folgt man diesem Anspruch, ist es konsequent, den Begriff Mini-Nukes auch auf Kernwaffen anzuwenden, die den Anspruch der Militärs, bunkerbrechend zu sein, erfüllen. Bunkerbrechende Kernwaffen in diesem Sinne bilden die neue Generation von *geboosteten* Spaltbomben. Geboostete Spaltbomben sind hybride Atombomben, die einen Großteil ihrer Explosionsenergie aus der Kernspaltung beziehen, jedoch zum Verstärken der Kernspaltung einen Anteil aus dem Fusionsprozess benötigen.[10]

Die ursprüngliche Idee der Militärs war es wohl gewesen, den Kollateralschaden für die Bevölkerung dadurch klein zu halten, dass eine kleine Bombe – eine Mini-Nuke mit einer Sprengkraft kleiner als 5 kT – ihr Ziel nur präzise genug treffen und nur tief genug im Erdreich gezündet werden muss, um den bunkerbrechenden Effekt zu bewirken und gleichzeitig den Auswurf radioaktiven Erdreichs zu verhindern. Das Sprengstoffäquivalent von nur einer Kilotonne TNT würde, auf diese Weise gezündet, unterirdisch denselben Effekt erzielen wie eine an der Oberfläche gezündete 50-Kilotonnen Bombe.

Historische Bombentests zeigten jedoch, dass erst bei Detonationen in sehr großer Tiefe ein Erdauswurf mit Kraterbildung vermieden wird. Eine 5 Kilotonnen Bombe müsste hierzu in einer Tiefe von etwa 200m, eine 100 Kilotonnen Bombe in etwa 400 m gezündet werden.[11] In der Testserie „Operation Plumbbob“, die 1957 in Nevada stattfand , wurde diese Abhängigkeit von der Sprengkraft und der Tiefe der Detonation bestätigt.[12] Bei dem Test „Rainier Shot“ wurde eine 1.7 Kilotonnen Bombe in etwa 240 m Tiefe im Tuff-Gestein gezündet, wobei sich kein Krater bildete und keine radioaktiv verseuchte Erde ausgeworfen wurde. Bei dem U.S. „Baneberry underground nuclear test“ von 1970 hingegen, bei dem in der Wüste von Nevada in 275 m Tiefe eine 10 Kilotonnen Bombe gezündet wurde, kam es zu einem unerwartet großen Auswurf von radioaktiv verseuchter Erde.[13] Um zu vermeiden, dass Erde ausgeworfen und die Umgebung kontaminiert wird, müsste selbst eine Mini-Mini-Nuke mit einer Sprengladung von nur 0.1 Kilotonnen etwa 70 m unter der Erdoberfläche gezündet wer-

[10] Kalinowski, a. a. O.

[11] R. W. Nelson, Low- Yield Earth-Penetrating Nuclear Weapons, The Journal of the Federation of American Scientists, Januar 2001, vol. 54, Nr. 1, www.fas.org/faspir/2001/v54n/weapons.html

[12] L. M. Swift, D. C. Sachs, D. C., Surface Motion from an Underground Detonation, http://oai.dtic.mil/oai/oai?verb=getRecord&metadataPrefix=html&identifier=AD0607642

[13] M. Levi, Nuclear Bunker Buster Bomb, Scientific American, August 2004.

den.[14] Nach Robert W. Nelson kann jedoch selbst unter Anwendung ausgefeilter Techniken höchstens eine Eindringtiefe von 30 m erreicht werden.[15]

Deshalb wären trotz dieses sparsamen Einsatzes von atomarer Vernichtungskraft die Kollateralschäden immer noch erheblich. Wenn eine Bombe mit einer Sprengkraft von einer Kilotonne in einer Tiefe von zehn Metern explodiert, reißt sie einen Krater auf von der Größe eines Fußballfeldes: 40000 Kubikmeter strahlendes Erdreich würden in den Himmel geschleudert; ein 30 Quadratkilometer umfassendes Gebiet wäre über eine lange Zeit hinweg radioaktiv verseucht. Noch in 700 Metern vom Explosionszentrum wäre jeder Mensch augenblicklich tot. Selbst 500 Meter weiter wäre allein die freiwerdende Strahlendosis immer noch tödlich.[16] Dabei muss man wissen, dass die bevorzugten Ziele dieser kleinen Bomben fast alle in dichtbewohnten Gebieten liegen.

Befehlsstände und Privathäuser von Führungskräften, Lagerstätten für Massenvernichtungswaffen oder Teile der für das Militär wichtigen Infrastruktur in öffentlichen Gebäuden sind denkbare primäre Ziele. In einem veröffentlichten Bericht: „Effects of Nuclear Earth-Penetrator and Other Weapons" des National Research Council, der zur National Academy of Science gehört, wird deshalb vor dem Einsatz der angeblich sauberen Bombe nachdrücklich gewarnt.[17]

Auswirkung von Mini-Nukes als bunkerbrechende Waffen.

Bei der Bewertung der Auswirkung von Mini-Nukes ist ihre spezielle Anwendung als bunkerbrechende Waffe, nämlich die Zündung tief in der Erde, zu betrachten, wobei folgende Größen zu berücksichtigen sind: die Freisetzung von mechanischer Energie (Sprengkraft) und Wärmestrahlung, die Direktstrahlung (Gamma und Neutronen), die langfristige radioaktive Strahlung der Spalt- und Aktivierungsprodukte und der elektromagnetische Impuls.

Die Druckwelle ist der erste entscheidende Vernichtungsfaktor einer Kernwaffendetonation. Sie wird sowohl durch die bei der Kernspaltung entstehende, mechanische Energie als auch durch die sich ausdehnende glühende Luft verursacht. Detoniert eine Nuklearwaffe flach unter der Erdoberfläche (etwa 3 bis 10m tief), so bildet sich ein Kern von extrem heißem Gas mit hohem Druck, das

[14] F. Rötzer, 2003, US-Kongress bewilligt Gelder für die Entwicklung taktischer Atomwaffen, http://www.heise.de/tp/r4/artikel/16/1620/1.html

[15] R. W. Nelson, a. a. O.

[16] M. Werdecker, „Mini-Atombomben als Bunkerbrecher", www.pm-magazin.de/de/wissensnews/wn_id760.htm

[17] „Effects of Nuclear Earth-Penetrator and other Weapons", http://books.nap.edu/openbook. php?record_id=11282&page=R1

verdampfte Waffenrückstände und verdampften Fels enthält. Die schnelle Expansion dieser Gas-Blase verursacht in der Erde eine Schockwelle, welche in alle Richtungen weg vom Explosionszentrum läuft. Je nach Tiefe des Explosionsherdes und nach der Größe der Sprengkraft wird mehr oder weniger Erdreich (z.T. radioaktiv) nach oben ausgeworfen, und es bildet sich ein tiefer Krater. Diese durch die schnelle Expansion der Gas-Blase verursachte seismische Schockwelle, die einem kleinen Erdbeben gleicht, bewirkt den bunkerbrechenden Effekt.[18]

Der Lichtblitz und der darauf folgende Feuerball sind bei der unterirdischen Detonation nicht wie bei der Luft- oder Erddetonation sichtbar. Daher ist der Anteil der Direktstrahlung (Gamma und Neutronen) oder Sofortkernstrahlung im Vergleich zur Luft- oder Erddetonation gering. Die Hauptwirkung einer unterirdischen Detonation besteht in der Restkernstrahlung, das heißt in der vom Erdreich ausgehende Strahlung. Erde wird im Detonationsraum aktiviert und mit Spaltprodukten vermischt in die Umgebung herausgeschleudert.

Außer der Druckwelle, der Lichtstrahlung, der Sofort- und der Restkernstrahlung entsteht bei der Kernwaffendetonation kurzzeitig ein starkes, elektromagnetisches Feld, das als Elektromagnetischer Impuls (EMP) bezeichnet wird. Der Elektromagnetische Impuls erzeugt starke Stromstöße in Freileitungen, Erdkabeln und Antennenanlagen und kann zur Zerstörung oder Beschädigung dieser Anlagen und der an sie angeschlossenen Geräte führen. Gleichzeitig werden Radiowellen ausgestrahlt, die sich über große Entfernungen vom Detonationszentrum, abhängig von der Stärke und der Höhe der Detonation, ausbreiten.[19] Bei der unterirdischen Detonation ist die Wirkung des EMP sehr gering.[20]

Aus konventionellen Kriegen und aus Nukleartests ist bekannt, dass etwa 0.35 bar Überdruck zur Zerstörung von Gebäuden, aber auch von ungeschützten militärischen Einrichtungen wie Flugzeugen etc. ausreichen, dass jedoch zur Zerstörung tief eingegrabener „gehärteter" Ziele wie z.B. Bunker Drücke über 100 bar erforderlich sind.

Abb. 1 zeigt am Beispiel der Explosion einer Kernwaffe knapp unter der Erdoberfläche mit einer Sprengwirkung von einer Megatonne grob die Druckverhältnisse oberhalb und unterhalb der Erdoberfläche und die Kraterbildung.

---

[18] http://www.abc-waffen.de/Atom/einschlag.html
[19] Siehe hierzu den Beitrag von Wilhelm Gmelin.
[20] http://www.abc-waffen.de/Atom/einschlag.html

Abbildung 1: Kurven konstanten Überdrucks bei einer 1 Mt Explosion an der Erdoberfläche.[21]

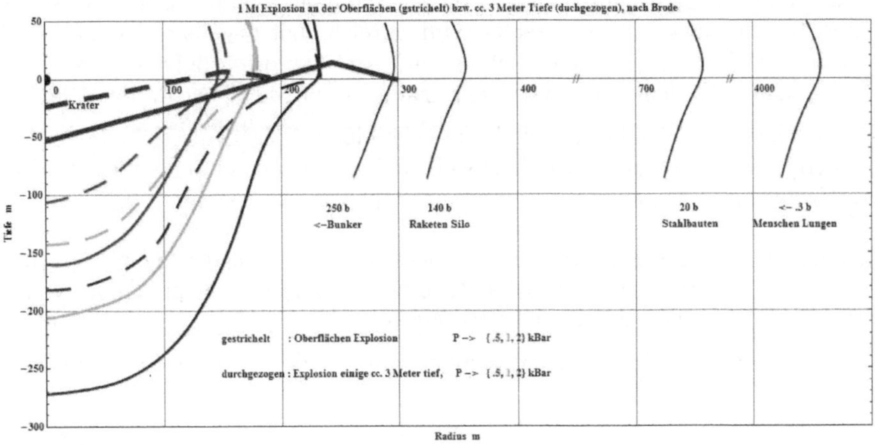

Der Abb. 2 entnehmen wir, dass zur Zerstörung z.B. einer Großstadt, wofür, wie gesagt ein Überdruck von 0.35 bar ausreicht, mit einem Streukreisradius[22] von 4 km nur eine geringe Zielgenauigkeit verlangt wird. Atomwaffenlager und Kommandozentralen, deren Stahlbetonbunker vermutlich erst bei einem Druck von 140 bar zerstört werden, würden dagegen bei sonst gleichen Bedingungen einen Streukreisradius von kleiner als 350m erfordern.[23]

Zielgenauigkeit und die daraus resultierende Anforderung an die Sprengkraft (Yield)

Die größte Unsicherheit bei der Vorhersage der Eindringtiefe solcher Waffen und ihrer mechanischen Integrität bis zur Detonation liegt in der Heterogenität des lokalen geologischen Untergrundes. Die Eindringtiefe kann für eine bestimmte Bombe von 100 m in schlammigem Lehmboden, über 30 m in lockerem Fels bis zu 12 m in mittelhartem Fels abnehmen.

---

[21] E. Kankeleit, 1984, „Fragen zum Problem der Zielgenauigkeit“, in Hochschule und Rüstung 1984, Verlag Darmstädter Blätter, ISBN 3-87139-078-8, S. 241-251 [7]

[22] Der Streukreisradius (Circular Error Probable kurz CEP) gibt bei einer kreisförmigen Normalverteilung den
Radius eines Kreises an, in dem 50% aller Treffer liegen.

[23] Kankeleit, a. a. O.

Der wesentliche Vorteil einer *Earth Penetrator Weapon* (EPW) gegenüber einer Explosion an der oder über der Oberfläche ist die Wirksamkeit, mit der die Energie in den Boden übertragen wird. Der Anteil der Energie einer EPW, die in eine Bodenschockwelle umgesetzt wird, erreicht mit zunehmender Tiefe der Explosion 50 Prozent und skaliert mit der Explosionstiefe in etwa mit $\left(\frac{2}{3}\right)\cdot\left(m/Y^{1/3}\right)^2$ (wobei m die Tiefe der Explosion in Meter und Y der Yield in Kilotonnen TNT-Äquivalent sind). In Abbildung 2 ist die Abhängigkeit des Anteiles der erzeugten Bodenschockwelle in Prozent von der Sprengkraft (Yield) der Bombe als Funktion der Eindringtiefe graphisch dargestellt.

Abbildung 2: Anteil der erzeugten Bodenschockwelle von der Sprengkraft der Bombe als Funktion der Eindringtiefe für eine Sprengkraft von 1kt, 2kt und 10kt TNT-Äquivalent

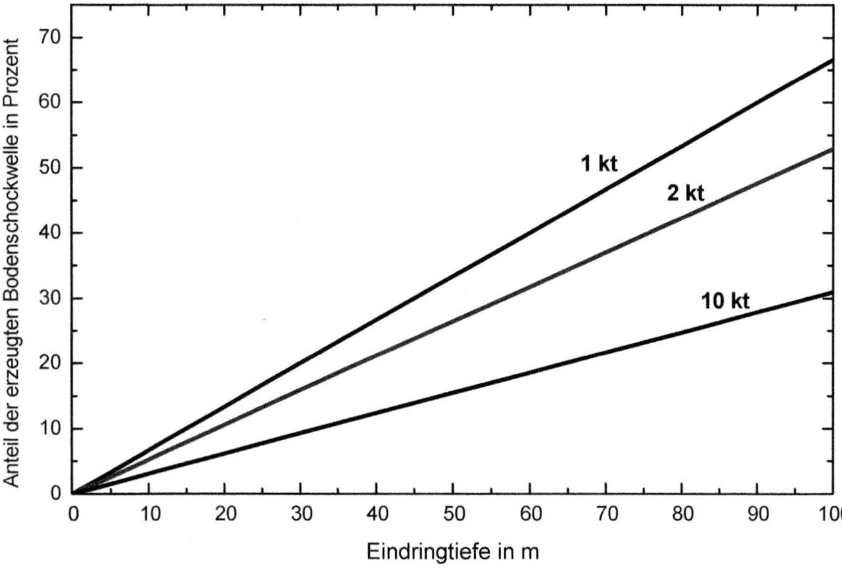

Die Sprengkraft, die erforderlich ist, ein tief eingegrabenes gehärtetes Ziel zu zerstören, wird durch die vergrößerte Boden-Schock Übertragung einer EPW bei einer Explosionstiefe von drei Metern um das 15 bis 25 fache reduziert. Solch eine Waffe soll in der Lage sein, einen Tunnel, der sich 150 m tief in Granitgestein befindet, mit 95 % Wahrscheinlichkeit zu zerstören. Wissenschaftler des Los Alamos National Laboratory schätzten ab, dass eine kleine Atombombe, die

10 Meter in die Erde eindringt, ehe sie explodiert, ungefähr nur 1/40 der Größe haben müsste wie eine an der Erdoberfläche gezündete Bombe, um ihr Ziel, die Zerstörung eines unterirdischen Bunkers, zu erreichen.[24]

Abbildung 3: Erforderliche Sprengkraft einer Erddurchdringungswaffe (Earth-Penetrator Weapon (EPW)) bei gegebener Zielgenauigkeit (CEP = circular error probable) zur effektiven Zerstörung tief eingegrabener Ziele.[25]

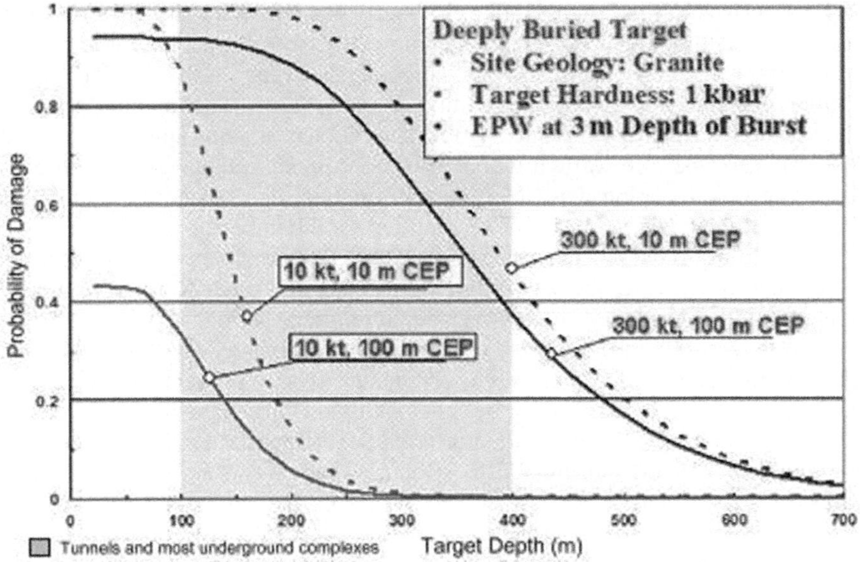

In Abb. 3 sind für 10kt und 300kt Sprengkraft und 10m und 100m Treffgenauigkeit die Wahrscheinlichkeiten für eine Zerstörung eines auf 1kbar gehärteten Ziels in Abhängigkeit von der Tiefe des Ziels aufgetragen. Bei einer 10kt Bombe (entspricht der doppelten Sprengkraft einer Mini-Nuke!) und einer hohen Treffgenauigkeit von 10 m könnte eine unterirdische Anlage, die sich 200 m unter der Erdoberfläche befindet, nur mit einer Wahrscheinlichkeit von etwa 20% zerstört werden.

[24] Levi, a. a. O.

[25] „Effects of Nuclear Earth-Penetrator and other Weapons", http://books.nap.edu/openbook.php?record_id=11282&page=40

Wie aus Abb. 3 weiter zu ersehen, wäre die Zerstörung eines unterirdischen Zieles mit einer Erddurchdringungs-Waffe mit einer Wahrscheinlichkeit von größer als 90% selbst bei einer Zielgenauigkeit von 10m nur mit einer Waffe mit einer großen Sprengkraft (300kt) zu erreichen.

Beim Einsatz der neuesten Entwicklung der von Satelliten gelenkten Trägerraketen wird der Streukreisradius, also der Radius, in dem der Sprengkopf mit einer Wahrscheinlichkeit von 50% einschlägt, mit Hilfe von GPS-Systemen auf 13m reduziert. Selbst mit dieser Technik müsste eine Kernwaffe mit einer Sprengkraft von mindestens 300kt eingesetzt werden. Wird die GPS-Navigation durch Funkstörquellen, (sogenannte Jammer) beeinträchtigt, übernimmt ein zusätzliches Trägheitsnavigationssystem die Flugsteuerung. In diesem Fall steigt der Streukreisradius von 13 auf 30m an und erhöht sich mit zunehmender Abwurfhöhe weiter. Um den erwünschten Effekt zu erzielen, müsste unter diesen Bedingungen also eine Kernwaffe mit noch größerer Sprengkraft eingesetzt werden.

Die Lokalisierung der Ziele, die Eindringtiefe der Trägerrakete in das Erdreich und damit die Schock-Effektivität der Atombombe sowie die Zielgenauigkeit sind mit großen Unsicherheiten behaftet. Deshalb wären die Erfolgsaussichten, einen tief eingegrabenen, gehärteten Bunker mit einer Kernwaffe mit einer Sprengkraft unter 5kt (Mini-Nuke) zu zerstören, sehr gering.

Das Department of Defense (DOD) schätzt, dass etwa 10 000 HDBT in Gebieten möglicher Gegner existieren, von denen etwa 20 Prozent strategisch wichtig sind. Von diesen 20 Prozent befindet sich die Hälfte nahe oder in städtischen Zonen. Mehr als 100 HDBTs könnten nach Schätzung des DOD mit einer robusten nuklearen Erd-Eindring-Waffe (Robust Nuclear Earth Penetrator, RNEP) zerstört werden. Diese Waffen sind so ausgelegt, dass sie unter der Erdoberfläche detonieren, nachdem sie die extrem hohe Schock-Belastung beim Aufschlag und Durchdringen der Erdoberfläche überstanden haben.[26]

Der Kollateralschaden beim Einsatz von Mini-Nukes als bunkerbrechende Waffen.[27]

Die für eine 1 Kilotonne-Waffe ermittelten Auswirkungen, die schon erschreckend genug sind, werden für eine Bombe von der Größe, die das militärische Ziel, tief eingegrabene Bunker zu brechen, erreichen soll, noch weit übertroffen.

[26] Zitiert in „Effects of Nuclear Earth-Penetrator and other Weapons", http://www.nap.edu/open book.php?record_id=11282&page=9

[27] „Effects of Nuclear Earth-Penetrator and other Weapons" (Free Executive Summary), http://www.nap.edu/catalog/11282.html

Wie oben gezeigt, können Erddurchdringungs-Waffen nicht so tief in das Erdreich eindringen, wie erforderlich wäre, um die Wirkung einer Nuklear-Explosion (Freisetzung von Radioaktivität) völlig einzudämmen. Bei gleicher Zerstörungswirkung und unter denselben Wetterbedingungen sind Unterschiede in den Auswirkungen von Waffen, die in der Erde und oberhalb der Erde gezündet werden, nur darauf zurückzuführen, dass bei einer Erddurchdringungs-Waffe wegen der größeren Schockwelle, die sie bei der Explosion im Erdreich erzeugt, ihre Sprengkraft reduziert werden kann.

Die Sprengkraft einer Nuklearwaffe, die erforderlich ist, um ein hartes und tief eingegrabenes Ziel zu zerstören, ist wegen der erhöhten Ankoppelung der Explosionsenergie an das Erdreich zwar um einen Faktor 15 bis 25 reduziert, wenn die Waffe einige Meter unter der Erdoberfläche detoniert. Trotzdem würde die Zahl der Opfer bei Angriffen nahe oder in dicht besiedelten städtischen Gebieten, bei denen Erddurchdringungs-Waffen gegen harte und tief eingegrabene Ziele verwendet werden, Tausende bis mehr als eine Million betragen, abhängig in erster Linie von der Sprengkraft der Waffen und von der Besiedlungsdichte. Selbst bei Angriffen gegen harte und tief eingegrabene Ziele in abgelegenen, wenig besiedelten Gebieten kann sich bei hoher Sprengkraft und bei ungünstigem Wind die Zahl der Opfer von einigen Hundert bis zu hundert Tausenden bewegen.

Bei städtischen Zielen würde die Zahl der zivilen Opfer beim Einsatz einer Erddurchdringungs-Waffe zwar um einen Faktor 2 bis 10 reduziert, verglichen mit der einer 25 fach stärkeren Bombe, die an der Erdoberfläche explodiert. Käme aber z.B. eine 300kt bunkerbrechende Kernwaffe (das entspricht der 60-fachen Sprengkraft einer mit 5 Kilotonnen definierten Mini-Nuke) zum Einsatz, die etwa 10m unter der Erdoberfläche gezündet wird, so wäre der durch sie bewirkte Kollateralschaden im günstigsten Fall nur 10 mal geringer als bei der Oberflächenexplosion einer 7.5 Megatonnen Atombombe.

Bei einem Angriff mit einer Nuklearwaffe auf eine Fabrik, die sich tief in der Erde in einem Bunker befindet, wird der Bunker durch die Schockwelle zerstört. Da die Nuklearwaffe jedoch nicht in den Bunker eindringt, kommt ihre volle zerstörerische Wirkung durch ihre radioaktive Strahlung und die bei der Detonation wesentlich höheren Temperaturen nicht zur Geltung. Deshalb sind bei der Zerstörung einer Fabrik für chemische Waffen die zivilen Opfer, verursacht durch die Nuklearwaffe selbst, wahrscheinlich größer als die Opfer durch die bei der Zerstörung der Fabrik verbreiteten chemischen Wirkstoffe. Ist hingegen das Ziel eine Fabrik für biologische Waffen, könnte für den Fall, dass nur der Bunker gesprengt, jedoch vom Inhalt der nicht durch radioaktive Strahlung und hohe Temperaturen zerstört wird, Anthrax Sporen freigesetzt werden. Schon 0.1 kg Anthrax Sporen würden zu einer Zahl von Todesopfern führen, die vergleichbar ist mit der Zahl, die für eine Erddurchdringungs-Waffe mit einer Sprengkraft von 3 Kilotonnen berechnet wurde.

Auswirkung von Mini-Nukes verglichen mit strategischen Nuklearwaffen

Strategische Nuklearwaffen im Megatonnen Sprengkraftbereich sind vornehmlich für die Luft- oder Bodendetonation vorgesehen. Da für diese die gewaltigen Schäden für die Zivilbevölkerung bekannt sind, bietet sich bei der Bewertung von Mini-Nukes ein Vergleich mit der Auswirkung von strategischen Nuklearwaffen an.

Abb.3 zeigt, dass eine hohe Wahrscheinlichkeit, das unterirdische Ziel mit einer Erddurchdringungs-Waffe zu zerstören, nur mit einer Waffe mit großer Sprengkraft zu erreichen ist. Da die Militärs natürlich an einer wirksamen Waffe interessiert sind, werden sie versucht sein, z.B. zur (90% igen) Zerstörung eines Bunkers, der im dicht besiedelten Gebiet 300m tief eingegraben ist, eine 300kt Waffe (mit 10m Treffgenauigkeit) einzusetzen.

Beim Einsatz einer solchen, noch als taktische Waffe betrachteten Atombombe wäre wie gesagt, die Zahl der Opfer unter der Zivilbevölkerung nur um höchstens einen Faktor 10 geringer als bei einer an der Erdoberfläche gezündeten Atombombe mit einer Sprengkraft von 7.5 Megatonnen, einer Sprengkraft, die der einer strategischen Atombombe entspricht.[28] Das bedeutet, dass sich die Grenzen zwischen taktischem und strategischem Einsatz verwischen.

Solche Atomwaffen zum Zerstören unterirdischer Stellungen oder Lager könnten die bislang hohe Schwelle zu einem größeren Atomkrieg senken. Den Staaten, die Atomwaffen besitzen, oder solchen, die den Besitz anstreben, würde ein gefährliches Vorbild gesetzt. Wenn die USA solche Waffen entwickeln würden, verlören sie jede Glaubwürdigkeit bei ihren Bemühungen, die nukleare Proliferation zu verhindern . Sie würden darüber hinaus andere Staaten provozieren, ähnliche Entwicklungen zu verfolgen.[29]

Der ohnehin brüchige Atomwaffensperrvertrag würde noch löchriger werden, die Verbreitung von Atomwaffen noch weiter zunehmen. Der Einsatz von Atomwaffen jeder Größe würde Gegnern eine Legitimation verschaffen, selbst mit Atomwaffen zurück zu schlagen oder sie in anderen Konflikten einzusetzen.

---

[28] „Effects of Nuclear Earth-Penetrator and other Weapons", http://books.nap.edu/openbook.php?record_id=11282&page=R1

[29] Levi, a. a. O.

Terroristen könnten im asymmetrischen Konflikt mit „schmutzigen" Bomben oder auch mit Biowaffen-Anschlägen reagieren.[30]

Folgerungen zur Singularität von Mini-Nukes

Die ursprüngliche Absicht war es, eine „kleine" Kernwaffe mit einer Sprengkraft von 5 Kilotonnen zu entwickeln, mit der tief eingegrabene Bunker zerstört werden können, ohne größeren Kollateralschaden anzurichten. Wie oben gezeigt wurde, gelingt es jedoch nicht, Bomben in so große Tiefe eindringen zu lassen, dass bei ihrer Detonation der Auswurf radioaktiv verseuchten Erdreiches vermieden wird. Deshalb wären selbst beim Einsatz von Mini-Nukes, also von Atombomben mit einer Sprengkraft von kleiner als 5 Kilotonnen TNT, zur Zerstörung tief eingegrabener, militärischer Bunker die Kollateralschäden an der Zivilbevölkerung infolge der Verstrahlung durch den radioaktiv verseuchten Auswurf ungeheuer groß. Sie sind deshalb in ihrer Auswirkung ebenso singulär wie herkömmliche Kernwaffen.

Bunkerbrechende Kernwaffen mit einer Sprengkraft von 300 Kilotonnen die ebenfalls noch den Mini-Nukes zugeordnet werden, wie sie von den Militärs zur Zerstörung tief eingegrabener und gehärteter Bunker gefordert werden, sind in ihrer Auswirkung mit strategischen Kernwaffen vergleichbar und sind wie diese ebenfalls als singulär zu betrachten.

Mini-Nukes, die in der Lage sind, tief eingegrabene Bunker zu brechen und angeblich geringen Kollateralschaden anzurichten, wurden bislang noch nicht getestet. Vor ihrem Einsatz wären umfangreiche Testserien erforderlich. Diese würden die Bemühungen, ein „Umfassendes Atomteststoppabkommen" zu erreichen, zunichte machen und den Rüstungswettlauf neu starten.

Daher sollte die verharmlosende Bezeichnung „Mini-Nukes" nicht davon abhalten, auch diese als singulär zu betrachten, und sie in Zukunft ebenso zu ächten wie die herkömmlichen Kernwaffen.

---

[30] F. Rötzer, „Es gibt keine harmlosen Mini-Nukes", http://www.heise.de/tp/r4/artikel/19/19994/1.html

Wilhelm Gmelin

Die Verwundbarkeit der Industriegesellschaft durch den nuklearen Elektromagnetischen Impuls

Ein nuklearer Elektromagnetischer Impuls (NEMP) entsteht durch die Explosion einer Kernwaffe in großer Höhe oder im Weltraum. Das Ausmaß der Schäden eines NEMP und dessen Folgen für den Zusammenhalt moderner Gesellschaften kann selbst durch große, „natürliche" Katastrophen wie Erdbeben oder Tsunami nicht erreicht werden; damit wird die These der Singularität von Kernwaffen unterstützt.[1]

Vorbemerkung

Die heutige Gesellschaft ist seit der Einführung der Elektronik vollständig abhängig von Steuerungs-und Kontrollsystemen (Supervisory Control and Data Acquisition (SCADA) Systems), die mit Messfühlern Daten über technische Prozesse, über die Umwelt, über die Versorgung mit Nahrungsmitteln, über den Verkehr, die Luftfahrt, die Verteidigung, die Telekommunikation, die Medien, das Gesundheitswesens, die Geldwirtschaft und über die Regierungs- und Verwaltungsarbeit sammeln. Beim Überschreiten von Stellgrößen steuern sie entweder selbständig die Prozesse um oder lösen über Mensch-Maschinen-Schnittstellen Alarme aus. Aufgebaut sind derartige Kontrollsysteme aus immer komplizierteren Schaltungen (Chips), die ihrerseits aus Messfühlern, Transistoren, Dioden und elektrischen Leitern sowie weiteren Komponenten bestehen. Die Verbindung der Kontrollsysteme zu den Messfühlern, den Steuerungen und Schnittstellen besteht überwiegend aus Leitungen, Überlandnetzen oder über Antennen, die ihrerseits Löcher in Faradaykäfigen bilden, die zur „Härtung" gegen Störsignale, also auch gegen elektromagnetische Impulse verwendet werden müssen.

---

[1] Verwendet werden Veröffentlichungen der US Regierung, des Kongresses der USA und Veröffentlichungen in „Science".

Grundlagen

Wird eine Kernwaffe über der Atmosphäre, also in Höhen oberhalb von etwa 40 km, gezündet, so entsteht eine Lawine von Neutronen- und Gammastrahlen.[2] Die Gammastrahlen schlagen beim Treffen auf die Atmosphäre Elektronen aus den dort vorhandenen Molekülen und Atomen heraus, und diese Elektronen verbreiten sich mit annähernder Lichtgeschwindigkeit. Sie werden vom Magnetfeld der Erde „eingefangen", wobei sie praktisch verlustfrei und simultan ein schnell ansteigendes elektromagnetisches Feld, einen elektromagnetischen Impuls, erzeugen (s. Abbildung 1).[3] Der Impuls wiederum kann sehr hohe Spannungen in den genannten Schaltungen, Antennen und anderen Komponenten induzieren und diese damit beschädigen oder zerstören.

Abbildung 1: Das Prinzip des Elektro-magnetischen Impulses

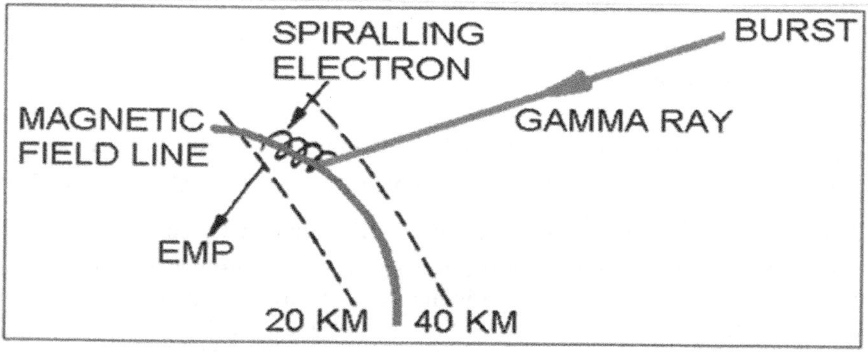

Der nukleare Impuls selbst besteht aus drei Komponenten, genannt E1, E2 und E3, die den Zeitablauf der Kernreaktion in der Atomwaffe widerspiegeln.[4] E1 ist diejenige Komponente, die Elektronen aus Molekülen und Atomen herausschlägt und allgemein als „gefährlichste" Komponente des EMP mit der größten Bandbreite gilt. Die Komponente E2 wird als dem Blitzschlag ähnlich beschrieben, die durch z.B. Blitzableiter abgewehrt werden kann. Die Komponente E3 ist ein

[2] Die Strahlung breitet sich vom Ort der Explosion kugelförmig aus. Der Anteil der Strahlung in den Weltraum hinein trifft die in "Sichtverbindung" kreisenden Satelliten, die danach über kurz oder lang funktionsuntüchtig werden. Auch wird durch eine Kernexplosion ein zerstörerischer Strahlengürtel im Erdumlauf aufgebaut. S.: Daniel Dupont, Spektrum der Wissenschaft Dezember 2006.

[3] Nuclear Environment Survivability, U.S. Army report AD-A2782230 (1994).

[4] Mündlicher Hinweis von Egbert Kankeleit.

langwelliger, also „langsamer" Impuls einer Dauer von etwa zehn bis mehreren hundert Sekunden, der in Wirkung und Erscheinung einem durch Sonnenflecken hervorgerufenen magnetischen Sturm ähnelt, also sowohl Nordlicht hervorrufen, als auch starke Ströme in langen elektrischen Leitern, wie Überlandleitungen oder Transformatoren induzieren und dadurch diese beschädigen kann.[5]

Abbildung 2 zeigt die errechnete Ausbreitung eines NEMP von einer Explosion in etwa 400 km Höhe über Kansas in den USA; Die eigenartige Verteilung des Impulses ist die Folge der Krümmung, Neigung und Stärke der magnetischen Feldlinien der Erde über dem amerikanischen Kontinent. Der stärkste Impuls von 50 000 Volt je Meter würde demnach etwa 500 km südlich des Lotpunktes der Explosion eintreten.

Abbildung 2: Errechnete Ausbildung eines NEMP in 400 km Höhe.

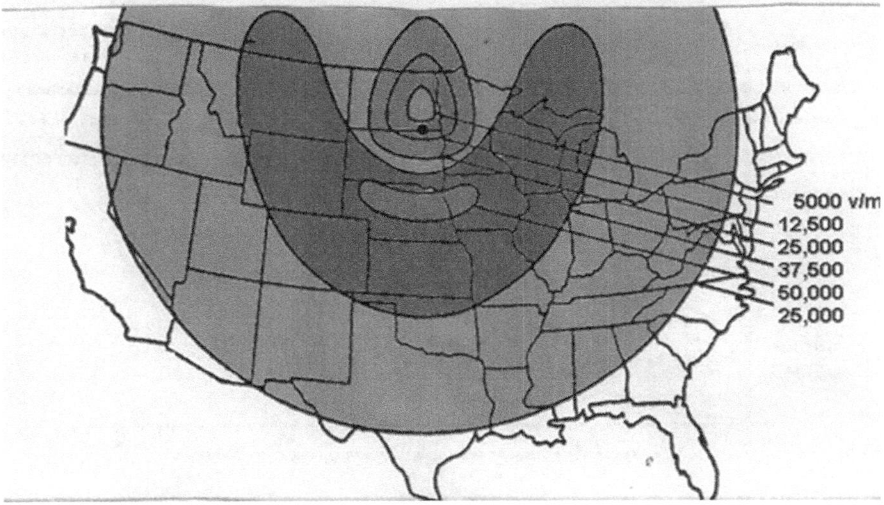

Abhängigkeiten

Die Stärke und damit die Wirkung des elektromagnetischen Impulses hängt von fünf Einflussgrößen ab: von der Explosionshöhe der Kernwaffe, von der Ausbeute („yield") und von Auslegung der Kernwaffe, vom Abstand auf der Erde vom

[5] Experimente zeigten, dass in 8 m langen Computerkabeln durch EMP Stromstärken von 100 - 700 Ampere induziert werden. Die Abhängigkeit von der Kabellänge wird als ungefähr linear angegeben.

Explosionsort, von geographischen Einflüssen d.h. von der örtlichen Neigung und Stärke des Erdmagnetfeldes.

Die Abhängigkeit von der Explosionshöhe wird durch die folgende Abbildung dargestellt

Abbildung 3:[6] Die Impulsstärke in Volt/m ist über der Ausbeute in Kilotonnen (kt) der Gamma Strahlung aufgetragen mit der Explosionshöhe als Parameter; z.B. ergibt eine Ausbeute von 100 kt einer Kernwaffe, gezündet in 60 km Höhe, einen EMP von 40 000 Volt/m lotrecht vom Explosionspunkt. Die Angabe „no preionisation" bedeutet, dass die im oberen Teil dargestellten Daten für Explosionen einer Atombombe und die untere Kurve für Explosionen einer Wasserstoffbombe gelten[7]

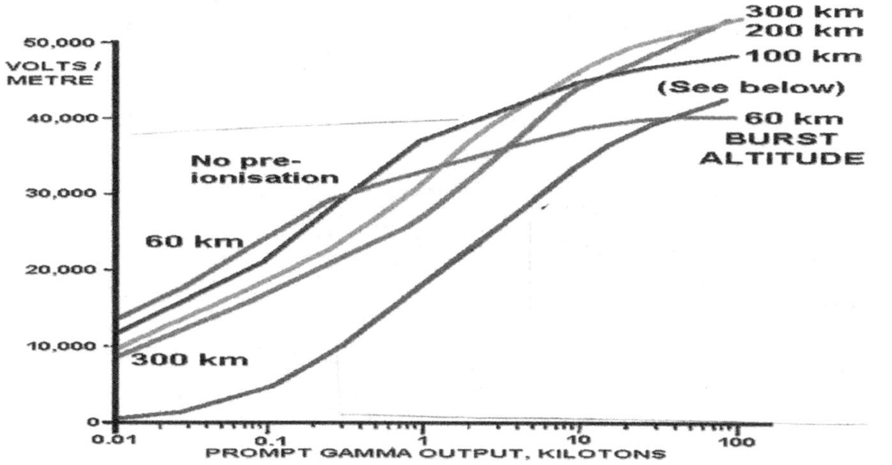

---

[6] Louis W. Seiler, Jr., A calculational Model for High Altitude EMP, AD-A009208, March 1975, pp. 33,36

[7] In diesem Beispiel wurde eine Explosion einer H-Bombe in 100 km Höhe mit einer Pre-jonisation von 0,03 Kilotonnen(kt) prompter Gammastrahlen angenommen Der Anteil prompter Gammastrahlung bei einem russischen Test 1962 Nr. 184 wurde mit 0,39 kt bei einer Gesamtstärke von 300 kt berichtet

Die Abhängigkeit von der Ausbeute der Kernwaffenexplosion

Die Ausbeute an (prompten) Gammastrahlen wird ebenfalls in Kilotonnen bestimmt und beträgt zwischen 0,1 und 0,5% der gesamten Ausbeute an Energie einer Kernwaffenexplosion. Der Bereich unterhalb der unteren Linie in Abbildung 3 gilt für thermonukleare Sprengköpfe, da eine Vor-Ionisation der Atmosphäre durch den notwendigen atomaren Zünder geringer Sprengkraft vor der eigentlichen thermonuklearen Explosion verursacht wird.[8] Berichtet wird, dass 1962 ein Kernwaffentest der USA, genannt Starfish, mit einer Stärke von 1,4 Megatonnen eine Ausbeute an Gammastrahlung von 1,4 kt, also 0,1%, ergab. Berichtet wird ebenfalls, dass die Ausbeute an prompter Gammastrahlung nur mit der Quadratwurzel des Anstiegs der gesamten Ausbeute anwächst.[9] Als ein Resultat dieses Tests in der Höhe von 400 km über dem südlichen Pazifik wird berichtet, dass im etwa 1300 km entfernten Hawaii der EMP von ca. 5 600 Volt/m 1-2% der elektrischen Straßenlampen auslöschte, Alarmsysteme auslöste und Mikrowellenverbindungen beschädigte. Spätere, genauere Nachrechnungen des Experimentes haben ergeben, dass bei einer Zündung des Sprengkopfs über Kansas die Explosion einen EMP von 22000 - 30000 Volt/m mit entsprechend höheren Schäden verursacht hätte.

Die Abhängigkeit des Abstandes auf der Erde vom Explosionsort kann bei jeweils gleicher Ausbeute (und gleichen anderen Parametern) durch Abbildung 4 dargestellt werden

Zum Beispiel ergibt eine Explosion in der Höhe von 300 Meilen einen NEMP in einer Fläche mit Radius von 1470 Meilen, also der Fläche der USA plus Teilen von Kanada, Kuba und Mexiko.

---

[8] Thermonukleare Sprengkörper werden durch atomare Sprengkörper geringer Sprengkraft etwa 1 Nanosekunde vor der eigentlichen thermonuklearen Explosion gezündet, welche selbst dann in etwa 10 Nanosekunden abläuft. Geometrisch bedeutet dies, dass mit einer Tiefe und im Abstand von nur etwa 0,3m nach einer ersten "Welle" von Gammastrahlen, verursacht durch den Zünder, eine zweite „Welle" von Gammastrahlen der thermonuklearen Explosion mit einer Tiefe von 30m auf die Atmosphäre trifft. Trotz des geringen Abstands verursacht die erste Welle eine Vor-Ionisation eines Teiles der dort vorhandenen Partikel und schwächt damit die Wirkung, d.h. den EMP, der thermonuklearen Explosion selbst. (Egbert Kankeleit)

[9] Dass die Ausbeute der prompten Gamma Strahlung nur mit der Quadratwurzel der gesamten Ausbeute anwächst, ist das Ergebnis von Rechenmodellen. Die spärlichen veröffentlichten Testresultate unterstützen nur teilweise diese Rechenergebnisse; vermutlich spielt die genaue Auslegung des Kernsprengkörpers eine entscheidende Rolle.

Abbildung 4:[10] Die Abhängigkeit des Abstandes auf der Erde vom Explosionsort.

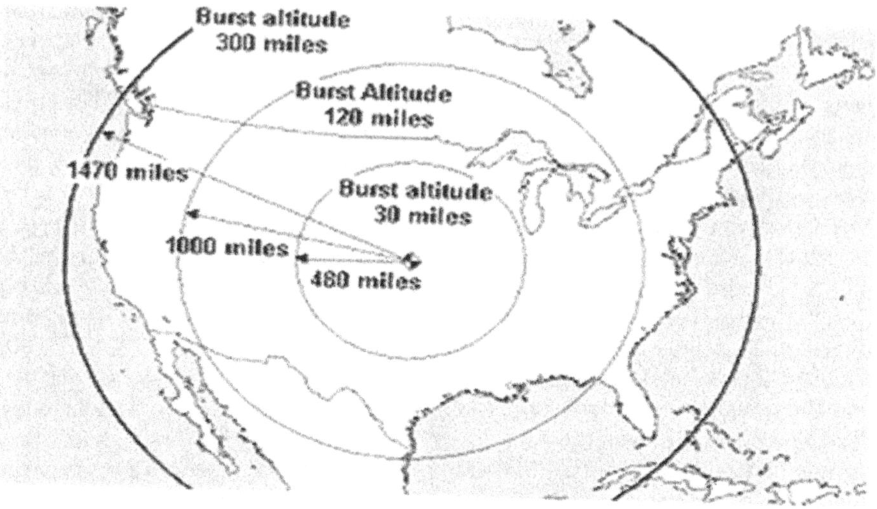

Die Abhängigkeit von geographischen Einflüssen und von der örtlichen Stärke und Lage des Erdmagnetfeldes.

Wegen der extremen Bandbreite des NEMP (vor allem der Komponente E1) muss zwischen dem betroffenen Objekt und der Kernexplosion eine Sichtverbindung bestehen. Eine Wirkung wäre also nur auszuschließen, wenn die Explosion deutlich unter dem Sichthorizont stattfände. Die Linien des magnetischen Feldes verlaufen flach am Äquator und „münden" praktisch senkrecht in die Pole. Da diese Impulse senkrecht zu Lage und Neigung der Feldlinien wirken, ist ein NEMP bei sonst gleichen Parametern am stärksten bei einer Kernwaffenexplosion über dem Äquator und vernachlässigbar über den Polen.

[10] Gary Smith, „Electromagnetic Pulse Threats", Aussage vor dem Nationalen Sicherheitskomitee des US Kongresses 16.7.1997.

Wirkungsweise, Beispiele und Versuch einer Einordnung

Elektromagnetische Impulse – bei NEMP dessen Komponenten E1 und E2 – bewirken Überspannungen in sämtlichen elektrischen Geräten, Leitungen und Schaltern, sofern diese nicht durch entsprechend schnelle Sicherungen oder vollständig durch Faradaykäfige geschützt sind und keine „Antennen" außerhalb des Käfigs haben. Besonders empfindlich sind Regelungssysteme, Überlandleitungen und sonstige nicht „gepanzerte" Leitungen. Zwar sind Röhrengeräte und andere „altmodische" Komponenten wie Relaisschalter deutlich unempfindlicher, jedoch sind diese, wegen ihres Platz-und Energiebedarfes ungeeignet für komplexere Schaltungen.[11] Die Folge ist, dass mit hoher Wahrscheinlichkeit alle ungeschützten Regelungssysteme, alle Sensoren und die automatische Datenerfassung und -Kontrolle ausfallen und zerstört werden. Die Stromverteilung bricht zusammen. Das Internet bricht zusammen.

Die ‚United States EMP' Commission untersuchte ausführlich die Auswirkungen von NEMP auf das Funktionieren des Staates und der Gesellschaft in den Bereichen

- öffentliche Einrichtungen
- Stromversorgung
- Telekommunikation
- Geld-und Bankwirtschaft
- Versorgung mit Kraftstoff und Gas
- Verteidigung
- Luft- und Raumfahrt, Satelliten
- Versorgung mit Nahrungsmitteln und Landwirtschaft
- Wasserversorgung
- Kranken-und Altersversorgung, Gesundheitssystem
- Regierungsarbeit.

Sie stellt fest[12]

> "The Commission believes that the consequences [….eines EMP] are likely to be catastrophic to civilian society. Machines will stop; transportation and communication will be severely restricted; heating, cooling, and lighting will cease; food and

[11] Ein schönes Beispiel ist der Vergleich zwischen einem heutigen „Notebook" Computer mit dem ersten Computer von Konrad Zuse von 1943.

[12] Report of the Commission to Assess the Threat to the United States from Electromagnetic Pulse (EMP) - Volume 1: Executive Report (2004) und Report of the Commission to Assess the Threat to the United States from Electromagnetic Pulse (EMP) Attack, April 2008

water supplies will be interrupted; and many people may die. "Substantial period" is not quantifiable but generally outages that last for a week or more and affect a very large geographic region without sufficient support from outside the outage area would qualify".

Als Beispiele werden einige Folgen für die Stromversorgung, die Luftfahrt und die Wasserversorgung geschildert.

Stromversorgung:

Mit wenigen Ausnahmen sind alle Bereiche der modernen Gesellschaft von der Stromversorgung abhängig; bei Ausfall der Stromversorgung wären z.B. kein Licht und keine Wärme verfügbar,[13] es treten also die Lebensumstände des frühen 19. Jahrhunderts ein, ohne die damals noch vorhandenen Techniken, Kenntnisse und Ressourcen, jedoch bei heutiger Bevölkerungsdichte.

Luftfahrt:

Durch den Angriff am 11.9.2001 auf die Twin Towers in New York wurde ein Glasfaserkabel durchtrennt, über welches alle Funktionen der Luftverkehrskontrolle zwischen Washington DC und Boston liefen. Der Flugverkehr wurde sofort eingestellt. Da der Anschlag bei gutem Wetter stattfand, konnten weitere Katastrophen vermieden werden.

Als Folge eines NEMP wird die Luftverkehrskontrolle der heute üblichen Technologie „ausfallen". Damit würde der Flugverkehr unverzüglich massiv behindert.[14] Durch den Verlust der Verkehrskontrolle sind die Flugzeuge in der Luft auf sich gestellt und müssen – fliegbares Wetter vorausgesetzt – nach Sichtflugbedingungen zu landen versuchen, sofern sie selbst den EMP ohne größere Schäden überlebt haben. Flugzeuge in Metallbauweise sind eigentlich Faradaykäfige, sonst könnten sie nicht – meist unbeschädigt – durch Gewitter fliegen. Allerdings haben diese Käfige „Löcher" in Form von Antennen für Funk, Identifikation, Navigation, Messsonden und u.U. Triebwerkseinlässe. Diese Löcher sind normalerweise gegen EMP bis zu einem spezifizierten Grad gehärtet; es werden durch extreme Gewitter und sehr wahrscheinlich durch NEMP – allerdings weniger bei älteren Flugzeugen mit mechanischer und analoger Tech-

[13] Außer offene Feuerstellen oder klassische Holz- und Kohleöfen. Keine Zentralheizungen.

[14] Die Einstellung des Luftverkehrs als Folge der Wolken mit Vulkanasche hat den Reisenden ab April 2010 einen Vorgeschmack vermittelt.

nologie – diese Faradaykäfige durchbrochen. Die Flugzeuge sind dann nicht mehr steuerbar.

Wasserversorgung und Medizintechnik:

Der Verbrauch des Lebensmittels Wasser beträgt in Deutschland etwa 150 Liter pro Person und Tag. Da ohne Wasser Menschen weniger als 1 Woche überleben können, werden sie, wenn trinkbares Wasser nicht direkt verfügbar ist, ungereinigtes Wasser aus Flüssen usw. abzukochen versuchen, sofern eine Energiequelle vorhanden ist. Sofern dies nicht möglich ist, wird die Bevölkerung verseuchtes Wasser verwenden, schwere Krankheiten, tödliche Seuchen und geringe Lebenserwartung werden folgen, wie das heute bei etwa 1300 Millionen Menschen in Entwicklungsländern der Fall ist.[15] Wasser wird normalerweise durch Filtrierung, Koagulation, Ausfällung, Sedimentieren und Desinfizieren gereinigt. Für alle diese Prozesse, für Pumpen, Schieber und Ventile und für den Transport des Wassers werden Elektromotoren benötigt, die durch Regelsysteme gesteuert sind. Sofern diese Motoren und Regelsysteme nicht gegen EMP gehärtet sind, und dies ist der Normalfall, werden durch einem NEMP die Komponenten zerstört. Die Wasserversorgung wird zusammenbrechen.

Die Lebenserwartung Kranker wurde u.a. durch die Medizintechnik seit der Erfindung der integrierten Schaltkreise bedeutend gesteigert. Ein NEMP dürfte den Großteil dieser medizinischen Apparate, wie z.B. Dialysegeräte, Herz-Lungenmaschinen und Intensivstationen, aber auch die Herzschrittmacher zerstören. Die Betroffenen werden nicht überleben.

Vernetzung und Wechselwirkung:

Die oben genannten Beispiele, katastrophal wie sie sind, beschreiben jedoch nur einen Teilaspekt des NEMP-Scenarios. Einzeln betrachtet, könnten sie in einem überschaubaren Zeitrahmen behoben werden, ohne dass ein Rückschritt der Lebensumstände um Jahrzehnte oder länger zu erwarten ist. Trifft jedoch ein NEMP *gleichzeitig* alle Bereiche der Infrastruktur einer Gesellschaft, und diese Bereiche sind „vernetzt", dann wirken sich Schäden in einem Bereich auf einen oder mehrere andere Bereiche aus, wie die folgende Graphik zeigt:

[15] Beispiel Pakistan 2010.

Abbildung 5: Konzeptionelle Darstellung der Vernetzung und Abhängigkeiten der kritischen Elemente der Infrastruktur in den USA.

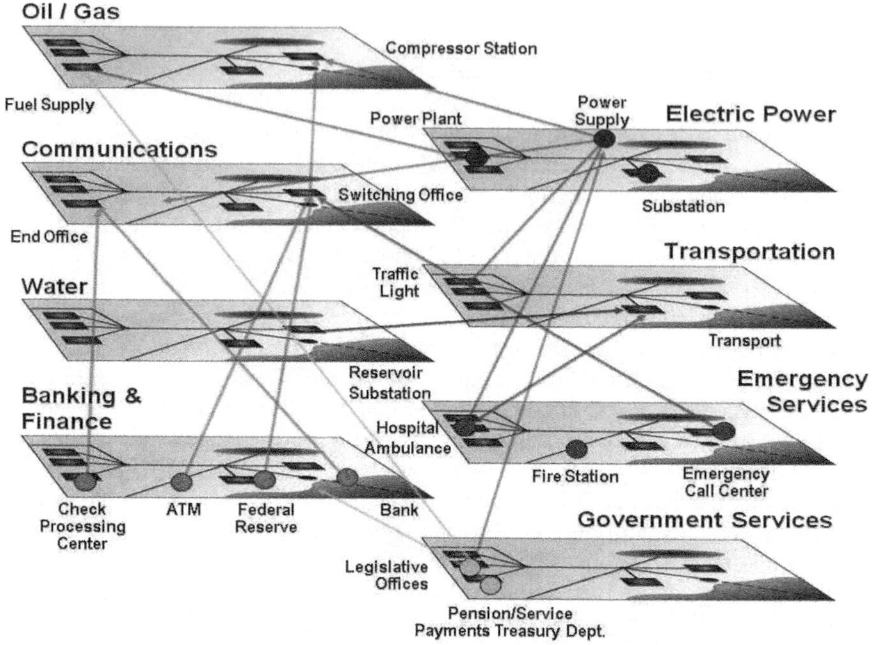

Die Berichte der EMP-Kommission zeichnen also insgesamt ein Szenario des Horrors. Sie dokumentieren, dass in der zivilen Gesellschaft der USA (und entsprechender anderer hochindustrialisierter Staaten) und in vielen Sektoren der Verteidigungsstruktur praktisch kein Schutz gegen einen nuklearen elektromagnetischen Impuls vorhanden ist.

Die Folgen „natürlicher" Katastrophen, wie des großen Tsunami 2004 oder der Erdbeben 2010 in Haiti mit der Stärke R 7,5 und in Chile mit R 8, sind umfassend dokumentiert. In einem Radius von etwa 50 km wurden die Gebäude zerstört, die Wasser-und Stromversorgung unterbrochen und, ähnlich wie bei einem NEMP zu erwarten, die Infrastruktur vernichtet. Die Überlebenden kämpften um die nackte Existenz, und die öffentliche Ordnung löste sich auf. Diejenigen, die etwa 1-3 Wochen durchhielten, konnten nur durch Hilfe von außen gerettet werden.

Nach einem NEMP würden zwar Bauten und Gegenstände aus Metall, Stein, Kunststoff und Holz, sofern sie nicht abbrennen, unbeschädigt bleiben;

jedoch die Infrastruktur als Ganzes wäre unbrauchbar.[16] Die Reichweite der Wirkung eines NEMP bei einer Explosionshöhe von 500 km ist etwa 1000-mal grösser als die Reichweite der Wirkung der genannten Erdbeben.[17] Da Hilfe von außerhalb entsprechend langwieriger und aufwändiger ist, kann dadurch ein Staat und dessen Gesellschaft um Jahrzehnte oder wesentlich länger „zurückentwickelt" werden, einschließlich der „Reduzierung" seiner Bevölkerung und der längerfristigen Zerstörung der sozialen und technischen Infrastruktur und Fähigkeiten.

Nichtnuklearer elektromagnetischer Impuls (NNEMP)

Der Einsatz von Kernwaffen durch Staaten, wird heute weitgehend als unpraktisch, extrem riskant und politisch problematisch, vor allem aber als unmoralisch angesehen.[18] Da jedoch die Vorstellung, einen Staat und dessen Gesellschaft durch einen elektro-magnetischen Impuls mindestens partiell in jedem Fall aber zeitweilig lähmen zu können, für Machtpolitiker oder Militärs besonders attraktiv zu sein scheint, wurden und werden Möglichkeiten untersucht, Vorrichtungen bzw. Waffen zu entwickeln, die einen derartigen Impuls auch ohne den Einsatz von Kernwaffen erzeugen könnten.

Das Prinzip von NNEMP-Maschinen, ist es, einen Strahl von Mikrowellen hoher Energie zu erzeugen, also eine Art von Strahlungswaffe zu bauen, die mittels Trägerwaffen oder Satelliten derartige Impulse aussenden kann. Dazu ist eine Energiequelle möglichst hoher Ausbeute und Energiedichte erforderlich,[19] sowie spezifische Elektronik, um die Impulse zu formen und diese über geeignete Antennen abzustrahlen. Der entscheidende Unterschied zwischen nuklearen und nichtnuklearen elektromagnetischen Impulsen ist, dass im nuklearen Fall die Impulse außerhalb der „Maschine" an der Grenze der Atmosphäre erzeugt wer-

[16] Zu untersuchen wäre, ob ein NEMP geeignet wäre, den Überfall auf einen Staat vorzubereiten.

[17] Infolge der logarithmischen Definition der Richterskala, sowie der Annahme dass die Wirkung eines Erdbebens ebenfalls logarithmisch vom Epizentrum her abnimmt, entspräche die Wirkung eines NEMP in 500 km Höhe etwa einem Erdbeben mit Richter 12-15 an der Erdoberfläche, Werte, die m.W. noch nicht beobachtet wurden.

[18] Kernwaffen in der Hand von Terrororganisationen oder Schurkenstaaten verstärken noch die in den Berichten vorgebrachten Argumente.

[19] Anzumerken ist auch, dass die Energiedichte einer Kernwaffenexplosion etwa eine Million mal grösser ist als die von chemischen Explosionen.

den, im nichtnuklearen Fall dagegen innerhalb der Vorrichtung und innerhalb der Atmosphäre, sodass die Ausbreitung entscheidend gedämpft wird.[20]

Die relativ spärlichen Quellen erwähnen NNEMP Generatoren und -Simulatoren, definieren aber „elektromagnetische Bomben“ lediglich als Entwicklungsziele. Grundsätzlich kann eine NNEMP-Maschine, sofern sie überhaupt entwickelt werden kann, nur zur Schädigung begrenzter Objekte dienen, z.B. nicht gehärteter elektronischer Kontrollsysteme in Schaltzentralen oder Flugzeugen; sie kann jedoch keine Flächenwirkung hervorrufen.

Folgerungen

1. Durch Explosionen von Kernwaffen oberhalb der Atmosphäre werden elektromagnetische Impulse erzeugt, die über eine große Wirkungsfläche auf der Erde mit hoher Wahrscheinlichkeit jegliche ungeschützte Elektronik, Regelungssysteme und elektrische Anlagen, unbrauchbar machen und zerstören.
2. Die zivile und militärische Infrastruktur der Staaten ist zurzeit sehr verwundbar. Das Resultat eines NEMP würde innerhalb der Wirkungsfläche einer einzelnen, „geeigneten“ Kernwaffenexplosion die Rückentwicklung der Gesellschaft um Jahrzehnte oder wesentlich länger, einschließlich der Vernichtung eines Großteils der Bevölkerung durch Hunger, Krankheit und Wettereinflüsse auslösen.
3. Eine Abwehr dieser elektromagnetischen Impulse ist technisch machbar, wenn es gelänge die Elektronik in den „systemischen“ Kontroll-und Steuerungssystemen in praktisch allen Bereichen der Gesellschaft durch superschnelle (Größenordnung 10 Nanosekunden) Filter, Schalter, Sicherungen und Faradaykäfige zu härten. Die notwendigen Komponenten gibt es angeblich für militärische Anwendungen; für den zivilen Bereich müssten sie erst noch entwickelt und bereitgestellt werden. Allerdings erscheint der Aufwand an Gesetzgebung, Kapital, Material und Arbeit für diese Maßnahmen erheblich und ist vermutlich kurzfristig nicht verfügbar.
4. Vorrichtungen zur Erzeugung sogenannter nichtnuklearer elektromagnetischer Impulse haben bisher offenbar keine praktische Bedeutung. Sie sind durch ihre physikalischen Grenzen grundsätzlich „ungeeignet“, den nuklearen Impulsen vergleichbare Schäden über weite Gebiete anzurichten.

---

[20] Die Induktion von Hochspannungen scheint noch nicht gelungen zu sein; ein altbekanntes Anwendungsfeld von NNEMP im weitern Sinne ist die Erzeugung von Störsignalen des Funkverkehrs, von Radar, Fernsehen oder des Internets.

5. Kernwaffen sind also auch unter dem Aspekt singulär, dass durch die Zündung relativ kleiner nuklearer Sprengkörper im Weltraum elektromagnetische Impulse unvergleichbarer Stärke, riesiger Ausbreitung und eines Zerstörungspotentials ausgelöst werden können, das vernichtender ist als die sehr großer Naturkatastrophen.

Hans-Joachim Bieber

Kernwaffen als nationale Statussymbole – das indische Beispiel

Singulär ist nicht nur der Kill-Faktor von Kernwaffen, sondern auch das Prestige, das sie den Staaten verleihen, die sie besitzen. Man könnte es als Singularität 2. Ordnung bezeichnen. In westlichen Industrieländern, die Kernwaffen besitzen oder sich in der zivilen Kerntechnik engagierten und in denen der Diskurs um das sog. Atomzeitalter im wesentlichen geführt wurde, wird es normalerweise kaum wahrgenommen. Besonders gut aber lässt es sich am Beispiel Indiens demonstrieren.

Indien ist nicht das einzige Land der einst sog. Dritten Welt, das an den Bau eigener Kernwaffen gedacht hat. Auch Südafrika, Argentinien, Brasilien und etliche andere haben es getan, den Gedanken aber aus unterschiedlichen Gründen aufgegeben.[1] Aus politischen Gründen realisiert haben ihn, soweit bekannt, Israel und Nordkorea – Israel zur Selbstverteidigung, Nordkorea, um seine Verhandlungsposition als *outcast* der internationalen Gemeinschaft zu verbessern. Der indische Entschluss zum Bau von Kernwaffen jedoch hängt in erster Linie damit zusammen, dass Kernwaffen auch Statussymbole besonders mächtiger und völkerrechtlich privilegierter Staaten darstellen. Schon immer fungierten bestimmte Waffen – auch – als Statussymbole, z.B. die zwei Schwerter japanischer Samurais, die ein soziales Privileg anzeigten, oder die Schlachtschiffe europäischer Mächte vor dem Ersten Weltkrieg. Sie dienten nicht zuletzt der Selbstdarstellung, nämlich der Demonstration der Wirtschaftskraft, des technologischen Niveaus und des politischen Machtanspruchs der Nationen, deren Flagge sie zeigten, – und der Erzeugung nationalen Stolzes. Sie waren daher auch Instrumente innenpolitischer Integration. Dass Gleiches für Kernwaffen und ihre Trägersysteme gilt, wird besonders augenfällig, wenn sie an nationalen Feiertagen demonstrativ zur Schau gestellt werden, z.B. bei der Maiparade auf dem Roten Platz in Moskau.[2] Singulär an Kernwaffen aber ist, dass ihr Besitz einigen Staaten völkerrechtlich erlaubt ist, anderen nicht. Die Grundlage hierfür bildet der

---

[1] S. die Einleitung von Constanze Eisenbart.

[2] Für Frankreich s. die brillante Studie von Gabrielle Hecht: The Radiance of France. Nuclear Power and National Identity after World War II, Cambridge/Mass. 2009.

Nichtverbreitungsvertrag (NVV). Er erlaubt nur den Staaten den Besitz von Kernwaffen, die vor 1967 eine Kernexplosion durchgeführt haben: den USA, der Sowjetunion bzw. Russland, Großbritannien, Frankreich und China; allen anderen sind Bau und Besitz von Kernwaffen verboten. Zwar verpflichtet der Vertrag die Kernwaffenstaaten, ihre Kernwaffen wieder abzuschaffen. Aber das ist so vage formuliert, dass der Vertrag de facto auf unbestimmte Zeit eine nukleare Zweiklassengesellschaft konstituiert.

In westlichen Ländern wird darin kein großes Problem gesehen. Sie gehören selbst zu den Kernwaffenstaaten oder befinden sich unter dem atomaren Schirm eines solchen. Im übrigen ist es für sie seit langem selbstverständlich, zu den Privilegierten dieser Welt zu gehören, ob mit oder ohne eigene Kernwaffen. Die Wahrnehmung in der außereuropäischen Welt ist eine ganz andere. Schon der Abwurf der Atombomben auf Japan wurde und wird hier nicht selten in einem Kontext gesehen, der sich am treffendsten mit dem englischen Ausdruck *racism* bezeichnen lässt. Wiederholt wurde die Vermutung geäußert, die Bomben wären nicht ohne weiteres auf ein „weißes" Land abgeworfen worden, das den Krieg praktisch schon verloren hatte. Erst recht wird in der außereuropäischen Welt die nukleare Zweiklassengesellschaft als neue Erscheinungsform einer nur zu bekannten Form rechtlicher Diskriminierung zwischen Privilegierten und Unterprivilegierten angesehen, nämlich des Kolonialismus, und daher auch als neue Erscheinungsform von *racism*. Denn bei zwei der fünf Kernwaffenstaaten – Großbritannien und Frankreich – handelt es sich um klassische „weiße" Kolonialländer, bei den USA um eine ebenfalls „weiße" Hegemonialmacht, bei der Sowjetunion bzw. Russland um den „weißen" Erben des größten kontinentalen Kolonialreichs, mag dies auch ideologisch erfolgreich verleugnet worden sein. Alle vier Staaten sind zudem ständige Mitglieder des UN-Sicherheitsrates und ebenfalls hierdurch völkerrechtlich privilegiert. Nur China, erst seit 1971 ständiges Mitglied des Sicherheitsrates, ist eine „nicht-weiße" Macht und war rund hundert Jahre selbst Opfer kolonialer Ambitionen westlicher Mächte und Japans.[3] Dass es sich mit Sanktionsforderungen gegen Nicht-Kernwaffenstaaten, die Kernwaffen besitzen oder vermutlich anstreben, deutlich zurückhält, dürfte hiermit zusammenhängen, wenn auch keineswegs allein.

[3] Dass auch seine neuere Geschichte sich partiell als Kolonialgeschichte schreiben lässt, etwa die seiner Herrschaft über Sinkiang und Tibet, ist in diesem Zusammenhang unerheblich.

Das frühe indische Nuklearprogramm und seine Motive

In den ehemaligen Kolonialländern ist die koloniale Vergangenheit weithin vergessen, in den einst kolonisierten Ländern keineswegs. Schon das indische Engagement in der zivilen Kerntechnik, das die technische Voraussetzung für den Bau von Kernwaffen bot, hatte hiermit zu tun. Im Westen ist wenig bekannt, dass die Weichen hierfür schon gestellt wurden, als Indien noch Kolonie war. Bereits 1945, noch vor dem Abwurf der Atombomben auf Japan, entstand der Nukleus eines indischen Kernforschungszentrums, das *Tata Institute for Fundamental Research* (*TIFR*) in Bombay, finanziert vom größten indischen Industriekonzern, der Tata-Gruppe. Zehn Tage nach dem Abwurf der Bombe auf Nagasaki schwärmte die Wochenendbeilage der *Times of India*, der angesehensten Tageszeitung des Landes, von der Verfügbarkeit grenzenloser und nahezu kostenloser Energie, mit der sich in Zukunft jeder denkbare Bedarf der gesamten Menschheit werde decken lassen. Die Menschheit könne künftig in einem „Utopia wie in den Träumen Edward Bellamys" leben, die Arbeitszeit in der Industrie auf wenige Jahre des Erwachsenenlebens und einige Stunden pro Tag oder gar pro Woche reduziert werden. Von Möglichkeiten zur Bekämpfung von Krebs und Knochenmarkkrankheiten durch radioaktive Substanzen war die Rede, aber auch von Erleichterungen der Hausarbeit, von einem „elektronischen Express", der Raum und Zeit aufheben und die Strecke Bombay – Calcutta in nur einer Stunde zurücklegen werde, sogar von Plänen zum Bau von Raumstationen und Raumschiffen, die Mars und Venus sollten erreichen können.[4] Schon vor der Unabhängigkeit erklärte der Führer der indischen Unabhängigkeitsbewegung, Jawaharlal Nehru, mehrfach öffentlich, das unabhängige Indien wolle die Kernenergie für friedliche Zwecke nutzen, „und zwar soweit wie irgend möglich [...], in Zusammenarbeit mit der übrigen Welt".[5]

Nach der Unabhängigkeit machte sich der junge indische Staat mit bemerkenswerter Energie und hohem materiellen Einsatz an die Realisierung dieses Vorhabens. Er verfolgte einen Dreistufenplan: zunächst den Bau von Natururanreaktoren zur Produktion von Energie und Plutonium, dann von Reaktoren zur Gewinnung von Uran-233 aus Thorium mit Hilfe von Plutonium, schließlich die Entwicklung von Brutreaktoren, betrieben mit Thorium und Uran-233. Dieser Plan war technisch und politisch auf *self-reliance* und *self sufficiency* angelegt – größtmögliche Unabhängigkeit vom Ausland –, indem er auf die Verwendung von Natururan und Thorium setzte. Denn Natururan kommt in zahlreichen Län-

[4] S. *Illustrated Weekly of India* v. 19.8.1945.

[5] Nehru in seiner Ansprache zur Eröffnung des Indian Science Congress am 3.1.1947 in Delhi, abgedr. in J. Nehru: Selected Works, 2nd Series, Vol. 1, Bombay 1984, S. 373.

dern vor, in geringem Umfang sogar in Indien selbst. Angereichertes Uran hingegen hätte Indien importieren müssen und sich hierdurch in eine in eine neue, diesmal wirtschaftliche Abhängigkeit begeben. Die wollte es unbedingt vermeiden, nachdem die politische Unabhängigkeit gerade errungen war. Denn aufgrund der kolonialen Erfahrung hielten indische Politiker und Wissenschaftler es durchaus für möglich, dass die Industriestaaten versuchen könnten, die Kernenergienutzung zu monopolisieren oder zumindest deren Entwicklung in Ländern der 3. Welt durch die Lieferung oder Nicht-Lieferung von angereichertem Uran zu beeinflussen und diese hierdurch ökonomisch abhängig und politisch gefügig zu halten. Auch bei der Verwendung von Thorium bestand diese Gefahr nicht. Denn mit monazithaltigen Sänden im Süden verfügt Indien über eines der größten Thoriumvorkommen der Welt. Dass Thorium bei Beschuss mit schnellen Neutronen zerfällt und dabei ein Uranisotop (U-233) entsteht, war bei den Arbeiten am Manhattan-Projekt entdeckt und nach Kriegsende von den USA bekannt gegeben worden. In Indien galt diese Information alsbald als „wichtigste Entdeckung seit derjenigen der Atombombe".[6]

Bereits Ende der 50er Jahre verfügte Indien über ein leistungsfähiges Kernforschungszentrum mit mehreren Forschungsreaktoren, ein Werk zur Herstellung von Brennelementen und Anlagen zur Gewinnung von Thorium aus Monazitsänden, Mitte der 60er Jahre auch über eine Wiederaufbereitungsanlage und eine Produktionsanlage für Schweres Wasser. Schon Ende der 50er Jahre wurde der Bau der ersten Leistungsreaktoren beschlossen; Ende der 60er Jahre sollten Brutreaktoren hinzukommen. Gegen Ende des Jahrhunderts sollte ein wesentlicher Teil der indischen Elektrizität von Kernkraftwerken produziert und danach jegliche Zunahme des indischen Strombedarfs nur noch aus Kernenergie gedeckt werden. Dieses Programm zeugte von außerordentlichem Selbstvertrauen. Denn weder für die Umwandlung von Thorium in Uran-233 noch für die Verwendung von Thorium als Kernbrennstoff lagen großtechnische Erfahrungen vor, als es konzipiert wurde, erst recht nicht für die Brütertechnologie und die Wiederaufbereitung. Ob es überhaupt realisierbar war und welchen zeitlichen und materiellen Aufwand es erfordern würde, war völlig offen.

Zugrunde lagen ihm in erster Linie ökonomische Motive. Mit Hilfe der Kernenergie, so drückte Nehru sich einmal aus, lasse sich Indien aus dem „Zeitalter des Kuhdungs" gleichsam in die Moderne katapultieren und die Nutzung fossiler Energieträger, auf der die industrielle Entwicklung Europas und Nordamerika im 19. und frühen 20. Jahrhundert beruht hatte, überspringen.[7] Eine wesentliche Rolle spielte aber auch der Ehrgeiz zu demonstrieren, dass Indien in

---

[6] *Times of India* v. 29.3.1946.

[7] Nehru in einer Rede vor hohen Beamten, Wissenschaftlern und Studenten in Calcutta, zit. nach: *Auszüge aus der Weltpresse* (Hamburg) v. 4.11.1955.

der vermeintlichen Zukunftstechnologie par excellence mit den Industrieländern mitzuhalten, womöglich sogar eine Spitzenposition einzunehmen vermochte und dass es Gleichrangigkeit mit den führenden Mächten der Welt beanspruchte. Dieses Motiv wurzelte in der kollektiven Erfahrung kultureller Verachtung durch die britische Kolonialmacht oder den Westen insgesamt. Sie war während der Kolonialzeit so alltäglich und prägend gewesen – für Angehörige der gebildeten Schichten vermutlich stärker als für andere, die mit Briten selten oder nie Kontakt hatten –, dass einer der namhaftesten Autoren indischer Provenienz noch Jahre nach der Unabhängigkeit von einer „verwundeten Kultur" sprach.[8] Eigenständige Leistungen in der Kerntechnik sollten das kollektive Selbstwertgefühl Indiens stärken und beweisen, dass jene Verachtung unbegründet gewesen war, also die eigene Kultur gleichsam rehabilitieren.[9] Zugleich sollten sie die Modernisierungsfähigkeit des jungen indischen Staates demonstrieren, nach außen wie nach innen: seinen Willen und sein Vermögen, sich aus geistigen Fesseln wie „*communalism, provincialism, castism and linguism*" zu befreien[10] – westlich-aufklärerisch gesprochen: aus selbstverschuldeter Unmündigkeit. Innenpolitisch waren diese Ambitionen weithin unumstritten.

Militärische Motive haben, soweit bekannt, dabei keine, jedenfalls keine entscheidende Rolle gespielt.[11] Vielmehr engagierte sich Indien während der Regierungszeit Nehrus (1947-64) international an vorderster Front für eine kernwaffenfreie Welt, zumindest für eine Begrenzung nuklearer Rüstung. Allerdings wandte es sich zugleich gegen Vorschläge einer Ungleichbehandlung von *atomic haves* und *atomic have nots*, etwa gegen den Vorschlag, den die USA in den Verhandlungen über die Einrichtung der IAEA machten, den zwischenstaatlichen Austausch von spaltbaren Materialien und Nukleartechnologie in die Hände einer internationalen Organisation zu legen und Länder, die auf den Import von Nukleartechnologie und Kernbrennstoffen angewiesen waren, ihrer Kontrolle zu unterwerfen, nukleare Geberländer jedoch nicht. Dergleichen lief nach indischer Auffassung auf „atomaren Kolonialismus" hinaus, den kein Volk noch hinzunehmen bereit sei.[12] Deshalb verweigerte Indien auch Aufsichts- und

[8] V.S. Naipaul: India: A Wounded Nation, New York 1979.

[9] Mehr dazu bei Hans-Joachim Bieber: Zur Frühgeschichte der indischen Nuklearpolitik, in *Geschichte und Gesellschaft* 31 (2005), S. 373-414.

[10] Wie Anm. 7.

[11] Der Vorbehalt ist nötig, weil die Akten der indischen *Atomic Energy Commission* für die Forschung noch gesperrt sind.

[12] Zur indischen Haltung zur Gründung der IAEA und der späteren Rolle Indiens in dieser Organisation s. J.P. Jain: Nuclear India, New Delhi 1974, I, S. 10 ff. und 48 ff. sowie die ebd., II, S. 30 ff., abgedr. Dokumente; David Fischer: History of the International Atomic Energy Agency. The First Forty Years, Wien 1997, S. 47 f., 73 u.ö.; George Perkovich: India's Nuclear Bomb, Berkeley 2000, S. 25 ff.

Kontrollrechte von Lieferländern über Reaktoren, Kernbrennstoffe und andere Materialien, die es im Ausland erwarb.

Nur Einzelne machten sich damals darüber Sorgen, z.B. Beamte der 1957 gegründeten IAEA. Denn das Plutonium, das beim Betrieb der indischen Natururanreaktoren anfiel – die ersten lieferte Kanada –, unterlag keiner internationalen Kontrolle, war aber waffentauglich. Technisch war im indischen Nuklearprogramm also von vornherein die Option zum Bau von Kernwaffen angelegt. In Indien selbst debattierten Öffentlichkeit und Parlament zum erstenmal nach dem bewaffneten Konflikt mit China um die indische Nordostgrenze 1962 und dem ersten chinesischen Nukleartest 1964 leidenschaftlich, „whether India should go nuclear“. Doch noch jahrelang hielt die Regierung an der Absage an eigene Kernwaffen fest, ebenfalls die Kongresspartei, die noch immer stärkste politische Kraft des Landes. Selbst in der Armee fand ein Kurswechsel nur wenige einflussreiche Fürsprecher.[13] Aber als der 1968 unterzeichnete NVV eine nukleare Zweiklassengesellschaft etablierte, verweigerte Indien seine Unterschrift, obwohl es die Zielsetzung des Vertrages im wesentlichen teilte. In der indischen Öffentlichkeit verlor die Absage an eine Nutzung des eigenen nuklearen Potentials zum Bau von Kernwaffen in auffälliger Weise an Eindeutigkeit und Nachdruck. Vielmehr wurde die Atombombe jetzt in erster Linie als politisches Statussymbol angesehen, und zwar das „virilste“ und denkbar stärkste.[14] Ende der 60er Jahre wurde das indische Atomprogramm um Raumfahrt- und Erdsatellitentechnik erweitert, deren Trägersysteme denen für Kernwaffen technisch verwandt sind. 1970 begann man, an der Urananreicherung zu arbeiten, auf die zunächst verzichtet worden war.

Motive des indischen Nukleartests von 1974 und die pakistanische Reaktion

1974 schließlich unternahm Indien seinen ersten Nukleartest – mit Plutonium, das in seinen Natururanreaktoren angefallen war. Deklariert wurde er als *Peaceful Nuclear Explosion.* Westliche Staaten werteten ihn als Beleg dafür, dass die indische Nuklearpolitik nun auch militärische Ziele verfolgte. Sie sahen in ihm den Anfang der zweiten Phase des „Atomzeitalters“, nämlich der Proliferation von Kernwaffen, und antworteten mit dem Abbruch von Kooperationsbeziehungen. Doch indische Militärs waren an der Vorbereitung des Tests kaum

[13] S. Stephen P. Cohen: The Military and Indian Democracy, in: Atul Kohli (ed.): India's Democracy, Princeton 1988, S. 113 f.
[14] S. William B. Bader: The US and the Spread of Nuclear Weapons, New York 1968, S. 70 f.

beteiligt gewesen, und auf dem Weg zum Kernwaffenstaat brachte er das Land nur wenig voran, zumal es noch nicht über Trägersysteme verfügte, deren Entwicklung weit höheren Aufwand erfordert als diejenige einfacher nuklearer Explosivkörper. Tatsächlich sollte der Test nach allem, was bisher bekannt ist, erneut demonstrieren, dass Indien in einer der avanciertesten Technologien mit den Industrieländern mitzuhalten vermochte und dass es Sonderrechte und Exklusivitätsansprüche der „offiziellen" Kernwaffenstaaten nicht akzeptierte und entschlossen war, sich international nie wieder zurücksetzen zu lassen. In erster Linie aber war der Test innenpolitisch motiviert. Er sollte von inneren Problemen ablenken und nationale Bindungen stärken, als die Machtbasis Indira Gandhis bröckelte, vielleicht auch ein Zeichen des Aufbruchs in ein „neues Indien" setzen, als die politischen Energien der Unabhängigkeitsepoche verbraucht waren. Er stellte also vor allem einen Akt symbolischer Politik nach außen und zugleich ein innenpolitisches Manöver dar.[15] Und als solches war er durchaus erfolgreich. Große Teile der indischen Bevölkerung reagierten mit frenetischem Jubel und kollektivem Stolz darauf, dass Indien „ohne vorherige Warnung ins Atomzeitalter eintrat", wie Salman Rushdie – nicht ganz zutreffend – schrieb[16]. Alle Parteien einschließlich der Kommunisten beglückwünschten die verantwortlichen Wissenschaftler und feierten sie als Nationalhelden. Psychologisch wirkte der Test also als Beitrag zum *nation building*. Auch in anderen asiatischen Ländern und in Afrika wurde er – nach den chinesischen Atomversuchen – als Durchbrechung des Nuklearmonopols der weißen, industrialisierten Staaten des Nordens und als Symbol antikolonialer und antihegemonialer Politik gefeiert.[17]

Nur nicht im Nachbarland Pakistan, das seit der Teilung Britisch-Indiens Indien in tiefem Hass verbunden ist. Dreimal war es zwischen beiden Staaten zu bewaffneten Auseinandersetzungen gekommen, und alle hatten mit einer Niederlage Pakistans geendet, die letzte 1971 mit dem Verlust Ostpakistans. Über Kaschmir bestand ein ungelöster Dauerkonflikt. Zudem war Pakistan kleiner und schwächer als Indien und litt seit seiner Gründung an einem Gefühl der Inferiorität und der Empfindung, vom Nachbarland im Grunde nicht anerkannt zu sein. Deshalb wirkte der Test auf Pakistan traumatisierend. Es sah sich – ähnlich wie Indien zehn Jahre zuvor durch den ersten chinesischen Atomtest – als potentielles Ziel feindlicher Kernwaffen und das militärische Kräfteverhältnis weiter zu seinen Ungunsten verschoben. Daher intensivierte es seine bis dahin eher halbherzigen Bemühungen um eigene Kernwaffen – im Unterschied zu Indien weniger durch eigene Forschung und Entwicklung als durch Beschaffung von Materi-

[15] Itty Abraham: The Making of the Indian Atomic Bomb, New York 1998, S. 155 ff., spricht sogar von einem „Fetisch".
[16] Salman Rushdie: Mitternachtskinder, 2. Aufl. München/Zürich 1987, S. 523.
[17] Zur innerindischen und internationalen Reaktion auf den Test s. Perkovich 2000, S. 178 ff.

alien, Komponenten und know how aus dem Ausland, durch verdeckten und illegalen Kauf, Schmuggel und Spionage. Mit stillschweigender Duldung der USA gelang es ihm, eine Urananreicherungsanlage zu bauen, die 1984 in Betrieb ging. Seit 1986 war Pakistan vermutlich in der Lage, die Materialien für einen nuklearen Sprengkörper herzustellen.[18]

Nuklearer Rüstungswettlauf zwischen Indien und Pakistan?

Die pakistanischen Bemühungen um Kernwaffen wiederum wurden in Indien als Bedrohung aufgefasst. So entwickelte sich zwischen beiden Ländern eine nukleare Rivalität mit zunehmender Eigendynamik. Als Indien 1998 neue Kernwaffenversuche unternahm, reagierte Pakistan mit eigenen Tests. Westliche Medien bezeichnen beide Staaten seitdem vorzugsweise als „Atommächte", auch wenn gar nicht von Kernwaffen und Trägersystemen die Rede ist. Die USA und Russland, erst recht Großbritannien und Frankreich werden nur dann so benannt, wenn es um ihre Kernwaffen geht, und dies, obwohl ihre nuklearen Arsenale unvergleichlich größer sind als diejenigen Indiens und Pakistans zusammen. Die stereotype Redeweise von „den Atommächten" Indien und Pakistan ist verräterisch. Die Staatslenker und Militärs der offiziellen Kernwaffenstaaten, so die ihr zugrundeliegende unreflektierte und gleichsam selbstverständliche Überzeugung, hätten den rationalen und verantwortungsvollen Umgang mit Kernwaffen gelernt und wüssten mittlerweile, dass es sich bei ihnen um politische, nicht um militärisch nutzbare Waffen handele, indische und pakistanische Politiker und Militärs jedoch nicht. Der Kernwaffenbesitz dieser Länder, so suggeriert jene Redeweise, impliziere Gefahren, die es bei den als solchen anerkannten Kernwaffenstaaten nicht gibt. Sie verrät also etwas Altbekanntes: das Überlegenheitsgefühl weißer gegenüber farbigen Völkern.

Mit diesem Hinweis sollen keineswegs die Gefahren bagatellisiert werden, die aus der Nuklearrüstung Indiens und Pakistans erwachsen. Er soll nur deutlich machen, dass unbewusst ein *double standard* benutzt und dass Wesentliches übersehen wird. Z.B. kann von einem nuklearen Wettrüsten zwischen Indien und Pakistan, das demjenigen der nuklearen Supermächte der 50er und frühen 60er Jahre vergleichbar wäre, quantitativ kaum die Rede sein. Auch haben sich zwischen ihnen andere Mechanismen der Abschreckung als zwischen den Supermächten herausgebildet, eine „Kultur des Dialogs" wie während des Kalten Krieges zwischen den USA und der Sowjetunion hingegen nicht. Trotzdem gibt

[18] Näheres zu den pakistanischen Reaktionen auf den indischen Test von 1974 und zum pakistanischen Atomprogramm ebd. S. 194 ff.

es Indizien dafür, dass ihre nuklearen Kapazitäten bisher ähnlich wie die der USA und der Sowjetunion in den 50er und 60er Jahren kriegsverhütend gewirkt haben.[19] Erst recht übersehen wird im Westen meistens, dass die indischen Tests von 1998 wie schon der Test von 1974 mehrdeutige Akte symbolischer Politik mit unterschiedlichen Adressaten darstellten – und dass sie wiederum vornehmlich innenpolitisch motiviert waren. Verantwortet wurden sie von einer Regierung, deren führende Partei, die vor allem im aufstrebenden Mittelstand verankerte rechtsgerichtete *Bharatiya Janata Party* (BJP), unter Berufung auf die hinduistischen Traditionen Indiens – oder was sie dafür ausgab – einen „kulturellen Nationalismus" („*Hindutva*") propagierte: im Innern Hegemonie der Hindus über die Moslems, nach außen indische Großmachtansprüche und als deren Symbol eigene Kernwaffen. Die BJP war 1998 als stärkste Partei aus den Parlamentswahlen hervorgegangen, musste aber in einem instabilen Vielparteienbündnis ihren Führungsanspruch erst durchsetzen. Vermutlich wollte sie mit den Tests (über die möglicherweise nicht einmal der Verteidigungsminister vorher informiert wurde) einmal mehr Indiens Anspruch auf Gleichrangigkeit mit den führenden Mächten der Welt demonstrieren, vielleicht auch seine Überlegenheit gegenüber Pakistan, vor allem aber das Zusammengehörigkeitsgefühl und den kollektiven Stolz der indischen Bevölkerung stärken – und davon ablenken, dass manche Wahlversprechen sich nicht realisieren ließen.[20]

Zwei Wochen später reagierte Pakistan mit eigenen Tests. Manches spricht dafür, dass auch sie vor allem innenpolitische Gründe hatten, insbesondere Druck der traditionell einflussreichen Armee auf die Regierung, es Indien mit gleicher Münze heimzuzahlen. Im übrigen war das Gefühl, von Kernwaffen der jeweils anderen Seite akut bedroht zu sein, in beiden Ländern anscheinend be-

---

[19] Diese Ansicht vertreten besonders pointiert Stephen P. Cohen: Nuclear Proliferation in South Asia, Boulder 1991, S. 12, und Sumit Ganguly/Ted Greenwood (eds.): Mending Fences. Confidence- and Security-Building Measures in South Asia, Boulder 1996, S. 148; eine eher pessimistische Sicht bei Neil Joeck: Maintaining Nuclear Stability in South Asia, New York 1997, S. 12 f. und 48 ff.

[20] S. hierzu vor allem Perkovich 2000, S. 404 ff., und die scharfe Kritik von Arundhati Roy: Das Ende der Illusion, in: dies.: Die Politik der Macht, München 2002, S. 132 ff.; ferner Praful Bidwai/Achin Vanaik: New Nukes. India, Pakistan and Global Disarmament, Oxford 2000. Zu innerindischen Reaktionen auf den Test Thomas Blom Hansen: The Saffron Wave. Democracy and Hindu Nationalism in Modern India, Princeton 1999, S. 3 und 219. – Der Generalsekretär der RSS, eines mitgliederstarken Verbandes der Rechten, feierte die Tests als Beweis „that we are a heroic, intelligent race capable of becoming world leaders". Die Führer einer mit der BJP kooperierenden Rechtspartei, der *Vishwa Hindu Parishad*, schlugen vor, am Ort der Tests ein Denkmal „nationaler Virilität" zu errichten und geweihtes Wasser aus allen namhaften Pilgerstätten Indiens hierher zu bringen, um ihn zu einem nationalen Heiligtum zu machen; s. die Einführung von Hassan Gardezi und Hari Sharma zum *Bulletin of Concerned Asian Scholars*, 31/2 (1999), S. 4.

merkenswert schwach, und in beiden lehnte die Mehrheit der Bevölkerung einen Ersteinsatz von Kernwaffen gegen das jeweils andere Land ab.[21]

Ob seither ein sich selbst erhaltender Prozess nuklearer Aufrüstung beider Staaten ablief, kann hier nicht näher untersucht werden, auch nicht, ob die Tests die außen- und sicherheitspolitische Position Indiens und Pakistans langfristig verbessert haben (es scheint zumindest zweifelhaft) und welche ökonomischen Auswirkungen sie hatten. Es ging nur darum, deutlich zu machen, dass es wahrscheinlich in die Irre führt, die Nuklearpolitik beider Länder mit Rationalitätsannahmen und politischen Theorien wie dem sog. Realismus internationaler Beziehungen erfassen zu wollen, die im Westen gängig sind oder am Beispiel des nuklearen Wettrüstens der Supermächte entwickelt wurden. Vermutlich ist es angemessener, sie in einer längeren und breiteren Perspektive zu sehen, die auch das kulturelle Erbe Indiens und Pakistans, ihre koloniale Vergangenheit und deren mentale Nachwirkungen in den Blick nimmt, im Fall Indiens darüber hinaus die besonderen innenpolitischen Bedingungen eines Entwicklungslandes mit demokratischer Verfassung, aber großen inneren Spannungen und instabilen innenpolitischen Verhältnissen. Die Gefahren, die die Nuklearrüstung beider Staaten für die Sicherheit Südasiens und möglicherweise für die Proliferation von Kernwaffen bedeuten kann, werden in dieser Perspektive nicht minimiert, vielleicht aber besser einschätzbar.

Ein Seitenblick auf den Iran

Das iranische Streben nach Atomtechnik und nach der Bombe, so anders seine Gründe als diejenigen Indiens und Pakistans auch sind, ist dem indischen darin ähnlich, dass Prestigegesichtspunkte mit starken kulturellen Motiven auch in ihnen eine maßgebliche Rolle spielen. Auch der Iran betrachtet sich als Erbe einer alten Kultur, die weit älter ist als die des Westens, und hat den Eindruck, dass dies nicht angemessen wahrgenommen wird. Bezeichnend hierfür ist, dass sich die iranische Trägerin des Friedensnobelpreises von 2003 bei dessen Entgegennahme als „Abkömmling von Cyrus dem Großen" vorstellte und dessen „Charta [...] eines der wichtigsten Dokumente zum Verständnis der Geschichte der Menschenrechte" nannte.[22] Zwar wurde der Iran anders als Indien und Pakistan nie von einer europäischen Kolonialmacht beherrscht. Gleichwohl haben erst Großbritannien und Russland, dann die USA im 19. und erst recht im 20.

[21] S. Perkovich 2000, S. 470 ff.

[22] Shirin Ebadi in ihrer Rede anlässlich der Verleihung des Friedensnobelpreises im Dezember 2003, zit. nach dem Abdruck in der *Frankfurter Rundschau* v. 12.12.2003

Jahrhundert massiven Einfluss auf die iranische Innenpolitik genommen, bis hin zur Absetzung des demokratisch gewählten Ministerpräsidenten Mossadegh 1953. Im Westen ist das weithin vergessen, in jüngeren Generationen nie bekannt geworden; im Iran hingegen ist die Erinnerung daran sehr lebendig. Widerstand gegen Drohungen und Sanktionen des Westens sind deshalb populär. Wie in Indien dürfte das iranische Streben nach der Bombe daher – auch – einen Akt symbolischer Politik darstellen. Auch hier gilt Kerntechnik als Symbol für Modernität und den Anspruch des Landes auf Gleichrangigkeit. Ungeachtet großer innenpolitischer Gegensätze herrscht deshalb auch im Iran allem Anschein nach weitgehender Konsens über das Atomprogramm. Die im Westen überwiegend als irrational wahrgenommene Atompolitik des Landes – oder genauer: seines Präsidenten, der jedoch nur eine Marionette schwer erkennbarer Machtgruppen zu sein scheint – dürfte deshalb ebenfalls vornehmlich innenpolitisch motiviert und darauf angelegt sein, nach innen integrierend zu wirken und gleichzeitig nach außen dem Land weltweite mediale Aufmerksamkeit zu verschaffen. Einer der führenden Köpfe der iranischen Opposition, auf Ahmadinedschad und dessen Nuklearpolitik angesprochen, antwortete lapidar: „An seiner Stelle würde jeder dasselbe tun."[23] Zweifellos soll sie außerhalb als Bedrohung wahrgenommen werden, namentlich von Israel, und wird auch so wahrgenommen. Es ist daher vollkommen verständlich, dass die Staatengemeinschaft dem Iran den Weg zur Bombe zu verlegen sucht. Nur: auch in diesem Fall werden zumindest im Westen meist ausschließlich militärische Aspekte gesehen, um die es der iranischen Führung vermutlich gar nicht geht, jedenfalls nicht primär. Ob der Umgang mit dem iranischen Regime in der Nuklearfrage leichter würde, wenn auch dessen nicht-militärische Motive wahrgenommen würden, sei dahingestellt. Zumindest wäre die Grundhaltung vielleicht etwas gelassener. Es entbehrt nicht einer gewissen Ironie, dass ausgerechnet ein Israeli, der renommierte Militärhistoriker Manfred von Creveld, darauf aufmerksam machte, dass ein nuklearer Iran „mit größter Wahrscheinlichkeit [...] auch nicht mehr oder weniger gefährlich" wäre „als ein nukleares Nordkorea, ein nukleares Pakistan, ein nukleares Israel, ein nukleares China, ein nukleares Frankreich, ein nukleares Großbritannien, eine nukleare Sowjetunion und last, but not least die nuklearen USA es sind oder waren".[24]

[23] Adelkarim Sorusch in einem Gespräch mit der ZEIT; abgedr. in: DIE ZEIT v. 18.2.2010, S. 2.
[24] Martin van Creveld: Mit der Bombe leben, in: DIE ZEIT v. 28.1.2010, S. 11.

Thilo Marauhn

Die allgemeinen Regeln des Völkerrechts und die Singularität von Kernwaffen

Die Singularität von Kernwaffen lässt sich völkerrechtlich dann behaupten, wenn Kernwaffen einen Sondertatbestand darstellen, also nicht oder nur in begrenztem Maße den für andere Waffenkategorien geltenden (allgemeinen) völkerrechtlichen Regeln unterworfen sind. Im Folgenden soll die Singularitätsthese aus der Perspektive des Völkerrechts kritisch hinterfragt werden, indem zunächst der Begriff der Singularität für das (Völker-) Recht entfaltet wird, dann das völkerrechtliche Waffenrecht erläutert und die Herausbildung spezifischer völkerrechtlicher Verträge für Kernwaffen dargelegt werden, bevor schließlich nach einer nuklearwaffenspezifischen Auslegung der allgemeiner Regeln gefragt wird.

Singularität im (Völker-)Recht

Recht ist eine auf Verbindlichkeit ausgerichtete Sollensordnung. Die Allgemeinheit von Rechtsnormen bietet eine „gleichheitssichernde Breitenwirkung". Sie zielt „in der Abstraktheit der Aussagen (auf) das Grundlegende, auf Dauer Bedeutsame", und hofft in der inhaltlichen „Verallgemeinerungsfähigkeit das Vernünftige, der Moral nicht Widersprechende zu finden".[1] Sozialwissenschaftlich dient das innerstaatliche Rechtssystem der Ordnung und Steuerung menschlichen Verhaltens,[2] das Völkerrecht der Ordnung und Steuerung des Verhaltens staatlicher Akteure[3]. Diese Steuerungsfähigkeit[4] setzt wiederum ein Mindestmaß an

[1] P. Kirchhof, Mittel staatlichen Handelns, in: J. Isensee/P. Kirchhof (Hrsg.), Handbuch des Staatsrechts. Bd. V, 3. Aufl., Heidelberg 2007, § 99 Rn. 86.

[2] T. Mayer-Maly, Rechtsphilosophie, Wien 2001, 15: „Von einer Sollensordnung spricht man, wenn man Anforderungen antrifft, die auf die Steuerung menschlichen Verhaltens zielen".

[3] Speziell für den Bereich der Rüstungskontrolle T. Marauhn, Verhaltenssteuerung durch Völkerrecht? Perspektiven der rechtlichen Ausgestaltung von Rüstungskontrolle, Sicherheit und Frieden 2003, 141 ff.

[4] Eingehend zum Problem der Steuerungsfähigkeit des Völkerrechts M. Bothe, Wandel des Völkerrechts – Herausforderungen an die Steuerungsfähigkeit des Rechts im Zeitalter der Globalisierung, Kritische Vierteljahresschrift für Gesetzgebung 2008, 235 ff.

Allgemeinheit voraus: Rechtsnormen gelten für eine Vielzahl von Rechtssubjekten und für eine Vielzahl von Lebenssachverhalten. Das Recht erschöpft sich aber nicht in der Allgemeinheit von Rechtsnormen. Es wird in der Anwendung auf einen Lebenssachverhalt konkretisiert.[5] Nur in diesem Spannungsverhältnis zwischen dem (notwendig) Allgemeinen und dem (ebenfalls notwendigen) Konkreten lässt sich Gerechtigkeit verwirklichen – unabhängig davon, ob es um das innerstaatliche Recht und die Anwendung auf den Einzelnen geht oder um die zwischenstaatlichen Beziehungen und das uns hier interessierende Völkerrecht.

Versteht man Singularität vor diesem Hintergrund als Konkretisierung des Rechts in Bezug auf einen spezifischen Lebenssachverhalt und die daran beteiligten Rechtssubjekte, so ist dies nichts Außergewöhnliches. Denn die Anwendung einer allgemeinen Rechtsnorm auf einen konkreten Lebenssachverhalt dient auch dazu, den Besonderheiten des jeweiligen Einzelfalles Rechnung zu tragen.[6]

Kritisch rückt Singularität allerdings stets dann in den Blick, wenn es nicht um die Anwendung des Rechts, sondern um seinen normativen Anspruch geht. Denn auf der normativen Ebene tritt Singularität notwendig in ein Spannungsverhältnis zur Allgemeinheit des Rechts. Diese Allgemeinheit des Rechts ist Ausdruck der Gleichheit der Rechtsunterworfenen. Auf der Ebene des Völkerrechts findet dies seinen Niederschlag in dem auch in Art. 2 (1) der Charta der Vereinten Nationen enthaltenen Grundsatz der souveränen Gleichheit der Staaten.[7] Das Gebot der Gleichbehandlung aller Staaten schließt Differenzierungen innerhalb eines Vertragsregimes, wie sie etwa aus dem Nichtverbreitungsvertrag bekannt sind, nicht aus. Der völkerrechtliche Gleichheitssatz zielt auf Gleichheit in der Rechtsanwendung, beinhaltet aber kein Differenzierungsverbot bei der Schaffung neuer Rechtsnormen.[8] Dies gilt umso mehr, als im Völkerrecht der Handlungsfreiheit der prinzipiell gleichberechtigten Staaten mehr Gewicht zukommt als deren umfassender Gleichbehandlung.[9] Nicht umsonst handelt es sich denn auch um den Grundsatz der „souveränen" Gleichheit, also um eine Gleich-

---

[5] T. Marauhn, Plädoyer für eine grundlagenorientierte und zugleich anwendungsbezogene Völkerrechtswissenschaft, Zeitschrift für ausländisches öffentliches Recht und Völkerrecht 2007, 639 ff., 642 f.

[6] In diesem Zusammenhang kann man auf die Idee der Interpretation als Normkonkretisierung hinweisen, wie sie u.a. von F. Müller/R. Christensen, Juristische Methodik, Bd. I, 9. Aufl., Berlin 2004, Rn. 284 ff., 304 ff. für das Verfassungsrecht ausgearbeitet wurde und vertreten wird.

[7] S. dazu B. Faßbender, Die souveräne Gleichheit der Staaten – ein angefochtenes Grundprinzip des Völkerrechts, Aus Politik und Zeitgeschichte 2004, B 43, 7-13.

[8] Umfassend J. Kokott, States, Sovereign Equality, in: R. Wolfrum (Hrsg.), The Max Planck Encyclopedia of Public International Law, Oxford 2007, online edition <www.mpepil.com>, zuletzt besucht am 20.9.2011, Rn. 42 ff.

[9] Ibid., Rn. 20 ff.

heit bezogen auf Handlungsbefugnisse – und nicht um einen allgemeinen Gleichheitssatz. Selbst bei der Anwendung des geltenden Rechts aber bedeutet souveräne Gleichheit nicht schematische Gleichbehandlung. Ganz im Gegenteil – liegen sachliche Gründe vor, dann ist eine unterschiedliche Behandlung der Rechtsunterworfenen geboten.

Von der souveränen Gleichheit der Staaten als originärer Völkerrechtssubjekte zu unterscheiden ist die Verschiedenheit der Lebenssachverhalte und der Regelungsmaterien des Völkerrechts. Dass es Gleichheit und Verschiedenheit auf unterschiedlichen Ebenen gibt, ist nicht ungewöhnlich. So sind nukleare, biologische und chemische Waffen hinsichtlich ihrer Wirkungsweise verschieden; sie sind sich aber sowohl im Hinblick auf ihre Eigenschaft als „Waffen" als auch hinsichtlich ihres Zerstörungspotentials zumindest ähnlich.[10]

Will man der Frage nach der Singularität von Atomwaffen im Völkerrecht nachgehen, dann muss man hinsichtlich der Abstraktionshöhe der zu regelnden Materie unterscheiden. Dies gilt es im Folgenden deutlich zu machen. Dabei sollen zunächst die allgemeinen Regeln des Völkerrechts in Bezug auf Waffensysteme erläutert werden. Hier geht es vor allem um Waffenverbote, die an der Schnittstelle von humanitärem Völkerrecht und allgemeinem Friedenssicherungsrecht zu verorten sind. Im Anschluss daran soll aufgezeigt werden, dass und inwieweit sich spezifisches Vertragsrecht für nukleare Waffensysteme entwickelt hat. Dabei ist auch auf die Frage einzugehen, warum sich das völkerrechtliche Vertragsrecht im Bereich nuklearer Waffensysteme schneller und anders entwickelt hat als für andere Waffensysteme. Von besonderem Interesse ist dann, dass allgemeine Regeln des Völkerrechts im Hinblick auf nukleare Waffensysteme eine besondere Auslegung erfahren haben. Hierin kommt in besonderer Weise die Singularität nuklearer Waffensysteme zum Ausdruck. Schließlich ist zu fragen, ob das Völkerrecht zur Singularität von Nuklearwaffen beiträgt – und ob dies zu überzeugen vermag oder nicht. Die Überlegungen dieses letzten Abschnitts berücksichtigen dabei in besonderer Weise das Interesse an nuklearer Nichtverbreitung.

---

[10] Als gemeinsamer Oberbegriff wird gelegentlich der Begriff „Massenvernichtungswaffen" herangezogen, vgl. dazu H.A. Strydom, Weapons of Mass Destruction, in: R. Wolfrum (Hrsg.), The Max Planck Encyclopedia of Public International Law, Oxford 2009, online edition <www.mpepil.com>, zuletzt besucht am 20.9.2011. Eine hervorragende Einführung in das völkerrechtliche Waffenrecht mit Bezügen zu aktuellen Fragestellungen und Herausforderungen gibt B. Boothby, The Law of Weaponry – Is it Adequate?, in: M. Schmitt/J. Pejic (Hrsg.), International Law and Armed Conflict: Exploring the Faultlines. Essays in Honour of Yoram Dinstein, Leiden 2007, 297 ff.

Allgemeine Regeln des Völkerrechts in Bezug auf Waffensysteme

Das Völkerrecht behandelt Waffensysteme grundsätzlich aus zwei verschiedenen Perspektiven: zum einen regelt es die Verfügungsgewalt über Waffen (Friedenssicherungsrecht), zum anderen regelt es den Einsatz von Waffen (Recht des bewaffneten Konflikts).

Die den Waffeneinsatz innerhalb bewaffneter Konflikte betreffenden Regeln bezeichnet man heute häufig auch als humanitäres Völkerrecht, steht doch in dessen Zentrum der Schutz des Menschen vor den Folgen eines Krieges.[11] Für den Waffeneinsatz außerhalb bewaffneter Konflikte lassen sich kaum spezifische Regeln ausmachen; allerdings gelten – etwa im Rahmen internationaler Polizeimissionen – insbesondere menschenrechtliche Standards, aus denen sich ihrerseits rechtliche Grenzen für den Einsatz bestimmter Waffensysteme ableiten lassen.[12] Soweit es in diesem Beitrag allerdings um den Waffeneinsatz geht, stehen die Regeln des humanitären Völkerrechts über Mittel und Methoden der Kriegführung im Vordergrund, nicht zuletzt im Hinblick auf die besonderen Charakteristika nuklearer Waffensysteme. Aus dem Friedenssicherungsrecht, also den Rechtsnormen, bei denen es um die Verfügungsgewalt über Waffen geht, steht das Recht der Rüstungskontrolle und der Abrüstung im Vordergrund.

Beide Teilrechtsgebiete sind insbesondere im Hinblick auf ihren Anwendungsbereich deutlich zu unterscheiden. Allerdings gibt es beachtliche Verschränkungen zwischen ihnen. Sie ergeben sich zum einen daraus, dass ein Einsatzverbot im Hinblick auf bestimmte Waffensysteme durch vorgelagerte Herstellungs-, Besitz- und Transferverbote an Effektivität gewinnt. Zum zweiten hängen der Gegenseitigkeitsgrundsatz des humanitären Völkerrechts (sowohl dessen Geltung für alle Konfliktparteien als auch die Erwartung und Verwirklichung gegenseitiger Vorteile bei der Erfüllung des geltenden Rechts) und die vertrauensbildende Natur des Rechts der Rüstungskontrolle und Abrüstung nicht nur gedanklich zusammen. Und schließlich entfalten Waffenverbote heute ihre volle Wirksamkeit dann, wenn man die Funktionalität dieser Verbote (und damit geht es völkerrechtlich um Sinn und Zweck, in der Auslegung um die teleologische Interpretation) nicht nur auf bewaffnete Konflikte reduziert, sondern ihnen

[11] Zur Einführung in das humanitäre Völkerrecht H.-P. Gasser, Humanitäres Völkerrecht, Baden-Baden 2007.

[12] Dazu statt aller D. Fleck, Schutz der Menschenrechte bei Auslandseinsätzen – eine Herausforderung für Friedenstruppen, Entsendestaaten und internationale Organisationen, Neue Zeitschrift für Wehrrecht 2008, 164-170.

auch eine positive Rückwirkung auf das in Art. 2 (4) der Charta der Vereinten Nationen enthaltene Gewaltverbot beimisst.[13]

Diese wechselseitige Verschränkung zwischen humanitärem Völkerrecht und Friedenssicherungsrecht ist vor allem seit den 1980er Jahren immer deutlicher herausgearbeitet worden und hat sich schließlich auch in einer Reihe multilateraler Verträge niedergeschlagen, angefangen von dem Waffenübereinkommen der Vereinten Nationen von 1980 und den dazu vereinbarten Protokollen[14] bis hin zum Ottawa-Übereinkommen über Landminen von 1987[15] und dem Oslo-Übereinkommen über Streumunition von 2008.[16]

Ohne den Begriff der „allgemeinen Regeln" an dieser Stelle zu vertiefen, ist aus der Perspektive des humanitären Völkerrechts zunächst das Prinzip zu nennen, dass die Wahl der Mittel (Art. 22 HLKO[17]) und Methoden (Art. 35 Abs. 1 ZP I[18]) der Kriegführung Beschränkungen unterworfen wurde, und dass der Einsatz von Waffen, die geeignet sind, unnötige Leiden zu verursachen (Art. 23

[13] Art. 2 (4) der Charta lautet in der deutschen Übersetzung: „Alle Mitglieder unterlassen in ihren internationalen Beziehungen jede gegen die territoriale Unversehrtheit oder die politische Unabhängigkeit eines Staates gerichtete oder sonst mit den Zielen der Vereinten Nationen unvereinbare Androhung oder Anwendung von Gewalt."

[14] Das Waffenübereinkommen der Vereinten Nationen vom 10.10.1980 (in Kraft seit dem 2.12.1983) hat zum Ziel, den Einsatz bestimmter konventioneller Waffen, die übermäßiges Leiden verursachen oder unterschiedslos wirken können, in erklärten Kriegen und anderen bewaffneten Konflikten zu verbieten oder zu beschränken. Es besteht aus einem Rahmenübereinkommen und Protokollen über nichtentdeckbare Splitter (I), über Minen, Sprengfallen und andere Vorrichtungen (II), über Brandwaffen (III), über blindmachende Laserwaffen (IV) und über explosive Kampfmittelrückstände (V). Zur Bedeutung des Übereinkommens S.A. Solomon, The United Nations Convention on Certain Conventional Weapons of 1980 – its recent development and increasing significance, Yearbook of International Humanitarian Law 2003, 345-365.

[15] Das Übereinkommen vom 18.9.1997 über das Verbot des Einsatzes, der Lagerung, der Herstellung und der Weitergabe von Antipersonenminen und über deren Vernichtung ist am 1.3.1999 in Kraft getreten. Einführend M. Kalbusch, Das Verbot von Landminen – Abrüstung durch Friedenssicherungsrecht, Sicherheit und Frieden 2003, 149-156.

[16] Am 1.8.2010 ist das Übereinkommen zum Verbot von Streumunition, das im Dezember 2008 unterzeichnet wurde, in Kraft getreten. Näher zum Übereinkommen D. Justen, Der Vertrag von Oslo über das umfassende Verbot von Streumunition, Sicherheit und Frieden 2009, 102-106.

[17] Die Haager Landkriegsordnung (HLKO) ist die Anlage zu dem in Den Haag beschlossenen zweiten Haager Abkommen von 1899 „betreffend die Gesetze und Gebräuche des Landkriegs", das 1907 im Rahmen der Nachfolgekonferenz als viertes Haager Abkommen in leicht geänderter Fassung erneut angenommen wurde. Art. 22 S. 1 HLKO lautet: „Die Kriegführenden haben kein unbeschränktes Recht in der Wahl der Mittel zur Schädigung des Feindes."

[18] Art. 35 Abs. 1 des Zusatzprotokoll zu den Genfer Abkommen vom 12. August 1949 über den Schutz der Opfer internationaler bewaffneter Konflikte von 1977 hat folgenden Wortlaut: „In einem bewaffneten Konflikt haben die am Konflikt beteiligten Parteien kein unbeschränktes Recht in der Wahl der Methoden und Mittel der Kriegführung."

lit. e HLKO[19] und Art. 35 Abs. 2 ZP I[20]), verboten ist. Ebenfalls verboten ist die Anwendung von Mitteln oder Methoden, die dazu bestimmt oder geeignet sind, ausgedehnte, langanhaltende und schwere Schäden der natürlichen Umwelt zu verursachen (Art. 35 Abs. 3, 55 Abs. 1 ZP I).[21] Schließlich dürfen solche Mitteln und Methoden nicht angewendet werden, die militärische Ziele und Zivilpersonen oder zivile Objekte unterschiedslos schädigen können oder sollen (Art. 51 Abs. 4 und 5 ZP I).[22] Diese allgemeinen Regeln des humanitären Völkerrechts sind nicht nur Bestandteil des geltenden Vertragsrechts; sie sind auch völkergewohnheitsrechtlich anerkannt. Dies hat zuletzt die IKRK-Studie zum Gewohnheitsrecht dargelegt, auf die noch zurückzukommen ist.[23]

Zunächst ist aber nach deren „Allgemeinheit" zu fragen. „Allgemein" können diese Regeln zunächst im Hinblick auf die Zahl derjenigen Staaten sein, die deren Geltung anerkannt haben, sei es durch vertragliche Bindung oder auf gewohnheitsrechtlicher Grundlage. Derzeit sind zwar nur 35 Staaten Vertragspar-

---

[19] Art. 22 lit. e HLKO untersagt den „Gebrauch von Waffen, Geschossen oder Stoffen, die geeignet sind, unnötig Leiden zu verursachen,".

[20] Art. 35 Abs. 2 ZP I formuliert: „Es ist verboten, Waffen, Geschosse und Material sowie Methoden der Kriegführung zu verwenden, die geeignet sind, überflüssige Verletzungen oder unnötige Leiden zu verursachen."

[21] Nach Art. 35 Abs. 3 ZP I ist es verboten, „Methoden oder Mittel der Kriegführung zu verwenden, die dazu bestimmt sind oder von denen erwartet werden kann, dass sie ausgedehnte, langanhaltende und schwere Schäden der natürlichen Umwelt verursachen." Art. 55 Abs. 1 ZP I verpflichtet die Vertragsparteien dazu, „[b]ei der Kriegführung […] darauf zu achten, dass die natürliche Umwelt vor ausgedehnten, lang anhaltenden und schweren Schäden geschützt wird. Dieser Schutz schließt das Verbot der Anwendung von Methoden oder Mitteln der Kriegführung ein, die dazu bestimmt sind oder von denen erwartet werden kann, dass sie derartige Schäden der natürlichen Umwelt verursachen und dadurch Gesundheit oder Überleben der Bevölkerung gefährden." Nach Art. 55 Abs. 2 ZP I sind „Angriffe gegen die natürliche Umwelt als Repressalie […] verboten".

[22] Diese beiden Vorschriften lauten wie folgt: „4. Unterschiedslose Angriffe sind verboten. Unterschiedslose Angriffe sind (a) Angriffe, die nicht gegen ein bestimmtes militärisches Ziel gerichtet werden, (b) Angriffe, bei denen Kampfmethoden oder -mittel angewendet werden, die nicht gegen ein bestimmtes militärisches Ziel gerichtet werden können, oder (c) Angriffe, bei denen Kampfmethoden oder -mittel angewendet werden, deren Wirkungen nicht entsprechend den Vorschriften dieses Protokolls begrenzt werden können und die daher in jedem dieser Fälle militärische Ziele und Zivilpersonen oder zivile Objekte unterschiedslos treffen können. 5. Unter anderem sind folgende Angriffsarten als unterschiedslos anzusehen: (a) ein Angriff durch Bombardierung – gleichviel mit welchen Methoden oder Mitteln – bei dem mehrere deutlich voneinander getrennte militärische Einzelziele in einer Stadt, einem Dorf oder einem sonstigen Gebiet, in dem Zivilpersonen oder zivile Objekte ähnlich stark konzentriert sind, wie ein einziges militärisches Ziel behandelt werden, und (b) ein Angriff, bei dem damit zu rechnen ist, dass er auch Verluste an Menschenleben unter der Zivilbevölkerung, die Verwundung von Zivilpersonen, die Beschädigung ziviler Objekte oder mehrere derartige Folgen zusammen verursacht, die in keinem Verhältnis zum erwarteten konkreten und unmittelbaren militärischen Vorteil stehen."

[23] J.-M. Henckaerts und L. Doswald-Beck (Hrsg.), International Committee of the Red Cross: Customary International Humanitarian Law, Oxford 2005.

teien der HLKO. Allerdings sind 170 Staaten Vertragsparteien des Ersten Zusatzprotokolls von 1977. Das Umweltkriegsübereinkommen (in englischer Sprache „Convention on the Prohibition of Military or Any Other Hostile Use of Environmental Modification Techniques“, deshalb auch ENMOD-Übereinkommen) haben 73 Staaten ratifiziert.

Ob eine Regel völkergewohnheitsrechtlich gilt, hängt vom Nachweis einschlägiger Staatenpraxis und dem Vorhandensein einer entsprechenden Rechtsüberzeugung ab (opinio iuris sive necessitatis). Das Internationale Komitee vom Roten Kreuz (IKRK) hat dies in der erwähnten Studie näher untersucht und dabei insbesondere die einschlägigen militärischen Dienstvorschriften herangezogen (military manuals), aber auch sonstige Materialien ausgewertet (etwa Gesetzgebung und Rechtsprechung)[24]. Im Ergebnis kann das IKRK feststellen, dass jedenfalls die genannten Bestimmungen der Art. 35, 51 und 55 ZP I gewohnheitsrechtlich gelten. Die IKRK-Studie hat dies in sogenannten Regeln (rules) zusammengefasst, deren Formulierungen eine Parallelität von völkerrechtlichem Vertragsrecht und Völkergewohnheitsrecht deutlich machen: So heißt es in Rule 70: „The use of means and methods of warfare which are of a nature to cause superfluous injury or unnecessary suffering is prohibited“. Rule 71 hält als Ausdruck des Gewohnheitsrechts fest: „The use of weapons which are by nature indiscriminate is prohibited”. Bezogen auf den Schutz der natürlichen Umwelt formuliert Rule 45 die gewohnheitsrechtlichen Pflichten wie folgt: „The use of methods or means of warfare that are intended, or may be expected, to cause widespread, long-term and severe damage to the natural environment is prohibited. Destruction of the natural environment may not be used as a weapon”.

„Allgemein” können die genannten Regeln aber nicht nur im Hinblick auf ihre Geltung für die gesamte internationale Gemeinschaft sein, sondern auch hinsichtlich ihres Anwendungsbereichs. Dabei sind typischerweise drei Situationen zu unterscheiden: Situationen unterhalb der Schwelle eines bewaffneten Konflikts, internationale bewaffnete Konflikte und nicht-internationale bewaffnete Konflikte. Staatliches Verhalten unterhalb der Schwelle eines bewaffneten Konflikts – beispielsweise der polizeiliche Einsatz von Streitkräften – ist den allgemeinen Regeln des Friedensvölkerrechts unterworfen, insbesondere menschenrechtlichen Beschränkungen.[25] Da nukleare Waffensysteme nicht so konzipiert sind, dass sie außerhalb bewaffneter Konflikte zum Einsatz kommen, ist hierauf an dieser Stelle nicht näher einzugehen; auf präventiv wirkende rüstungskontrollrechtliche Normen, die nicht den Einsatz, sondern Besitz, Erwerb,

---

[24] Vgl. dazu die Bände 2 und 3 der in Anm. 23 genannten Studie.

[25] S. dazu T. Marauhn, Streitkräfte zur Friedenssicherung im Ausland: zwischen militärischem und polizeilichem Einsatz, in: Moderne Konfliktformen: Humanitäres Völkerrecht und privatrechtliche Folgen, Heidelberg 2010, Berichte der Deutschen Gesellschaft für Völkerrecht, Band 44, 249-279.

Weitergabe und ähnliche Verhaltensweisen zum Gegenstand haben, wird noch zurückzukommen sein.

Demgegenüber ist hier die Frage interessant, ob es unterschiedliche Regeln über Mitteln und Methoden der Kriegführung in internationalen und nicht-internationalen bewaffneten Konflikten gibt. Die maßgeblichen vertraglichen Instrumente sind der Gemeinsame Art. 3 der Genfer Abkommen von 1949[26] und das Zweite Zusatzprotokoll zu diesen Abkommen von 1977.[27] Der Gemeinsame Art. 3 der Genfer Abkommen ist eine Art Auffangbestimmung. Detailliertere Regeln sind im Zweiten Zusatzprotokoll enthalten, das mittlerweile von 165 Staaten ratifiziert worden ist. Eine Analyse dieser Instrumente zeigt, dass die Grundregeln für Kampfmittel und -methoden im internationalen wie im nicht-internationalen Konflikt gleichermaßen gelten. Das haben insbesondere auch jüngere Entscheidungen internationaler Strafgerichte erkennen lassen.[28]

Eine dritte Perspektive auf die „Allgemeinheit" der Regeln über Kampfmittel und -methoden zielt ebenfalls auf den Anwendungsbereich, allerdings nicht auf den Konflikttypus sondern auf die Mittel und Methoden. In der Tat haben sich im Laufe der Zeit Regeln entwickelt, die für alle Kampfmittel und -methoden gelten, und solche, die nur für bestimmte Mittel und Methoden der Kriegführung einschlägig sind. Nukleare Waffensysteme könnten dann als singulär im Sinne des humanitären Völkerrechts angesehen werden, wenn es spezielle Regeln für ihren Einsatz geben würde. Derartige spezielle Regeln gibt es vor allem

---

26 Der Gemeinsame Art. 3 der Genfer Abkommen lautet: „Im Falle eines bewaffneten Konflikts, der keinen internationalen Charakter aufweist und der auf dem Gebiet einer der Hohen Vertragsparteien entsteht, ist jede der am Konflikt beteiligten Parteien gehalten, wenigstens die folgenden Bestimmungen anzuwenden: 1. Personen, die nicht direkt an den Feindseligkeiten teilnehmen, einschließlich der Mitglieder der bewaffneten Streitkräfte, welche die Waffen gestreckt haben, und der Personen, die infolge Krankheit, Verwundung, Gefangennahme oder irgendeiner anderen Ursache außer Kampf gesetzt wurden, sollen unter allen Umständen mit Menschlichkeit behandelt werden, ohne jede Benachteiligung aus Gründen der Rasse, der Farbe, der Religion oder des Glaubens, des Geschlechts, der Geburt oder des Vermögens oder aus irgendeinem ähnlichen Grunde. Zu diesem Zwecke sind und bleiben in bezug auf die oben erwähnten Personen jederzeit und jedenorts verboten: (a) Angriffe auf Leib und Leben, namentlich Mord jeglicher Art, Verstümmelung, grausame Behandlung und Folterung; (b) die Gefangennahme von Geiseln; (c) Beeinträchtigung der persönlichen Würde, namentlich erniedrigende und entwürdigende Behandlung; (d) Verurteilungen und Hinrichtungen ohne vorhergehendes Urteil eines ordnungsgemäß bestellten Gerichtes, das die von den zivilisierten Völkern als unerlässlich anerkannten Rechtsgarantien bietet.".

27 Das zweite Zusatzprotokoll weitet die Mindestgarantien von Grundrechten, welche bereits in Artikel 3 der vier Genfer Abkommen enthalten sind, auf den internen bewaffneten Konflikt aus. Es bezieht sich ausschließlich auf den Schutz von Privatpersonen (Art. 2 ZP II).

28 C. Kreß, Friedenssicherung- und Konfliktvölkerrecht auf der Schwelle zur Postmoderne, Europäische Grundrechte-Zeitschrift 1996, 638-648. Kreß vertritt die (umstrittene) Assimilierungsthese, die von einer weitgehenden Angleichung des für internationale und nicht-internationale bewaffnete Konflikte geltenden Rechts ausgeht. Für das Waffenrecht lässt sich diese These durchaus vertreten; im Übrigen ist sie meines Erachtens nicht wirklich überzeugend.

für bestimmte Kampfmittel, darunter bestimmte konventionelle Waffen (bestimmte Explosiv- und Brandgeschosse, nicht entdeckbare Splitter, Minen, Laserwaffen und zuletzt auch Streumunition), biologische Waffen und chemische Waffen.[29] Vertragliche Einsatzverbote für nukleare Waffen sucht man allerdings vergebens. Insofern sind – so könnte man argumentieren – Nuklearwaffen nicht singulär, soweit die allgemeinen Regeln über den Kampfmitteleinsatz auch für sie gelten. Ob dies der Fall ist, wird noch zu erörtern sein.

Zuvor sollen allerdings diese allgemeinen Regeln umrissen werden – und zwar anhand des Unterscheidungsgebots, des Verbots der Umweltkriegführung und der sogenannten Martens'schen Klausel.

Das Unterscheidungsgebot verpflichtet die Konfliktparteien dazu, zwischen zulässigen militärischen Zielen und geschützten zivilen Objekten sowie zwischen Personen, die zur Vornahme kriegerischer Handlungen berechtigt sind, und solchen, die es nicht sind, zu unterscheiden, also zwischen Kombattanten und Nicht-Kombattanten.[30] Das Unterscheidungsgebot gilt gewohnheitsrechtlich. Darüber hinaus enthält Art. 51 ZP I eine Reihe von konkreten Geboten und Verboten, die aus dem Unterscheidungsgebot abgeleitet werden.

Das Verbot übermäßiger Umweltschädigungen durch die Kampfführung wird jedenfalls partiell in ZP I geregelt. Erfasst werden dabei auch Kollateralschäden. Die gezielte Umweltkriegführung ist Gegenstand des 1977 angenommenen Umweltkriegsübereinkommens. Nach überwiegender Meinung gilt das Verbot übermäßiger Kollateralschäden der Umwelt auch gewohnheitsrechtlich.[31]

Ganz entscheidend für die Regeln zu Kampfmitteln und -methoden ist die sogenannte Martens'sche Klausel.[32] In Art. 35 Abs. 2 ZP I heißt es „Es ist verboten, Waffen, Geschosse und Material sowie Methoden der Kriegführung zu verwenden, die geeignet sind, überflüssige Verletzungen oder unnötige Leiden zu verursachen". Die Präambel des Zweiten Zusatzprotokolls formuliert: „Die Hohen Vertragsparteien, ... eingedenk dessen, dass die menschliche Person in den vom geltenden Recht nicht erfassten Fällen unter dem Schutz der Grundsätze der Menschlichkeit und der Forderungen des öffentlichen Gewissens verbleibt, sind

---

[29] Vgl. dazu W.H. Boothby, Weapons and the law of armed conflict, Oxford 2009, Kapitel 8 und 9.

[30] Zur fortdauernden Bedeutung des Unterscheidungsverbots auch in ungewöhnlichen Konfliktsituationen (wie beispielsweise asymmetrischen Konflikten) vgl. S. Oeter, Comment: Is the Principle of Distinction Outdated?, in: W. Heintschel von Heinegg/V. Epping (Hrsg.), International Humanitarian Law Facing New Challenges, Heidelberg 2007, 53-62.

[31] Vgl. dazu statt aller H. Spieker, The conduct of hostilities and the protection of the environment, in: A. Fischer-Lescano/H.-P. Gasser/T. Marauhn/N. Ronzitti (Hrsg.), Frieden in Freiheit, Baden-Baden 2008, 741-768.

[32] Die Klausel ist benannt nach dem Diplomaten und Juristen Friedrich Fromhold Martens, der diese Klausel im Rahmen der Haager Friedenskonferenz von 1899 formuliert hatte. Sie gilt in bewaffneten Konflikten. Umfassend hierzu R. Schircks, Die Martens'sche Klausel, Baden-Baden 2002.

wie folgt übereingekommen ...“. Damit wird die traditionelle Formel aufgegriffen: „In Fällen, die von den geschriebenen Regeln des internationalen Rechts nicht erfasst sind, verbleiben Zivilpersonen und Kombattanten unter Schutz und der Herrschaft der Grundsätze des Völkerrechts, wie sie sich aus den feststehenden Gebräuchen, aus den Grundsätzen der Menschlichkeit und aus den Forderungen des öffentlichen Gewissens ergeben“.

Diese drei Grundprinzipien sind so abstrakt formuliert, dass sie grundsätzlich auf alle Kampfmittel und -methoden angewendet werden können. Ob und wie diese allgemeinen Regeln eine spezifische Auslegung im Hinblick auf nukleare Waffensysteme erfahren haben, soll erläutert werden, nachdem die Herausbildung spezifischer Regeln des Völkervertragsrechts dargelegt worden sind.

Die Herausbildung spezifischen völkerrechtlichen Vertragsrechts für nukleare Waffensysteme

Die ersten völkerrechtlichen Instrumente, die Bestimmungen zu nuklearen Waffensystemen enthielten, wurden unmittelbar nach dem Zweiten Weltkrieg geschlossen. Es handelt sich dabei um die 1947 unterzeichneten Friedensverträge mit Bulgarien, Finnland, Ungarn, Italien und Rumänien, die diesen Staaten die Herstellung und den Besitz von sowie Versuche mit Nuklearwaffen untersagten. Auch der Österreichische Staatsvertrag von 1955 enthielt eine vergleichbare Regelung. Schließlich erklärte auch der Kanzler der Bundesrepublik Deutschland 1954 den deutschen Verzicht auf die Herstellung von Nuklearwaffen auf deutschem Territorium – eine Erklärung, die zunächst als Anhang I dem Protokoll Nr. III zur Westeuropäischen Union beigefügt war und die 1990 in Art. 3 Abs. 1 des Zwei-plus-Vier-Vertrages für das vereinte Deutschland bestätigt wurde. Der Antarktis-Vertrag von 1959 untersagt ausdrücklich die Entsorgung radioaktiven Materials in der Antarktis. Auch verbietet er Atomwaffentests in der Antarktis. Darüber hinaus legt der Vertrag fest, dass die Antarktis nur für friedliche Zwecke genutzt werden darf. Der Weltraumvertrag von 1967, der Mondvertrag von 1997 sowie der 1991 vereinbarte Vertrag über das Verbot der Stationierung von Kernwaffen auf dem Tiefseeboden enthalten ähnliche Bestimmungen.[33]

Des Weiteren wurden einige atomwaffenfreie Zonen vereinbart.[34] Zu nennen sind hier insbesondere der Vertrag von Tlatelolco von 1967, der Vertrag von

---

[33] S. dazu S. Kadelbach, Nuclear Weapons and Warfare, in: R. Wolfrum (Hrsg.), The Max Planck Encyclopedia of Public International Law, Oxford 2009, online edition <www.mpepil.com>, zuletzt besucht am 20.9.2011.

[34] S. dazu C. Eisenbart und C. Daase (Hrsg.), Nuklearwaffenfreie Zonen, Heidelberg 2000.

Rarotonga von 1985, der Vertrag von Bangkok von 1995 und der Vertrag von Pelindaba von 1996. Diese Verträge sehen für Lateinamerika und die Karibik, für den Südpazifik, für Südostasien sowie für Afrika atomwaffenfreie Zonen vor. Die Kernwaffenstaaten haben sich dazu verpflichtet, diese Zonen zu respektieren. Sie haben entsprechende Sicherheitsgarantien abgegeben. 2006 ist mit dem Vertrag von Semipalatinsk eine zentralasiatische atomwaffenfreie Zone hinzugetreten.

Eine weitere Gruppe von nuklearwaffenspezifischen Verträgen betrifft die Versuche mit Kernwaffen. Ein partieller Teststopp wurde 1963 vereinbart; Frankreich folgte 1974 mit einseitigen Verzichtserklärungen, und die Vereinigten Staaten von Amerika sowie die Sowjetunion verständigten sich 1976 auf ein Verbot bestimmter unterirdischer Atomtests. Der umfassende Teststoppvertrag von 1996 ist noch nicht in Kraft getreten, weil noch neun der 44 Staaten fehlen, die prinzipiell über das Know-how zum Bau von Kernwaffen verfügen und deren Ratifikation Voraussetzung für das Inkrafttreten ist. Jenseits dieser vertraglichen Vereinbarungen gelten die Regeln über die Staatenverantwortlichkeit, aufgrund derer jedenfalls Atomwaffenversuche mit negativen grenzüberschreitenden Auswirkungen rechtswidrig sind.

Schließlich sind noch die einschlägigen Rüstungskontrollvereinbarungen zu nennen, an erster Stelle der Nichtverbreitungsvertrag von 1968, der 1995 unbefristet verlängert wurde. Dieser Vertrag ist bemerkenswert, weil er zwei Gruppen von Staaten unterscheidet, nämlich die sogenannten Kernwaffenstaaten und diejenigen, die keine Kernwaffenstaaten sind. Zwar sind alle Staaten Proliferationsbeschränkungen und -verboten unterworfen. Aber zumindest ad interim rechtfertigt dieser Vertrag den Besitz von Nuklearwaffen für die Kernwaffenstaaten. Ad interim ist diese Rechtfertigung deshalb, weil Art. VI des Vertrages auch diese Staaten zur nuklearen Abrüstung verpflichtet.[35]

Auch der Sicherheitsrat der Vereinten Nationen hat sich mehrfach zu Nuklearwaffen geäußert. Besonders auffällig waren die gegenüber dem Irak ergriffenen Maßnahmen; aber auch gegenüber Nordkorea und dem Iran wurde der Sicherheitsrat aktiv. Mit der Annahme der Resolution 1540 im April 2004 machte der Sicherheitsrat der Vereinten Nationen mit bindender Wirkung für alle Mitgliedstaaten der Vereinten Nationen klar, dass die Proliferation von Kernwaffen als eine Bedrohung der internationalen Sicherheit und des Friedens im Sinne von Art. 39 der Charta der Vereinten Nationen angesehen wird.[36]

---

[35] Kritisch zum Zustand des Regimes H. Müller, Nichtverbreitungsvertrag: Regime kaputt. Internationale Politik 2006, 16-23.

[36] Zurückhaltend A. Zimmermann und B. Elberling, Grenzen der Legislativbefugnisse des Sicherheitsrats, Vereinte Nationen 2004, 71-77.

Den Verpflichtungen aus Art. VI des Nichtverbreitungsvertrages sind die Kernwaffenstaaten bislang nur unvollständig nachgekommen. Zwar wurden mit den SALT-, INF- und START-Abkommen mehrere Verträge vereinbart, die eine Reduktion von Nuklearwaffensystemen zum Gegenstand hatten. Hierin können aber allenfalls Zwischenschritte gesehen werden, zumal gegenwärtig trotz der seit 1993 laufenden Gespräche über einen Fissile Material Cut Off-Vertrag und trotz der Ankündigungen von US-Präsident Obama eine vollständige Beseitigung des Nuklearwaffenpotentials nicht in Sicht ist. Auch die zahlreichen auf die Verhinderung nuklearer Krisen ausgerichteten Verträge ändern nichts an diesem Befund.

Fasst man den aktuellen Entwicklungsstand im Hinblick auf kernwaffenspezifische Verträge zusammen, so lassen sich mehrere Elemente identifizieren, die für die Frage nach der Singularität von Kernwaffensystemen relevant sind:

Erstens reflektieren diese Verträge das besondere Gefahrenpotenzial von Kernwaffen. Die internationale Gemeinschaft ist im Hinblick auf diese Waffensysteme frühzeitig tätig geworden. Rüstungskontrollrechtliche Vereinbarungen sind letztlich zu erheblichen Teilen am Beispiel der Beschränkung des Kernwaffenpotenzials und der davon ausgehenden Gefahren entwickelt worden.

Zweitens hat die internationale Gemeinschaft es nicht vermocht, einen umfassenden Vertrag zum Verbot von Nuklearwaffen zu vereinbaren – ganz im Gegensatz zur Bedrohung durch biologische und chemische Waffen. In diesen beiden Fällen ist es 1972 und 1993 gelungen, entsprechende umfassende Vereinbarungen auf den Weg zu bringen, die nicht nur das Ziel einer Beschränkung dieser Waffenkategorien verfolgen, sondern darüber hinaus auf deren Beseitigung zielen. Auch enthalten beide Abkommen Einsatzverbote und erweitern insoweit das Genfer Giftgasprotokoll von 1925. Dass nur das Chemiewaffen-Übereinkommen über wirksame Implementierungs-, Überwachungs- und Durchsetzungsmechanismen verfügt, ist auffällig und schon seit geraumer Zeit Gegenstand internationaler Diskussionen und Verhandlungen.

Drittens ist das gegenwärtige Kernwaffenregime zusätzlich zu den genannten völkerrechtlichen Verträgen durch eine Vielzahl politisch (aber nicht rechtlich) verbindlicher Instrumente auf internationaler Ebene geprägt. Diese häufig dem so genannten „soft law“ (eine etwas irreführende Sammelbezeichnung für nicht rechtsverbindliche Instrumente) zugerechneten Absprachen wie beispielsweise die Regeln der Nuclear Suppliers Group oder das Regime zur Eindämmung von Trägersystemen (MTCR) sollen die offensichtlich von der Staatengemeinschaft als defizitär empfundenen vertraglichen Nichtverbreitungsmaßnahmen unterstützen und unterfüttern. Dies gilt auch im Hinblick auf die Rolle der Internationalen Atomenergie-Organisation, deren Beitrag zur nuklearen Nichtverbreitung wichtig aber nicht unumstritten ist.

Viertens kann schließlich der Nichtverbreitungsvertrag selbst als Ausdruck völkerrechtlicher Singularität von Nuklearwaffen gewertet werden. Er rechtfertigt, dass einzelne Staaten Nuklearwaffen besitzen, obwohl auch diese Staaten zur nuklearen Abrüstung verpflichtet sind. Zwar lässt sich dem Vertrag nur eine temporäre Rechtfertigung entnehmen. Die Verpflichtung zur Abrüstung ist jedoch so allgemein formuliert, dass ein zeitliches Ende der Rechtfertigung (insbesondere nach der unbefristeten Verlängerung des Vertrages) faktisch nicht absehbar ist. Dies unterstreicht die Sonderstellung von Nuklearwaffensystemen aus völkerrechtlicher Perspektive.

Nuklearwaffenspezifische Auslegung allgemeiner Regeln des Völkerrechts

Im Gegensatz zu den Versuchen einer rüstungskontrollrechtlichen Einhegung von Nuklearwaffen ist es bislang nicht gelungen, ein vertragliches Einsatzverbot solcher Waffen zustande zu bringen. Auch aus diesem Grund musste der IGH 1996 in einem Gutachten Stellung zu dieser Frage nehmen, ohne allerdings zu in jeder Hinsicht überzeugenden Ergebnissen zu kommen.[37] Hierauf wird noch zurückzukommen sein. Zuvor sollen allerdings die Diskussionsansätze aufgezeigt werden, die genutzt worden sind und werden, um die allgemeinen Regeln des humanitären Völkerrechts auch auf Nuklearwaffen anzuwenden und gegebenenfalls auf diesem Wege Einsatzbeschränkungen oder gar ein Einsatzverbot zu erreichen.

Festzuhalten ist zunächst, dass ein Einsatzverbot von Nuklearwaffen nicht auf das menschenrechtliche Verbot willkürlicher Tötungen und die Genozid-Konvention gestützt werden kann. Zum einen muss nämlich die Frage, was eine willkürliche Tötung ist, anhand der spezielleren Bestimmungen des humanitären Völkerrechts beantwortet werden; zum anderen ist das subjektive Element des Völkermords so schwer nachweisbar, dass eine Steuerung des Verhaltens von Staaten über die Genozid-Konvention im Hinblick auf den Einsatz von Nuklearwaffensystemen kaum Erfolg versprechen wird.

Es kommt also ganz entscheidend auf die Bestimmungen und die Grundsätze des humanitären Völkerrechts an. Das Verbot des Einsatzes von Giftwaffen hilft an dieser Stelle nicht weiter. Das liegt weniger daran, dass es schon vom

[37] Dazu T. Marauhn und K. Oellers-Frahm, Atomwaffen, Völkerrecht und die internationale Gerichtsbarkeit. Anmerkungen zur Spruchpraxis internationaler Organe hinsichtlich der völkerrechtlichen Zulässigkeit von Atomtests, der Drohung mit oder des Einsatzes von Atomwaffen, EuGRZ 1997, 221-235.

Wortlaut her ungeeignet ist. Vielmehr führt eine systematische Auslegung der jeweiligen Einsatzverbote dazu, dass dieses Verbot in erster Linie auf biologische und chemische Waffen zielt und deshalb Nuklearwaffen von seinem Anwendungsbereich ausgeschlossen sind.

Hier ist zunächst auf das Verbot der Verursachung unnötiger Leiden einzugehen. Denkbar ist jedenfalls, dass die spezifischen Folgen des Einsatzes von Kernwaffen in einem bewaffneten Konflikt nicht durch den erwarteten militärischen Vorteil („militärische Notwendigkeit") zu rechtfertigen und jedenfalls unverhältnismäßig sind. Dies ist allerdings in dieser allgemeinen Form nicht unumstritten. Zahlreiche Autoren gehen davon aus, dass die Frage der Unverhältnismäßigkeit nur anhand des konkreten Einzelfalls zu klären ist.

Zentrale Bedeutung kommt dem Unterscheidungsgebot und dem Schutz der Zivilbevölkerung zu. Dabei hat sich die Debatte lange auf die Bestimmungen des Ersten Zusatzprotokolls konzentriert, insbesondere auf Art. 51 Abs. 4 und 5. Zwar lassen sich die Bestimmungen von ihrem Wortlaut und ihrer Systematik her durchaus dahingehend lesen, dass Nuklearwaffen wegen ihrer mangelnden Möglichkeit, zwischen Kombattanten und Nicht-Kombattanten sowie zwischen militärischen Zielen und anderen Objekten zu unterscheiden, nicht eingesetzt werden dürfen; ob sich dies allerdings auch bei wachsender Zielgenauigkeit und geringerer Streuwirkung des Waffeneinsatzes vertreten lässt, ist mindestens umstritten. Außerdem sprechen die Umstände des Vertragsschlusses und die von zahlreichen Staaten abgegebenen Auslegungserklärungen zu Nuklearwaffen gegen eine solche Auslegung des Zusatzprotokolls. Der IGH hat sich vor diesem Hintergrund dahingehend geäußert, dass der Einsatz von Kernwaffen jedenfalls völkervertragsrechtlich nicht verboten sei. Grundsätzlich dürfte dies auch für die gewohnheitsrechtliche Geltung des Unterscheidungsverbots gelten.[38]

Auch das umweltkriegsrechtliche Schädigungsverbot ist sowohl in der vertrags- als auch in der gewohnheitsrechtlichen Form wegen der kumulativ anwendbaren Kriterien (weiträumig, lang andauernd und schwerwiegend) kaum geeignet, den Einsatz von Nuklearwaffen per se für völkerrechtswidrig zu erklären. Es dürfte auch hier auf den Einzelfall ankommen, vor allem im Hinblick darauf, ob weiträumige Umweltschäden vorliegen.

Allerdings kann man heute durchaus die Auffassung vertreten, dass das IGH-Gutachten aus dem Jahre 1996 möglicherweise revidiert werden müsste. Zwar ist dem IGH dahingehend zuzustimmen, dass es derzeit kein explizites Verbot des Einsatzes von Kernwaffen gibt – weder vertrags- noch gewohnheits-

[38] Wohl am deutlichsten hat H. Fischer die These vertreten, dass das Unterscheidungsverbot einen Atomwaffeneinsatz verbietet; vgl. dazu H. Fischer, Der Einsatz von Nuklearwaffen nach Art. 51 des I. Zusatzprotokolls zu den Genfer Konventionen von 1949, Berlin 1985. Vgl. auch H.-M. Empell, Nuklearwaffeneinsätze und humanitäres Völkerrecht, Heidelberg 1993.

rechtlich. Jedoch hat der IGH sich aus meiner Sicht nur unzureichend mit der Frage auseinandergesetzt, ob nicht die allgemeinen Grundsätze des humanitären Völkerrechts unter Einschluss der Martens'schen Klausel letztlich auch unter Berücksichtigung der fortschreitenden Ächtung bestimmter Kampfmittel und Kampfmethoden von ihrem Sinn und Zweck her so zu lesen sind, dass der Einsatz von Kernwaffensystemen im bewaffneten Konflikt grundsätzlich völkerrechtswidrig ist.

Stattdessen ist nunmehr der Frage nachzugehen, ob die aufgezeigte Behandlung – oder auch gerade die Nichtbehandlung – von Kernwaffen durch das humanitäre Völkerrecht Ausdruck ihrer (völkerrechtlichen) Singularität ist. Auch hierzu sind einige Schlussfolgerungen festzuhalten:

Erstens ist es bemerkenswert, dass der Einsatz von Waffensystemen, die besonders gravierende Folgen für die Kombattanten haben, zunehmend explizit verboten worden ist. So haben die Staaten mit dem Genfer Giftgasprotokoll von 1925 (unter Anknüpfung an vorhergehende Regelungen) und den nachfolgenden multilateralen Übereinkommen von 1972 und 1993 den Einsatz von biologischen und chemischen Waffen verboten. Besonders grausame konventionelle Waffen sind seit Mitte des 19. Jahrhunderts Gegenstand völkerrechtlicher Einsatzbeschränkungen. Die Regelungsdichte nimmt nicht zuletzt aufgrund des Übereinkommens über konventionelle Waffen von 1980 stetig zu. Dass bislang keine Einsatzregeln für Nuklearwaffen vereinbart worden sind, ist jedenfalls auffällig.

Zweitens ist kaum jemals in Frage gestellt worden, dass die allgemeinen Grundsätze des humanitären Völkerrechts grundsätzlich auf alle Kampfmittel und -methoden anzuwenden sind. Dies gilt nicht nur für alle konventionellen Waffensysteme, sondern auch für biologische und chemische Waffen. Dass nun ausgerechnet Nuklearwaffen nicht von den allgemeinen Grundsätzen des humanitären Völkerrechts erfasst sein sollen, ist in der Tat eine weitere Besonderheit, die man zwar völkerrechtsdogmatisch unter Rückgriff auf die Vertragsverhandlungen zu den Genfer Zusatzprotokollen sowie unter Berücksichtigung entsprechender Erklärungen einzelner Staaten erläutern kann, die aber letztlich ihrerseits eine Sonderstellung von Nuklearwaffen im humanitären Völkerrecht zum Ausdruck bringt.

Drittens ist die Zurückhaltung des IGH im Hinblick auf eine abschließende Beantwortung der ihm vorgelegten Frage ungewöhnlich. Zwar hat der IGH immer wieder die Möglichkeit gesehen und gesucht, derartigen Gutachtenanträgen schon auf der Zulässigkeitsebene auszuweichen; dass aber die Frage nur halb oder gar unter Hinweis auf ein non liquet nicht beantwortet wurde, gehört eher zu den Ausnahmeerscheinungen.

Sind Nuklearwaffen aus völkerrechtlicher Perspektive singulär?

Vor diesem Hintergrund ist nun die Frage zu stellen, ob die völkerrechtliche Analyse eine Singularitätsthese stützt. Dabei lassen sich unter Rückgriff auf die Ausführungen sowohl zum Rüstungskontrollrecht als auch zum humanitären Völkerrecht zahlreiche Argumente ausmachen, die eine solche Singularitätsthese stützen, denn in der Tat weichen sowohl die rüstungskontrollrechtlichen als auch die humanitär-völkerrechtlichen Regelungen von allen anderen bekannten Regimen derart deutlich ab, dass man problemlos schlussfolgern kann, dass Nuklearwaffen offensichtlich eine Art Sondertatbestand im Völkerrecht darstellen.

Hiergegen lässt sich allerdings Folgendes einwenden: So zutreffend die These vom Sondertatbestand historisch ist, so deutlich ist jedoch erkennbar, dass sich die Regelungsdichte in Bezug auf nukleare Waffensysteme sowohl im Bereich des humanitären Völkerrechts als auch im Bereich des Rüstungskontrollrechts ebenso wie die wissenschaftlichen und politischen Debatten zunehmend den Wertungen im Hinblick auf andere Waffensysteme annähern. Dies gilt insbesondere für die Entwicklung des Rüstungskontrollrechts. Aber auch für das humanitäre Völkerrecht lässt sich insbesondere in der Phase zwischen dem IGH-Gutachten aus dem Jahre 1996 und heute feststellen, dass nicht nur der wissenschaftliche sondern auch der politische Diskurs sich zunehmend den Sondervoten der Richter Weeramantry, Shahabuddeen und Koroma annähern.[39] Vor diesem Hintergrund lässt sich die These formulieren, dass sich die Kernwaffen von einem Sondertatbestand im Völkerrecht zu einem anhand allgemeiner völkerrechtlicher Normen zu bewertenden „Normalfall" entwickeln. Man kann auch sagen, dass das Völkerrecht Kernwaffensystemen ihre Singularität dadurch entzieht, dass es sie immer näher an die allgemeinen Grundsätze des Völkerrechts und insbesondere des humanitären Völkerrechts heranführt. Die nächsten Jahre werden zeigen, ob sich dieser Prozess der Ent-Singularisierung von Kernwaffen im Völkerrecht fortsetzen wird. Gegenwärtig lässt sich die Frage nicht entscheiden: einerseits gibt es viele Hinweise auf Singularität, andererseits scheint die Entwicklung des Völkerrechts in den letzten Jahren auf eine Ent-Singularisierung hinzuweisen.

---

[39] Vgl. dazu statt aller C.G. Weeramantry, The law, nuclear weapons, and the real world, in: W.M. Evan (Hrsg.), Nuclear proliferation and the legality of nuclear weapons (1995), S. 215-246 sowie jüngst C.G. Weeramantry, Response to President Obama's Prague speech, in: P. Becker/R. Braun/D. Deiseroth (Hrsg.), Frieden durch Recht?, Berlin 2010, 73-111.

Christopher Daase

Die Konstruktion normativer Singularität – zu Entstehung und Wandel des nuklearen Tabu

Einleitung[1]

Der Glaube an die Singularität der Nuklearwaffen ist Segen und Fluch zugleich. Segen, weil unter Verweis auf das unvergleichliche Zerstörungspotential von Atombomben schon früh außergewöhnliche Maßnahmen ergriffen werden konnten, die bis heute die Weiterverbreitung von Nuklearwaffen einschränken. Fluch, weil die einzigartige Macht und der Status, der mit ihrem Besitz verbunden ist, einen stetigen Anreiz insbesondere für aufstrebende Mächte schafft, sich Nuklearwaffen zu verschaffen. Der Glaube an die Singularität von Nuklearwaffen hat zu einer einzigartigen Institution in den internationalen Beziehungen geführt: dem so genannten „nuklearen Tabu". Dieses Tabu stellt eine komplexe normative Ordnung dar, die nicht nur die Rechte über Gebrauch und Nicht-Gebrauch von Atomwaffen festlegt, sondern auch die Rechte über ihren Besitz und Nicht-Besitz festschreibt. Aber was geschieht, wenn der Glaube an die Singularität von Nuklearwaffen schwindet? Wie verändert sich dann das nukleare Tabu? Und wie kann es dazu kommen?

Um diese Fragen zu beantworten, muss man klären, worauf sich der Singularitätsglaube gründet: Auf die physikalische Einzigartigkeit nuklearer Prozesse? Auf die technische Einzigartigkeit von Kernwaffen-Designs? Auf die politische Einzigartigkeit militärischer Massenvernichtung? Wenn man das tut, wenn man die Singularität an gleichsam absoluten Eigenschaften von Nuklearwaffen festmacht, wird es allerdings schwierig, den Wandel des Singularitätsglaubens und die Krise des nuklearen Tabu zu erklären. Denn physikalische Prozesse, technische Designs und die Möglichkeit zur Massenvernichtung ändern sich nicht; wohl aber ihre politische und normative Einschätzung. Mein Argument ist, dass die Singularität von Nuklearwaffen nicht in erster Linie an physikalischen und

[1] Dieser Beitrag basiert in Teilen auf meinem Aufsatz Der Anfang vom Ende des nuklearen Tabus. Zur Legitimitätskrise der Weltnuklearordnung, in: Zeitschrift für Internationale Beziehungen 10: 1, 2003, S. 7-41.

technischen Eigenschaften festzumachen ist, sondern eher als soziale Konstruktion verstanden werden sollte, die die – zugegeben besonderen – Eigenschaften von Nuklearwaffen in einer ganz bestimmten Weise interpretierte und damit politisch handhabbar machte. Erst die Interpretation der Nuklearwaffen als singuläre Waffen erlaubte es, das nukleare Tabu zu entwickeln und damit eine normative Ordnung zu schaffen, in der einige Staaten Nuklearwaffen besitzen dürfen und andere nicht, und in der zwar der *politische* Gebrauch von Nuklearwaffen gestattet, ihr *militärischer* Gebrauch aber geächtet ist. Diese normative Ordnung ist gefährdet. Denn in dem Maße, in dem der Glaube an die Singularität von Nuklearwaffen schwindet, schwindet auch die normative Kraft des nuklearen Tabu. Dies ist gegenwärtig der Fall, und dies ist der Kern der gegenwärtigen Krise des Nichtverbreitungsregimes. Weil es ein Zurück zu einem naiven Singularitätsglauben nicht gibt, ist auch die Restitution des nuklearen Tabu nicht möglich. Die Stabilisierung des Nichtverbreitungsregimes bedarf deshalb neuer Verfahren, die sowohl die sicherheitspolitischen Forderungen nicht-demokratischer Staaten als auch die normative Forderung nach politischer Teilhabe aufstrebender Mächte ernstnimmt.

In den folgenden drei Kapiteln soll diese Argumentation im Einzelnen dargelegt und theoretisch begründet werden. Ziel ist ein Verständnis normativer Singularität, das sowohl die gegenwärtige Krise des nuklearen Tabu erklärt als auch mögliche Lösungen andeutet.

Entstehung des nuklearen Tabu

Es war Thomas Schelling, der 1960 die Einzigartigkeit von Nuklearwaffen darin erkannte, dass sie als einzigartig wahrgenommen werden: Was Atomwaffen anders macht, ist eine starke Tradition zu *glauben*, dass sie anders *sind*. Diese Tradition gründe, so Schelling, in einer Praxis des Nicht-Einsatzes, in „einer gegenseitig anerkannten Erwartung, dass [Nuklearwaffen] nicht eingesetzt werden trotz der Versicherungen der Bereitschaft sie einzusetzen, und selbst trotz taktischer Vorteile ihres Einsatzes“.[2]

Die Macht dieser Tradition und die Tatsache eines nuklearen Tabu werden heute kaum bezweifelt, weder von Politikern, von Militärstrategen noch von Politikwissenschaftlern. Politisch hat sich die Vorstellung von der Singularität von Nuklearwaffen und die Entwicklung des nuklearen Tabu nur langsam durchgesetzt, ein Zeichen dafür, dass sowohl die Singularität als auch das Tabu historisch kontingent und in diesem Sinne „sozial konstruiert“ sind – was ihrer

[2] Thomas C. Schelling, The Strategy of Conflict, Cambridge, MA/London 1960, S. 260.

Realität und Wirksamkeit keinen Abbruch tut. Die Entwicklung lässt sich anhand von drei Phasen beschreiben. In der ersten ist die Singularität von Nuklearwaffen noch umstritten und die Existenz des nuklearen Tabu wird bezweifelt; in der zweiten wird die Besonderheit von Nuklearwaffen anerkannt, die politische Zurückhaltung bei ihrem Einsatz aber rational erklärt; in der dritten Phase hat sich der Glaube an die Singularität durchgesetzt, und das nukleare Tabu wird als Norm des Nicht-Einsatzes von Atomwaffen interpretiert.

Umstrittene Singularität

Das Wort vom „nuklearen Tabu" geht auf den ehemaligen amerikanischen Außenminister John Foster Dulles zurück. Sein Ausspruch vom 7. Oktober 1953 im Kreise seiner Mitarbeiter ist verbürgt: „Auf die eine oder andere Weise müssen wir es schaffen, das Tabu des Einsatzes [nuklearer] Waffen zu beseitigen."[3] Dulles war bekanntermaßen ein Befürworter von Nuklearwaffen und setzte sich nicht nur für ihre massenhafte Anschaffung ein, sondern auch für ihren Einsatz in Krisenregionen. Damit vertrat er eine Position, die noch zwei Jahre zuvor dem Oberbefehlshaber der UN/US-Streitkräfte in Korea, General Douglas Mac Arthur, den Kommandoposten gekostet hatte. Verteidigungsminister George Marshall hatte die Amtsenthebung MacArthurs mit fortgesetzter Insubordination begründet. Seine öffentliche Kritik an der Administration und die Aufforderung, den Krieg gegen China notfalls auch unter Einsatz von Atomwaffen auszudehnen, seien nicht länger hinnehmbar gewesen. Marshall war sich mit Präsident Truman darin einig, dass der Einsatz von Nuklearwaffen in Korea nicht gerechtfertigt gewesen wäre, weil es sich um einen „begrenzten Krieg" gehandelt habe.[4]

Trumans Nachfolger Dwight D. Eisenhower hatte in dieser Frage weniger Skrupel. Zusammen mit Dulles war er entschlossen, die „falsche Unterscheidung"[5] zwischen konventionellen und nuklearen Waffen niederzureißen und Nuklearwaffen als „einfach eine weitere Waffe in unserem Arsenal" zu betrachten.[6] Alle Vorstellungen, bei Nuklearwaffen handele es sich um singuläre Waffensysteme, deren Einsatz besonderen Beschränkungen unterliege, seien nicht nur unbegründet sondern gefährlich. Auch in begrenzten Kriegen müsse die Fiktion des nuklearen Tabu überwunden und die Eskalationsdominanz erhalten

---

[3] McGeorge Bundy, Danger and Survival: Choices About the Bomb in the First Fifty Years, New York, N.Y. 1988, S. 249.

[4] Vgl. Christopher Gacek, The Logic of Force: The Dilemma of Limited War in American Foreign Policy, New York, N.Y. 1998, S. 53-93.

[5] NSC meeting 11.Feb. 1953. FRUS, Korea 1952-54, Part I, 770.

[6] NSC meeting 6.May 1953. FRUS, Korea 1952-54, Part I, 977.

bleiben, damit diese Kriege siegreich beendet werden könnten.[7] Die Entwicklung sogenannter „taktischer Nuklearwaffen“ sollte diese Ansicht stützen. Sie könnten einen gezielten atomaren Einsatz in begrenzten Kriegen erlauben und die Möglichkeit eröffnen, militärische Mittel und politische Zwecke wieder in Übereinstimmung zu bringen. Henry Kissinger befürwortete ihre Entwicklung und interpretierte dabei Nuklearwaffen als eine Waffenkategorie unter anderen: Warum sollte für den Nuklearkrieg nicht gelten, was für den konventionellen Krieg galt, nämlich dass er sich nach rationalen Kriterien führen und begrenzen ließ? Einen Großteil seines einflussreichen Buches über Nuklearwaffen und Außenpolitik widmete er folglich einer Strategie der begrenzten nuklearen Kriegführung.[8]

Diese Idee war nicht neu. Britische Strategen hatten das Konzept der „graduellen Abschreckung“ ein paar Jahre zuvor entwickelt.[9] Ihre zentrale These war, dass die Kriegführung unter Anwendung taktischer Nuklearwaffen nicht zwangsläufig zu einer Eskalation und zu einem globalen Atomkrieg führen müsse. Dieses Argument basierte auf zwei Prämissen: Erstens, dass es zwei klar unterscheidbare Typen des Nuklearkrieges gab, den begrenzten und den globalen; und zweitens, dass ein gemeinsames Interesse zwischen Ost und West darin bestand, nur den ersten zu führen.[10] Der Sputnik-Schock 1957 änderte die Situation schlagartig. Die Möglichkeit, dass auch das amerikanische Kernland von einer nuklearen Eskalation erfasst werden könnte, ließ Strategen wie Albert Wohlstetter, Bernard Brodie, William Kaufmann und Robert Osgood vor dem „taktischen“ Gebrauch von Nuklearwaffen warnen: Die Begrenzung der Kriegsziele – etwa in Asien – erfordere auch eine Begrenzung der Kriegsmittel.[11] Schließlich nahm auch Kissinger seine Position zurück und wandte sich gegen den Einsatz von Nuklearwaffen in begrenzten Kriegen.[12] Die Quintessenz dieser ersten großen Debatte der Nuklearstrategie resümierte James King: „Im Einsatz von nuklearen Waffen ist die Möglichkeit des umfassenden Nuklearkrieges inbegriffen. Ihr Nicht-Einsatz ist die offensichtlichste aller möglichen Beschrän-

---

[7] Vgl. Gacek a.a.O., S. 75.

[8] Henry A. Kissinger, Nuclear Weapons and Foreign Policy, New York 1957, S. 174-202.

[9] Anthony Buzzard et al., On Limiting Atomic War. London 1956.

[10] Lawrence Freedman, The Evolution of Nuclear Strategy, 2nd ed., Houndmills/London 1989, S. 112-117.

[11] Vgl. Bernard Brodie, Strategy in the Missile Age, Princeton: Princeton University Press 1959; William W. Kaufmann, The Requirements of Deterrence, in: Ders. (ed.), Military Policy and National Security, Princeton: Princeton Universtiy Press 1956, S. 12-38; Robert E. Osgood, Limited War: The Challenge to American Strategy, Chicago, Ill. 1957; Albert Wohlstetter, The Delicate Balance of Terror, in: Foreign Affairs 37: 2, 1959, S. 211-234.

[12] Henry A. Kissinger, Limited War: Nuclear or Conventional? – A Reappraisal, in: Donald G. Brennan (ed.), Arms Control, Disarmament and National Security, New York, N.Y. 1961, S. 138-153.

kungen."[13] Die Singularität von Nuklearwaffen schien doch nicht nur eine Fiktion zu sein, oder wenn, dann eine von allen geglaubte Fiktion.

Rationale Zurückhaltung

Damit hatte sich auch unter den akademischen Strategieexperten das durchgesetzt, was die politischen Entscheidungsträger schon im Korea-Krieg deutlich gespürt hatten: eine gewisse Scheu vor dem Einsatz von Nuklearwaffen. Aber Waffensysteme, die man nicht bereit ist einzusetzen, sind nicht nur wertlos sondern gefährlich; denn sie suggerieren eine falsche Sicherheit und können zu politischen Fehleinschätzungen führen.[14] In der Abschreckungstheorie wurde deshalb die Scheu umgedeutet und als absichtliche Zurückhaltung rationalisiert. Abschreckung basiert bekanntlich auf dem Kalkül, dass Nuklearwaffen solange nicht angewendet werden, wie die durch den Angriff erzielten Gewinne geringer sind als die durch einen atomaren Gegenschlag zu erwartenden Verluste.[15] Das Einsatz-Tabu trat in der rationalen Abschreckungstheorie folglich nur noch als „Problem der Glaubwürdigkeit" auf. Denn ein potentieller Angreifer würde nur dann von einem Erstschlag abgehalten werden können, wenn er erwarten müsste, dass die Drohung eines Zweitschlages auch wirklich ausgeführt würde. Ein Tabu hätte die Glaubwürdigkeit dieser Drohung drastisch reduziert. So ergab sich die Gleichung: Je geringer die politischen Einschränkungen hinsichtlich eines Nukleareinsatzes, desto wirksamer die Abschreckung.[16]

Dass der Bereitschaft zum Nuklearwaffeneinsatz – vor allem bei der Verteidigung von Verbündeten – Grenzen gesetzt sind, liegt auf der Hand.[17] Es war genau diese Glaubwürdigkeitslücke, die die amerikanische Doktrin der „massiven Vergeltung" in Frage stellte und eine neue Nukleardoktrin erforderlich machte. Die „flexible Antwort", die die amerikanische Regierung als Alternative vorschlug, führte 1966/67 zu einer der schwersten Krisen der NATO.[18] Sie konnte erst überwunden werden, als die Zweifel an der Bereitschaft zum Einsatz von Nuklearwaffen im Rahmen einer „kontrollierten Eskalation" beseitigt worden waren. Ein Tabu, das dem Einsatz von Nuklearwaffen Grenzen gesetzt hätte,

[13] James E. King, James, Nuclear Plenty and Limited War, in: Foreign Affairs 35: 1, 1957, 238-256.
[14] Robert Jervis, The Meaning of the Nuclear Revolution, Ithaca, N.Y. 1989.
[15] Vgl. dazu Glenn Snyder, Deterrence and Defense, Princeton 1961; Frank C. Zagare/Marc D. Kilgour, Perfect Deterrence, Cambridge 2000.
[16] Robert Powell, Nuclear Deterrence Theory: The Search for Credibility, Cambridge 1990.
[17] Die klassische Kritik an Dulles' massive retaliation doctrine stammt von William Kaufmann, The Crisis in Military Affairs, in: World Politics 10: 4, 1958, S. 579-603.
[18] Helga Haftendorn, Kernwaffen und die Glaubwürdigkeit der Allianz: Die NATO-Krise von 1966/67, Baden-Baden 1994.

durfte es jedenfalls offiziell nicht geben, und jeder Nicht-Einsatz musste allein dem rationalen Kalkül zugeschrieben werden. Für rationalistisch argumentierende Theoretiker stellt der Nicht-Einsatz von Nuklearwaffen deshalb nur insofern ein „Tabu“ dar, als es sich um ein „schwaches Verbot auf der Grundlage pragmatischer Überlegungen“ handelt: „Das Verbot nuklearer Kriegführung basiert auf der rationalen Kalkulation der Gewinne und Verluste nuklearer Kriegführung, und bislang hat dieses rationale Kalkül nicht zu einer Aufhebung des Verbots geführt“.[19]

Noch eine zweite Entwicklung führte dazu, dass man die Umstrittenheit der Singularitätsthese und damit den sozialen Ursprung des nuklearen Tabu vergaß: ihre Begründung aus der Natur von Nuklearwaffen oder dem, was man als Naturalisierung des Tabus bezeichnen könnte. 1945 und noch für einige Zeit danach wurde der Atombombenabwurf auf Hiroshima und Nagasaki nicht als die historische Zäsur betrachtet, als die wir ihn heute ansehen. Für die Militärs und die Politiker – weniger vielleicht für die beteiligten Physiker – war der Einsatz der Atombombe kein Kontinuitätsbruch, sondern vielmehr die Fortsetzung ihres Feuerbombardements japanischer Städte.[20] Nuklearwaffen bildeten dabei lediglich ein effektiveres Mittel, ihre Kriegsziele zu erreichen. Es gab, wie Sheldon Cohen betont, keinerlei Bewusstsein davon, „irgendeine irreversible Schwelle überschritten zu haben.“[21]

Das Bewusstsein, dass „Hiroshima“ ein singuläres Ereignis ist und einzigartig bleiben muss, mit anderen Worten: das Verständnis, dass „Hiroshima“ eine Zeitenwende markiert, setzte sich in den politischen Eliten und in der Öffentlichkeit erst in den 50er und 60er Jahren durch. Die Bedeutung des Präzedenzfalles ist dabei nicht zu unterschätzen. Hätte man nur theoretisch um die Wirkung von Nuklearwaffen gewusst, wäre die Zurückhaltung sie einzusetzen vermutlich geringer gewesen. Doch die Dokumentierung der ungeheuren Zerstörungskraft machte die verheerende, unterschiedslose Wirkung auf Soldaten und Zivilisten, militärische und zivile Einrichtungen nachweisbar. Hinzu kamen die Kriegsfolgeuntersuchungen der sechziger und siebziger Jahre. Indem nukleare Kriegsszenarien simuliert und ihre Langzeitwirkungen untersucht wurden, konnten die Auswirkungen flächendeckender nuklearer Verseuchung, das Risiko eines nuklearen Winters und die Möglichkeit der Auslöschung allen Lebens auf der Erde eingeschätzt werden.[22] Seither gilt das Wort vom „nuklearen Holocaust“, und

---

[19] Verna Gehring, The Nuclear Taboo, Institute for Philosophy and Public Policy, University of Maryland 2000, S. 3.

[20] Ronald Schaffer, Wings of Judgment: American Bombing in World War II, New York 1985.

[21] Sheldon Cohen, Arms and Judgment: Law, Morality, and the Conduct of War in the Twentieth Century, Boulder, Col. 1989, S. 91.

[22] Carl Friedrich von Weizsäcker (Hrsg.), Kriegsfolgen und Kriegsverhütung, München 1970.

Jonathan Schell erklärte 1982 den Atomkrieg zur „Schicksalsfrage“ der Welt.[23] Dabei – und das ist entscheidend – wurde jetzt die geforderte Zurückhaltung und die Aufforderung zur Eliminierung von Nuklearwaffen mit ihren objektiven Qualitäten begründet: Die Natur dieser Waffen erfordere ihre Abschaffung. Ihr Einsatz verbiete sich von selbst.

Obgleich die Vertreter der Rationalisierung und der Naturalisierung des nuklearen Nicht-Einsatzes politisch gegensätzlich argumentierten, hatten ihre Argumente eine ähnliche Wirkung. Sie trugen dazu bei, dass der soziale Ursprung des nuklearen Tabu, das was Schelling den Glauben an die Singularität von Nuklearwaffen nannte, zwar nicht geleugnet, doch entweder als politisch gebotene oder moralisch geforderte Zurückhaltung gedeutet, und damit in den Entscheidungsspielraum mehr oder weniger rationaler Individuen verlegt wurde. So ist es kein Wunder, dass während des Kalten Krieges auch in der politikwissenschaftlichen Literatur trotz vereinzelter Hinweise dem nuklearen Tabu als sozialer *Norm* kaum Beachtung geschenkt wurde. [24] Zu genau trafen sich Realismus und Rationalismus, die dominierenden Paradigmata dieser Zeit, in der Erwartung, dass auch das nukleare Tabu „wie alle Tabus gebrochen würde, wenn es nötig ist.“[25]

Soziale Norm

Dies änderte sich erst mit der konstruktivistischen Wende in der Theorie der Internationalen Beziehungen, durch die die Dominanz realistischer und rationalistischer Ansätze gebrochen und die Bedeutung kultureller und institutioneller Faktoren nachgewiesen wurde.[26] Im Rahmen dieses Forschungsprogramms wurde auch das nukleare Tabu wiederentdeckt und einer „normativen Erklärung“ unterzogen.[27] Dabei wurde zunächst ein argumentativer Umweg eingeschlagen.

---

[23] Jonathan Schell, The Fate of the Earth, New York 1982.

[24] Vgl. Stanley Hoffmann, Nuclear Proliferation and World Politics, in: Alastir Buchan, ed., A World of Nuclear Powers?, Englewood Cliffs, N.J., 1966, S. 89-121; Alexander L. George/Richard Smoke, Deterrence in American Foreign Policy, New York 1974; John Lewis Gaddis, The Origins of Self-Deterrence: The United States and the Non-use of Nuclear Weapons, 1945-1958, in: Ders., The Long Peace: Inquiries Into the History of the Cold War, New York: Oxford University Press 1987, S. 104-146; Bruce Russett, The Real Decline in Nuclear Hegemony, in: Ernst-Otto Czempiel/James N. Rosenau, eds., Global Change and Theoretical Challenges, Lexington 1989, S. 177-193.

[25] Michael Mandelbaum, Lessons of the Next Nuclear War, in: Foreign Affairs 74: 2, 1995, S. 22-37.

[26] Ronald L. Jepperson/Alexander W. Wendt/Peter J. Katzenstein, Norms, Identity, and Culture in National Security, in: Peter J. Katzenstein, (Hrsg.): The Culture of National Security: Norms and Identity in World Politics, New York 1996, S. 33-75.

[27] Nina Tannenwald, The Nuclear Taboo: The United States and the Normative Basis of Nuclear Non-Use, in: International Organization 53: 3, 1999, S. 433-468; Nina Tannenwald, The Nuclear Taboo. The United States and the Non-Use of Nuclear Weapons Since 1945, Cambridge 2007.

T.V. Paul schloss aus dem Kriegsverhalten nicht-nuklearer Staaten gegenüber Nuklearwaffenstaaten auf das Vorhandensein einer Verbotsnorm gegen den Einsatz von Nuklearwaffen. Nur weil Staaten wie China im Koreakrieg 1950-53, Nordvietnam im Vietnamkrieg der 60er und 70er Jahre, Ägypten und Syrien im Oktoberkrieg 1973 gegen Israel, Argentinien im Krieg um die Falkland-Inseln 1982 und schließlich Irak gegenüber Israel im Golfkrieg 1991 damit rechnen konnten, dass ihre nuklearen Gegner daran gehindert sein würden, ihre atomare Übermacht auszuspielen, hätten sie sich überhaupt zu einem Angriff entschlossen. Dass in diesen Kriegen tatsächlich keine Nuklearwaffen eingesetzt wurden, gab ihnen Recht; und dass die USA in Vietnam, Frankreich in Algerien, die Sowjetunion in Afghanistan und China gegen Vietnam sogar eher eine Niederlage hinnahmen, als ihre Zuflucht zu ihren „letzten Waffen" zu nehmen, verstärkte die Schlussfolgerung: Nuklearwaffenstaaten können ihre Nuklearwaffen nicht einsetzen, selbst wenn es militärisch sinnvoll wäre, weil sie an ein ungeschriebenes Gesetz nuklearer Zurückhaltung gebunden sind.[28]

Ähnlich beschreibt Nina Tannenwald das nukleare Tabu als ein „systemisches Phänomen" der internationalen Gemeinschaft. Das zeige sich zum einen an der zunehmenden Delegitimierung der Nuklearwaffen in der öffentlichen Meinung. Zum anderen sei es aber auch in zahlreichen internationalen Abkommen und Regimen festgeschrieben, „die zusammen den Bereich legitimen nuklearen Einsatzes bestimmen und den Handlungsspielraum hinsichtlich nuklearer Waffen begrenzen."[29] Zu diesem „institutionalisierten Tabu" zählt sie insbesondere den Nichtverbreitungsvertrag von 1968, den Comprehensive Test Ban Treaty von 1996, die Verträge über Nuklearwaffenfreie Zonen sowie negative Sicherheitsgarantien und die allgemeinen Bestimmungen des Kriegsvölkerrechts. Die Effektivität des nuklearen Tabu belegt Tannenwald mit drei Fallstudien. In ihnen untersucht sie die amerikanischen Entscheidungsprozesse im Koreakrieg, im Vietnamkrieg und im Golfkrieg von 1990/91. Dabei beschreibt sie die wachsende prohibitive Wirkung der Norm: Während ein Nuklearwaffeneinsatz in Korea noch eine reale Option war, wurde er im Vietnamkrieg kaum ernsthaft erwogen und im Golfkrieg schließlich für undenkbar erklärt. Zwar gab es Überlegungen, im Falle eines irakischen Chemiewaffenangriffs mit Nuklearwaffen zu antworten, doch in seinen Memoiren macht der ehemalige Generalstabschef Colin Powell klar, dass er Nuklearwaffen nie als wirkliche Option betrachtete.[30]

Für Tannenwald ist das nukleare Tabu eine „besonders starke Form eines normativen Verbots", das sich auf einen klar bestimmbaren Gegenstandsbereich,

[28] T.V. Paul, Nuclear Taboo and War Initiation in Regional Conflicts, in: Journal of Conflict Resolution 39: 4, 1995, S. 696-717, S. 700f.
[29] Tannenwald 1999, a.a.O., S. 436.
[30] Colin L. Powell with Joseph E. Persico, My American Journey, New York, N.Y. 1995, S. 486.

nämlich den Gebrauch von Nuklearwaffen bezieht.[31] Damit beschränkt Tannenwald das Tabu unnötigerweise auf nur einen kleinen Teil der normativen Ordnung, die mit einem Tabu etabliert wird. Extrapolierte man ihre Erkenntnisse in die Zukunft, dann ließe sich – sicher zu Recht – sagen, dass sich mit jedem Krieg, an dem Nuklearwaffenmächte teilnehmen, und in dem keine Nuklearwaffen eingesetzt werden und ihr Einsatz auch nicht angedroht wird, das nukleare Tabu verstärkt. Damit erhöht sich die Wahrscheinlichkeit, dass auch in Zukunft diese Waffen nicht eingesetzt werden. Das sind an sich gute Nachrichten, sofern man – wie Paul, Tannenwald und übrigens auch Schelling – nur den Einsatz von Nuklearwaffen im Blick hat. Doch das Tabu reicht weiter. Es umfasst auch den Besitz von Nuklearwaffen, der zumindest dort verboten ist, wo er nicht die Arsenale der fünf anerkannten Nuklearwaffenstaaten betrifft.[32] Nur den fünf offiziellen Nuklearmächten ist es demnach gestattet, über nukleare Sprengköpfe und entsprechende Trägersysteme zu verfügen; allen anderen Staaten ist es versagt, Nuklearwaffen zu besitzen oder ihren Besitz anzustreben. Nur vor dem Hintergrund eines derartigen ungeschriebenen Gesetzes, das über das geschriebene Gesetz des Atomwaffensperrvertrages hinausgeht, lässt sich die weltweite Empörung erklären, die sich 1998 gegen die indischen und pakistanischen Nuklearwaffentests richtete. Denn weder Indien noch Pakistan waren Mitglieder des NPT und haben mit ihren Nukleartests folglich auch keine völkerrechtlichen Verträge gebrochen.

Das nukleare Tabu umfasst also nicht nur das Verbot des Einsatzes von Nuklearwaffen, sondern auch das Verbot ihres Besitzes für die meisten Staaten und die Erlaubnis ihres Besitzes für einige wenige. Es impliziert damit – wie alle Tabus – ein Klassifikationssystem und repräsentiert eine soziale Herrschaftsordnung. Betrachtet man das nukleare Tabu auf diese Weise nicht als isolierte Norm, sondern als ein normatives System der Achtung und Ächtung, dann ergibt sich ein anderer Blick auf die internationale Nuklearpolitik. Dann ist die Annahme revisionsbedürftig, dass die „weitere Verankerung des nuklearen [Einsatz-]Tabu den empfundenen Wert des Besitzes von Nuklearwaffen dramatisch herabsetzt“[33] und damit die Nichtverbreitung begünstigt. Sie muss nämlich durch die Erkenntnis ergänzt werden, dass der soziale Status, der mit dem Besitz-Tabu verbunden ist, den empfundenen Wert von Nuklearwaffen dramatisch *heraufsetzt* und folglich gerade dadurch die Weiterverbreitung begünstigt. Erst das Zusammenspiel von Tabu und Status, das Doppelgesicht von Achtung und Ächtung von Nuklearwaffen, vermag ein umfassendes Bild von der normativen Ordnung des Nichtverbreitungsregimes zu geben und seine gegenwärtige Krise zu erklären.

---

[31] Tannenwald 1999, a.a.O., S. 436.
[32] Lewis A. Dunne, On Proliferation Watch: Some Reflections on the Past Quarter Century, in: Nonproliferation Review 5: 3, 1998, S. 59-77.
[33] Paul 1995, a.a.O., S. 713.

Krise des nuklearen Tabu

Eine solche Argumentation benötigt einen komplexeren Begriff des Tabu, als ihn Paul und Tannenwald anbieten. In der reichhaltigen ethnologischen, psychologischen und soziologischen Literatur kann man dafür Anleihen machen. So unterschiedlich und kontrovers das Verständnis von Tabu in und zwischen diesen Disziplinen ist, so kann man doch eine Schnittmenge gemeinsamer Überzeugungen feststellen. Zentral ist dabei die Ansicht, dass Tabus weder als rationale Normen noch als moralische Überzeugungen angemessen verstanden werden können: Sie sind Institutionen *sui generis* und erfordern eigene Erklärungen. Nach Emil Durkheim basieren Normen auf Nützlichkeitsmaximen, während Tabus auf einem kategorischen Imperativ beruhen.[34] Das rückt sie in die Nähe von Moralvorstellungen. Doch weist Mary Douglas darauf hin, dass moralische Verbote zwar in ihrem Anspruch generell, in ihrer Anwendung jedoch umstritten sind.[35] Im Gegensatz zur Moral ist ein Tabu aber unzweideutig. Mit Sigmund Freud ließe sich daher zusammenfassen, dass Tabus weder auf rationale Begründungen noch auf moralische, gar göttliche Gebote zurückzuführen sind. Tabus „verbieten sich eigentlich von selbst."[36]

Elemente des Tabu

Für die Analyse des nuklearen Tabu ergeben sich daraus drei Konsequenzen. Erstens liegen dem Tabu nicht nur Nützlichkeitserwägungen zugrunde, sondern ein gemeinsamer Glaube, nämlich der Glaube an die Singularität von Nuklearwaffen. Zweitens besteht das Tabu nicht nur aus Verboten, sondern auch aus der Erlaubnis für einige Staaten, Nuklearwaffen zu besitzen und sie zum Zwecke der Abschreckung einzusetzen. Drittens kann das Tabu deshalb nicht als unparteiische Institution angesehen werden, sondern muss als asymmetrische Herrschaftsordnung interpretiert werden.

Wie sich das nukleare Tabu im Zusammenhang mit der langsamen Durchsetzung des Glaubens an die Singularität von Nuklearwaffen entwickelt hat, habe ich bereits beschrieben. Es ließen sich viele Beispiele anführen, die zeigen, wie in politischen Institutionen, diplomatischen Praktiken und kulturellen Codes dieser Glaube verallgemeinert und gefestigt wurde. Zwar gab es von interessierter Seite

---

[34] Emile Durkheim, Die elementaren Formen des religösen Lebens, Frankfurt am Main 1994, S. 405f.

[35] Mary Douglas, Purity and Danger. An Analysis of Concepts of Pollution and Taboo, New York, N.Y. 1966: 130f.

[36] Siegmund Freud, Totem und Tabu, Frankfurt a.M. 1972 [1913], S. 25.

auch immer wieder Versuche, diesen Glauben zu erschüttern, zum Beispiel wenn die Schwelle des Einsatzes von Nuklearwaffen herabgesetzt, ihr Status durch ihre Bezeichnung als Massenvernichtungswaffe den biologischen und chemischen Waffen angeglichen, oder zum Zwecke internationaler Stabilität ihre weltweite Proliferation erwogen wurde.[37] Aber der breite Widerstand, der sich regelmäßig erhob zeigt, dass der Glaube an die Singularität von Nuklearwaffen fest verankert und in die *deep culture* der internationalen Gesellschaft eingegangen war. Ihr Besitz und ihr militärischer Einsatz verboten sich „eigentlich von selbst".

Allerdings nicht für alle Staaten. Wenn man Tabus nur als Verbote versteht, geht verloren, was ihre Besonderheit ausmacht: ihre Doppeldeutigkeit. Denn zum einen bezeichnet ein Tabu etwas Unheimliches, Gefährliches, Verbotenes, das einer Ächtung unterworfen ist; zum anderen bezeichnet es dasselbe aber als Geweihtes, Verheißungsvolles, Heiliges, das Achtung gebietet. Dieser Doppeldeutigkeit des Tabu korrespondiert die „Ambivalenz der Gefühlsregungen", wie Freud es ausdrückt: „Grundlage des Tabu ist ein verbotenes Tun, zu dem eine starke Neigung im Unbewußten besteht."[38] Auch das nukleare Tabu basiert auf dieser Ambivalenz. Denn Tabus sind immer schon übertreten, sei es in Taten oder in Gedanken. Hätte ein nuklearer Einsatz nicht in Hiroshima oder Nagasaki stattgefunden und – wichtiger noch – würde nicht der Einsatz von Nuklearwaffen in allen Einzelheiten geplant, hätte das Einsatz-Tabu nicht entstehen können. Hätten nicht Staaten sich in den Besitz dieser Waffen gebracht und – wichtiger noch – würden nicht immer noch Staaten nach ihnen streben, würde es das Besitz-Tabu nicht geben. Staaten, die Nuklearwaffen besitzen, sind versucht sie einzusetzen und zugleich daran gehindert. Staaten, die keine Nuklearwaffen besitzen, sind verlockt, sie sich zu verschaffen und zugleich davon abgehalten.

Das Tabu reguliert diese Ambivalenz, indem es die Grenze zwischen erlaubtem und verbotenem Tun markiert. Aber es geht darüber hinaus. Durkheim weist darauf hin, dass Tabus nicht nur dazu dienen, das Heilige vom Profanen, das Erlaubte vom Verbotenen zu unterscheiden. Vielmehr haben sie auch die Aufgabe, „jede Verbindung zwischen dem reinen Heiligen und dem unreinen Heiligen, dem glückverheißenden Heiligen und dem unglückverheißenden Heiligen zu verhindern."[39] Das Tabu nimmt damit zugleich eine Differenzierung vor: Nicht alles Verbotene ist für alle gleichermaßen verboten. Für bestimmte, privilegierte Personen sind Speisen essbar, die anderen versagt sind. Das Tabu reguliert, unter welchen Bedingungen das Heilige rein oder unrein, heilvoll oder unheilvoll ist.

---

[37] Vgl. Kenneth N. Waltz, Nuclear Myths and Political Realities, in: American Political Science Review 84: 1990, S. 731-745.

[38] Freud, a.a.O., S. 40.

[39] Durkheim, a.a.O., s. 408.

Das nukleare Tabu funktioniert genau so. Hinsichtlich des Einsatzes tabuiert es jeden Nuklearwaffengebrauch der Nuklearwaffenstaaten in begrenzten Konflikten, nicht jedoch unbedingt in Konflikten, die das Überleben dieser Staaten betreffen. Auch der Haager Gerichtshof hat sich in seinem Gutachten über die Legalität von Atomwaffen in dieser Frage bedeckt gehalten. In seinem Expertenbericht an die UNO-Generalversammlung vom September 1998 stellte der IGH fest, dass es keine allgemeingültigen Verträge oder gewohnheitsrechtlichen Regeln gäbe, die den Einsatz von oder die Drohung mit nuklearen Waffen verbiete. Gleichwohl müsse sowohl die Drohung als auch die Anwendung von Nuklearwaffen sich den geltenden Regeln des Völkerrechts, insbesondere den Erfordernissen der Selbstverteidigung nach Art. 51 der UN-Charta und des humanitären Völkerrechts unterwerfen. Diese Erfordernisse legten es nahe, dass Drohung und Einsatz von Nuklearwaffen gegen die Regeln des Kriegsvölkerrechts verstoßen. Allerdings sei es angesichts der gegenwärtigen politischen Lage unmöglich, „definitiv festzustellen", ob auch unter extremen Situationen der Selbstverteidigung, in denen es um das Überleben des Staates ginge, Drohung und Einsatz von Nuklearwaffen ungesetzlich sei.[40]

Damit lässt das Einsatz-Tabu den politischen Gebrauch zum Zweck der Abschreckung unangetastet und zieht die Linie der Achtung und Ächtung des Nuklearwaffeneinsatzes zwischen ihrer militärischen und ihrer politischen Verwendung. Das Einsatz-Tabu führt deshalb keineswegs zur Delegitimierung von Nuklearwaffen als solchen, wie Tannenwald vermutet.[41] Es differenziert lediglich ihren unheilvollen – militärischen – von ihrem heilvollen – politischen – Gebrauch. Ähnlich verhält es sich mit dem Besitz-Tabu. Auch hier verbietet das nukleare Tabu nicht einfach den Besitz von Nuklearwaffen, sondern zieht die Linie zwischen dem unheilvollen Besitz, der den Nicht-Nuklearwaffenstaaten verboten ist, und dem heilvollen Besitz, der den anerkannten Nuklearwaffenstaaten gestattet ist. Auch hier werden Nuklearwaffen nicht einfach geächtet, sondern es wird eine Balance zwischen Ächtung und Achtung etabliert. So institutionalisiert das nukleare Tabu die Ambivalenz der Nuklearwaffen. Es verbietet ihren Besitz für einige und erlaubt ihn zugleich für andere, es versagt ihren Einsatz für militärische und gestattet ihn zugleich für politische Zwecke.

Damit wird deutlich, dass durch Tabus nicht nur Verbote ausgesprochen, sondern soziale Differenzierungen vorgenommen werden. „Jede Klassifikation impliziert eine hierarchische Ordnung", resümieren Durkheim und Mauss und betonen dabei, dass sich die Art des Tabu aus der vorgegebenen sozialen Struktur ergibt: „Kennzeichnend für die Klassifikationssysteme ist nun, dass die Vor-

[40] Vgl. die Dokumente unter http://www.fas.org/nuke/control/icj/text/index.html, vgl. den Beitrag von Thilo Marauhn.
[41] Tannenwald 1999, a.a.O., S. 464.

stellungen darin nach einem Modell geordnet sind, das aus der Gesellschaft stammt. Sobald diese Ordnung der kollektiven Mentalität aber einmal besteht, vermag sie auf ihre Ursache zurückzuwirken und zu deren Modifikation beizutragen."[42] Genaugenommen muss man also von einem Wechselverhältnis von Tabu und sozialer Struktur sprechen. Dass Nuklearwaffen zum Richtmaß der Nachkriegordnung und damit zum Statussymbol der Großmächte wurden, liegt demnach weniger an ihren physikalischen Eigenschaften, als an der sozialen Struktur der Nachkriegszeit. Die Klassifikationen des nuklearen Tabu reproduzierten die Hierarchie des internationalen Systems. Heute wirkt diese Klassifikation auf ihren sozialen Ursprung zurück: Die Infragestellung der nuklearen Exklusivität durch Israel, Indien und Pakistan, und die Provokation durch Nord-Korea und den Iran stellen die soziale Herrschaftsordnung des internationalen Systems in Frage.

Stabilisierung des Tabu

Wenn Tabus soziale Hierarchien begründen, dann liegt die Vermutung nahe, dass sie zum Zweck des Machterhalts erfunden und durchgesetzt werden. So versteht Max Weber Tabus. Für ihn sind sie Relikte des Aberglaubens, die von Machthabern zweckrational eingesetzt werden, um Macht und Status zu erhalten. Sie bedienen sich dabei einer „direkten Dienstbarmachung des Religiösen für außerreligiöse Interessen."[43] Mit diesem Verständnis kann Weber allerdings konkrete Tabus nicht erklären. Denn ohne ein dichotomes Klassifikationsprinzip muss jedes Tabu willkürlich und irrational, als bloßes Machtinstrument erscheinen. Dieses verkürzte Tabuverständnis zurückzuweisen, heißt nicht, auf den Machtaspekt verzichten zu müssen. Mary Douglas hat als Ethnologin das Muster von Macht, Tabu und Status herausgearbeitet: „Manche Gewalten werden zum Wohl der sozialen Struktur ausgeübt; sie schützen die Gesellschaft vor Übeltätern, gegen die sich ihre gefährliche Macht richtet. Ihr Einsatz muss von allen guten Menschen gebilligt werden. Andere Gewalten werden als Gefahr für die Gesellschaft angesehen und ihr Einsatz wird missbilligt; die, die sie gebrauchen, sind Übeltäter, ihre Opfer sind unschuldig und alle guten Menschen werden versuchen, sie zur Strecke zu bringen – sie sind Hexen und Zauberer."[44] Wo in

[42] Emile Durkheim/Marcel Mauss, Marcel, Über einige primitive Formen von Klassifikation. Ein Beitrag zur Erforschung der kollektiven Vorstellungen [1901], in: Emile Durkheim, Schriften zur Soziologie der Erkenntnis, hrsg. v. Hans Joas, Frankfurt am Main 1987, S. 169-256.
[43] Max Weber, Wirtschaft und Gesellschaft. Grundriss der verstehenden Soziologie, Tübingen 1980 [1922], S. 264.
[44] Douglas, a.a.O., S. 99.

einem sozialen System Autoritätspositionen anerkannt werden, so erklärt Douglas, dort werden sie mit spiritueller Macht, außergewöhnlichen Fähigkeiten oder ähnlichen Eigenschaften in Verbindung gebracht. Die politische Macht, die einem Herrscher eingeräumt wird, steht jedoch unter einem Vorbehalt: dem Einsatz der *rechten* Gewalt. Sein Status ist unmittelbar abhängig von der erfolgreichen Ausübung seiner Vollmachten, das heißt der uneigennützigen Aufrechterhaltung der Klassifikationen und damit der sozialen Ordnung. Macht kann also nicht nur instrumentell, sondern auch strukturell verstanden werden. Sie zeigt sich dann nicht nur in Akten mehr oder weniger gewaltsamer Repression sondern in jeder Form der Produktion und Reproduktion von Herrschaftsstrukturen.

Das nukleare Tabu repräsentiert in diesem Sinne keine repressive, wohl aber eine auf Ungleichheit basierende Herrschaftsordnung. Grundlage dieser Herrschaft ist die Überzeugung, dass Nuklearwaffen nicht nur materielle, sondern gleichsam auch spirituelle Macht verleihen. Es ist diese Macht, die die Nuklearwaffenstaaten zu „Priestern" der Weltnuklearordnung macht, deren Aufgabe es ist, die zentralen Klassifikationen dieser Ordnung – die Unterscheidungen zwischen konventionellen und nuklearen Waffen, dem militärischen und politischen Einsatz, dem legitimen und illegitimen Besitz von Nuklearwaffen – kurz: das nukleare Tabu – aufrechtzuerhalten.

Deshalb muss man es ernstnehmen, wenn die Vereinigten Staaten betonten, dass es ihnen bei der Kritik an den indischen Nukleartests „um die Verteidigung von Prinzipien, nicht von Privilegien" geht.[45] Denn die Nuklearordnung basiert nicht einfach auf Repression, wie Kritiker manchmal behaupten. Sie basiert aber auch nicht auf rationalen Normen. Vielmehr basiert sie auf dem Glauben, dass die Einzigartigkeit der Nuklearwaffen die Nuklearwaffenstaaten berechtigt und verpflichtet, zum Wohle der Allgemeinheit eine Weiterverbreitung von Nuklearwaffen zu verhindern. So eine Herrschaftsform nennt Max Weber „charismatisch", insofern sie den Herrschenden zum „Träger spezifischer, als übernatürlich (im Sinne von: nicht jedermann zugänglich) gedachter Gaben des Körpers und Geistes" macht.[46] Die internationale Nuklearordnung lässt sich somit – zumindest bis 1995 – eher als charismatische denn als legale Herrschaft kennzeichnen.[47] Sie gründet ihre Legitimität nicht auf formal abstrakte, rationale Normen, sondern sie „erzwingt die innere Unterwerfung unter das noch nie Dagewesene, absolut Einzigartige"[48] – nämlich die Singularität der Nuklearwaffen.

[45] Statement by US Secretary of State Madeleine K. Albright, Geneva, June 4, 1998.
[46] Weber, 1980, a.a.O., S. 554, Parenthese und Hervorh. im Original.
[47] Auch William Walker, Nuclear Order and Disorder, in: International Affairs 76: 4, 2000, S. 703-724 und Glenn Chafetz, The Political Psychology of the Nuclear Nonproliferation Regime, in: The Journal of Politics 57: 3, 1995, S. 743-775 betonen die nicht-vertraglichen Elemente dieser Ordnung.
[48] Weber 1980, a.a.O., S. 658.

Allerdings ist charismatische Herrschaft inhärent labil, wie Weber betont. Sie basiert nicht, wie die legale Herrschaft, auf formal korrekter Satzung und nicht, wie die traditionale, auf Pietät gegenüber dem Hergebrachten, sondern auf dem Glauben an die magischen Fähigkeiten des oder der Führer. Diese direkte, nicht über Traditionen oder Institutionen vermittelte Beziehung von Herrschenden und Beherrschten macht die Instabilität charismatischer Herrschaft aus: „Erkennen diejenigen, an die [der Träger des Charisma] sich gesandt fühlt, seine Sendung nicht an, so bricht sein Anspruch zusammen. Erkennen sie ihn an, so ist er ihr Herr, solange er sich durch ‚Bewährung' die Anerkennung zu erhalten weiß."[49]

Diese prekäre Lage charismatischer Herrscher spiegelt sich auch in den Reaktionen der Nuklearwaffenmächte auf Verletzungen des Besitz-Tabu. Das Problem besteht darin, dass sie einerseits als Hüter des Tabu die Aufgabe haben, die Klassifikationen von Besitz und Nichtbesitz, Einsatz und Nichteinsatz aufrechtzuerhalten; dass ihnen andererseits aber dazu keine explizite Sanktionsgewalt zu Gebote steht.[50] Denn Tabubrüche sind eigentlich nicht sanktionierbar; sie führen zwar zu Schuld, nicht aber zu Strafe.[51] Würden die Nuklearwaffenstaaten mit Gewalt oder Gewaltdrohung Tabuverletzungen ahnden, würden sie selbst einen Tabubruch begehen und ihre Legitimität als Hüter des Tabu verlieren. Würden sie andererseits Tabubrüche ignorieren, wüchse die Gefahr weiterer „Ansteckung" und Ausbreitung des Tabubruchs, und sie würden durch Misserfolg ihre Legitimität einbüßen.

In dieser Situation mussten die Nuklearwaffenstaaten Sanktionsstrategien entwickeln, die die Einhaltung des nuklearen Tabu gewährleisten konnten, ohne die Legitimität des nuklearen Charisma zu unterminieren. Nach Einschätzung von Glenn Chafetz ist ihnen das bis 1995 weitgehend gelungen.[52] Zwar wurden Verstöße gegen das Nichtverbreitungsregime von westlichen Demokratien (einschließlich Japans) weitgehend ignoriert und Sanktionen zudem meist unilateral – von den USA als *principal guardian* – verhängt. Doch blieben diese Maßnahmen ohne negative Auswirkungen auf die Legitimität des Nichtverbreitungsregimes, weil sie im Rahmen des nuklearen Tabu blieben, das der sozialen Sanktionierung einen gewissen Ermessensspielraum lässt. Selbst der Golfkrieg 1991 gegen den Irak und die ihm folgenden strikten Waffenkontrollen fanden allge-

[49] Weber 1980, a.a.O., S. 655.
[50] Vgl. James Keeley, Legitimacy, Capability, Effectiveness and the Future of the Non-Proliferation Treaty, in: Dewitt, David (Hrsg.): Nuclear Nonproliferation and Global Security, London 1987; Chafetz, a.a.O.
[51] Vgl. Durkheim 1994, a.a.O., S. 407.
[52] Chafetz, a.a.O., S. 760.

meine Zustimmung, so dass die irakische Verletzung des Nichtverbreitungsregimes vorübergehend sogar zu dessen Stärkung führte.[53]

In Fällen opaker Proliferation, in denen das Besitz-Tabu verdeckt gebrochen wurde (wie in Südafrika und Israel), reagierten die Nuklearwaffenstaaten meist mäßigend bis zur Verleugnung. Dabei machte das demonstrative Ignorieren den Tabubruch zwar nicht ungeschehen, reduzierte aber seine Auswirkung auf die soziale Struktur, indem an der offiziellen Klassifikation festgehalten wurde: hier die anerkannten Nuklearwaffenstaaten, dort die Nicht-Nuklearwaffenstaaten; alle anderen Staaten sind Paria. Mit anderen Worten: Man setzte auf die soziale Sanktionierung der Tabuverletzung, wie sie Freud beschreibt: „Der Mensch, der ein Tabu übertreten hat, wird selbst tabu, weil er die gefährliche Eignung hat, andere zu versuchen, dass sie seinem Beispiel folgen."[54] In dem Maße, in dem die Nicht-Nuklearwaffenstaaten dieser Strategie der „passiven Tabuierung" folgten (etwa indem sie darauf verzichteten, den Tabubruch auf Abrüstungsforen – wie der *Conference on Disarmament* und den *NPT Review Conferences* – zur Sprache zu bringen), erkannten sie den weiteren Bestand des Tabu und damit auch die Herrschaft des nuklearen Charisma an.

Destabilisierung des Tabu

Erst als im Mai 1998 Indien und Pakistan Nuklearwaffentests durchführten, konnte die Strategie der „passiven Tabuierung" nicht länger genügen. Zwar hatten weder Indien noch Pakistan Völkerrecht gebrochen, weil sie den NPT nie unterzeichnet hatten. Doch wurde ihnen besonders von den Nuklearwaffenstaaten vorgeworfen, das nukleare Tabu gebrochen zu haben: ihre Nuklearwaffentests kämen einer offenen Provokation gleich. Allerdings musste auch in diesem Fall weitgehend auf Drohungen und Sanktionen verzichtet werden. Unter den Nuklearwaffenstaaten bestand früh Konsens darüber, dass Sanktionen zwecklos und eher kontraproduktiv sein würden. So blieb nur die „aktive Tabuierung" der Tabubrecher selbst. Bereits die Wortwahl der ersten Reaktion – der Stellungnahme der G8-Staaten von Birmingham – zeigt dies deutlich: „Wir verdammen [condemn] die Nukleartests, die von Indien am 11. und 13. Mai [1998] durchgeführt wurden." Auch die späteren „Verurteilungen" im UN-Sicherheitsrat[55], die „Besorgnisse" der Staatsmänner und das Insistieren auf den „Prinzipien der Nichtverbreitung" dienten vor allem dem einen Zweck: die soziale Sanktionie-

---

[53] John Simpson, NPT Stronger After Iraq, in: Bulletin of the Atomic Scientists 47: 8, 1991, S. 12-13.
[54] Freud, a.a.O., S. 40.
[55] UN Doc./SC Res. 1172, 6. Juni 1998.

rung des Tabubruchs zu mobilisieren. Allerdings sind die Nicht-Nuklearwaffenstaaten diesem Aufruf nicht gefolgt. Oliver Meier hat die divergierenden Reaktionen auf die Tests beschrieben[56] und damit gezeigt, dass die Tabuierungsgewalt der Nuklearmächte ihre Wirkung verloren hatte. Es scheint, als habe das nukleare Charisma seine Ausstrahlungskraft am Ende der neunziger Jahre eingebüßt.

Es wäre demnach verfehlt, Indien und Pakistan für die Destabilisierung des nuklearen Tabu verantwortlich zu machen. Sie sind weniger Ursache als Folge einer Dynamik, die jeder charismatischen Herrschaft eigen ist: ihrer Tendenz zur Verrechtlichung. Weil die charismatische Herrschaft inhärent labil ist, versuchen ihre Träger, sie durch Legalisierung zu stabilisieren. Nicht das Machtstreben von Nicht-Nuklearmächten liegt deshalb der Krise der Weltnuklearordnung zugrunde, sondern vielmehr der gescheiterte Versuch der Nuklearwaffenstaaten, ihre charismatische Herrschaft zu „versachlichen“, denn dadurch wurde die Ungerechtigkeit und der Zwangscharakter der Ordnung erst offenkundig.

„Versachlichung“ ist die institutionelle „Veralltäglichung“ des Charisma. Unter „Veralltäglichung“ versteht Weber die Überführung von Macht und Status, die sich außeralltäglichen Ereignissen oder Fähigkeiten verdanken, „in ein Dauerbesitztum des Alltags.“[57] Dadurch werden Privilegien und Einfluss von Erfolg und Bewährung abgekoppelt. Diese „institutionelle Wendung des Charisma“[58] ist auch beim Nichtverbreitungsregime erkennbar. Bis 1995 handelte es sich um eine charismatische Ordnung, basierend auf dem nuklearen Tabu und dem Glauben an die Singularität von Nuklearwaffen. Dabei war das Datum 1. Januar 1967 als abstraktes Kriterium legitimen Nuklearwaffenbesitzes nur eine schwache Verschleierung einer an sich willkürlichen, konkrete Staaten begünstigende Klassifikation.[59] Die Bereitschaft der Nicht-Nuklearwaffenstaaten, diese Klassifikation zu akzeptieren und das nukleare Charisma der Nuklearwaffenstaaten anzuerkennen, stand aber von Anfang an unter einem Vorbehalt, der in Art. VI des NPT niedergelegt ist: der redlichen Absicht auf Seiten der Nuklearwaffenstaaten, wirksame Maßnahmen zur vollständigen nuklearen Abrüstung zu ergreifen. Die Einrichtung regelmäßiger Überprüfungskonferenzen – eines Novum in der Diplomatie – diente der Aufrechterhaltung dieser Balance von Achtung und Ächtung: Der Achtung des legitimen und der Ächtung des illegitimen

[56] Oliver Meier, Involving India and Pakistan: Nuclear Arms Control and Non-proliferation after the Nuclear Tests, Berlin Information-Center for Transatlantic Security, Research Report 99.2, Berlin 1999.

[57] Weber, a.a.O., S. 661.

[58] Weber, a.a.O., S. 674

[59] Der NPT definiert in Art. 9, Abs. 3 den Begriff „Kernwaffenstaat“. Demnach ist „im Sinne dieses Vertrages“ ein Kernwaffenstaat „jeder Staat, der vor dem 1. Januar 1967 eine Kernwaffe oder einen sonstigen Kernsprengkörper hergestellt oder gezündet hat.“ Gemeint waren natürlich die USA, die Sowjetunion, Großbritannien, Frankreich und China.

Nuklearwaffenbesitzes auf Seiten der Nicht-Nuklearwaffenstaaten; der Achtung des Einsatz-Tabu und der Arbeit an der zukünftigen Ächtung des eigenen Besitzes auf Seiten der Nuklearwaffenstaaten. Geradezu rituell wurde auf den Überprüfungskonferenzen der Bestand des nuklearen Tabu beschworen und zugleich der Vorbehalt gegenüber dem nuklearen Charisma erneuert.[60] Nur weil die Nicht-Nuklearwaffenstaaten periodisch die Möglichkeit hatten, den NPT für weitere fünf Jahre zu verlängern oder ihre Zustimmung zurückzuziehen, konnten sie die Ungleichheit des Vertrages nicht als Diskriminierung, sondern als vorübergehende Notwendigkeit nuklearpolitischer Ordnung ansehen. Gerade die Konditionalität und Vorläufigkeit des Regimes garantierte seine Legitimität und Stabilität.

Der Aspekt der Bewährung, der in der konditionalen Anerkennung des nuklearen Charisma lag, ging 1995 mit der unbefristeten Verlängerung des NPT verloren. So sehr im Prinzip die Verlängerung zu begrüßen war, so sehr sind gerade durch sie die Widersprüche der Weltnuklearordnung verschärft und die Erosion des Nichtverbreitungsregimes beschleunigt worden. Denn der Kern des Regimes besteht ja darin, dass einige Staaten auf Erwerb und Besitz von Nuklearwaffen solange verzichten, wie die anderen Staaten sich um nukleare Abrüstung bemühen; deshalb kommt die unbefristete Festschreibung des Nichtbesitzes der ersten Staaten ohne gleichzeitige Festlegung konkreter Abrüstungsschritte für die zweiten einer Entbindung von der Pflicht zur Abrüstung gleich.

Zwar hatten die Nuklearwaffenstaaten in einer Zusatzerklärung zur Verlängerungsvereinbarung unter anderem versprochen, bis spätestens 1996 einen umfassenden nuklearen Teststopvertrag (CTBT) zu unterzeichnen[61] und in einer zweiten die Stärkung des Überprüfungsprozesses zugesagt.[62] Doch haben die Ereignisse seither – angefangen bei den chinesischen Nukleartests gleich nach Konferenzende, über die Testserie Frankreichs 1995/96, bis hin zum Scheitern des CTBT im amerikanischen Kongress 1999 und der Senkung der nuklearen Einsatzschwelle in der russischen Militärdoktrin – gezeigt, dass es sich bei diesen Konzessionen vor allem um eines handelte: formale Zugeständnisse der Nuklearwaffenstaaten, um den Nuklearwaffenverzicht der Nicht-Nuklearwaffenstaaten und die eigene Abrüstungsverpflichtung zeitlich und sachlich zu entkoppeln und die – auf unmittelbare, immer erneuerte Zustimmung der Nicht-

[60] Dabei fällt auf, dass – jeweils abwechselnd – nur 1975 und 1985 eine gemeinsame Schlußerklärung verabschiedet werden konnte, während man sich 1980 und 1990 wegen Unstimmigkeiten über die Implementierung des Art. VI NPT ohne Einigung trennte. Auch diese „Choreographie" der gewährten und verweigerten Zustimmung ist Teil der konditionalen Anerkennung des nuklearen Charisma.

[61] Principles and Objectives for Nuclear Nonproliferation and Disarmament, UN Doc. NPT/CONF. 1995/32/DEC.2.

[62] Strengthening the Review Process for the Treaty, UN Doc. NPT/CONF.1995/32/DEC.1.

Nuklearwaffenstaaten basierende – charismatische Herrschaft zu versachlichen. Diese Herrschaft beruhte von nun an auf „gesatzter Ordnung", die das nichtdiskriminierende Tabu in eine diskriminierenden Norm verwandelte.[63]

Zunächst schien der Erfolg der Nuklearwaffenstaaten perfekt. Sie hatten ihre labile charismatische gegen eine legale Herrschaft eingetauscht, die sie vom Zwang der Bewährung befreite und obendrein dauerhafte Stabilität verhieß. Doch obwohl Weber den Prozess der Versachlichung als nahezu zwangsläufig beschreibt, ist dessen Erfolg nicht garantiert. Entscheidend ist, wie die neue Herrschaftsform mit den Widersprüchen der alten umgeht: sie entschärft oder verschärft. In der charismatischen Herrschaft bleiben Widersprüche solange latent, wie der Herrschaftsanspruch zeitlich unbestimmt ist, und die durch ihn begründete soziale Ordnung als vorübergehend angesehen wird. In der legalen Herrschaft, die auf Dauer angelegt ist, und deren Institutionen unbefristete Gültigkeit beanspruchen, werden diese Widersprüche manifest. So kommt es, dass die Klassifikation in Nuklearwaffenstaaten und Nicht-Nuklearwaffenstaaten zwar zur Basis des nuklearen Tabu und das nukleare Charisma zur Quelle seiner Legitimität werden konnte; dass aber die gleiche Klassifikation als Basis legaler Herrschaft nicht taugt und die Legitimität der nuklearen Rechtsstruktur untergräbt.

In diesem Prozess schwindet auch der Glaube an die Singularität von Nuklearwaffen – und sie erweist sich als Mythos. Denn für viele Staaten, insbesondere in der Dritten Welt, wird zunehmend deutlich, dass dieser Glaube nur als Vorwand diente, eine an sich ungerechte, weil asymmetrische Rechte und Pflichten festschreibende Herrschaftsordnung, zu stabilisieren. Nirgends wird das deutlicher als in der Reaktion Indiens auf die unbegrenzte Verlängerung des NPT und seine Entscheidung, Nuklearwaffen zu testen. Seit seiner Unabhängigkeit war Indien ein Befürworter nuklearer Abrüstung,[64] hielt sich aber gleichzeitig die Option auf eigenen Nuklearwaffen offen.[65] So befürwortete Jawaharlal Nehru zwar die Entwicklung einer militärischen nuklearen Infrastruktur, sprach sich jedoch gegen den Bau von Nuklearwaffen aus.[66] 1967 votierte Indien gegen den NPT und blieb wegen dessen „diskriminierenden" Charakters bis heute einer seiner schärften Kritiker. 1974, nach dem dritten indisch-pakistanischen Krieg und unter dem Eindruck der Siebenten US Flotte, die Henry Kissinger zur Ein-

[63] Das Tabu ist deswegen nicht-diskriminierend, weil es auf zeitlich begrenzter Zustimmung beruht. Der unbefristete NPT ist deswegen diskriminierend, weil er eine formale Ungleichheit festschreibt. Zwar können die Staaten auf den nächsten Überprüfungskonferenzen eine gemeinsame Schlußerklärung verhindern, doch steht ihnen nicht mehr die Drohung zu Gebote, den NPT notfalls nicht zu verlängern. Faktisch ist also der Überprüfungsprozeß nicht gestärkt, sondern geschwächt worden.

[64] J.P. Jain (Hrsg.), India and Disarmament: Nehru Era, Vol. I, 1974 New Delhi.

[65] Vgl. Ashok Kapur, India's Nuclear Option: Atomic Diplomacy and Decisionmaking, New York, N.Y. 1978.

[66] Vgl. den Indien-Beitrag von Hans-Joachim Bieber.

schüchterung Indiens in den Golf von Bengalen geschickt hatte, entschied sich Indien zu seinem ersten Nukleartest, den es als „friedliche Nuklearexplosion“ bezeichnete.[67] Trotzdem vermied es Indien in den nächsten vierundzwanzig Jahren, Nuklearwaffen zu testen und verfolgte stattdessen eine Politik der nuklearen Ambivalenz. Erst 1998, kurz nach der unbeschränkten Verlängerung des NPT und unter der Regierung der nationalistischen BJP entschied sich Indien zu offenen Nuklearwaffentests.

Erklärungen für diese Entscheidung können auf unterschiedlichen Ebenen ansetzen. Entscheidend ist jedoch nach T.V. Paul die „systemische“ Besorgnis Indiens, „nämlich dass das Nichtverbreitungsregime die fünf erklärten Nuklearwaffenstaaten privilegiere und ihre Vormachtstellung festschreibe, während Indien als Underdog der globalen Machthierarchie gehalten werde.“[68] Solange das Nichtverbreitungsregime im Wesentlichen ein nukleares Tabu war und als eine vorübergehende Notlösung angesehen werden konnte, blieb auch die indische Politik der nuklearen Ambivalenz ausreichend: sie konnte glaubwürdig das doppelte Ziel indischer Außenpolitik – Erreichung eines Großmachtstatus und globale nukleare Abrüstung – gleichzeitig verfolgen.[69] Doch die unbegrenzte Verlängerung vermittelte – nicht zu Unrecht – Indien den Eindruck, dass die Nuklearwaffenstaaten vor allem daran interessiert waren, ihr Nuklearmonopol festzuschreiben. Indien machte vor der UNO aus seiner Ablehnung der Verlängerung auch keinen Hehl; im Oktober 1995 erklärte es, die unbefristete Verlängerung „legitimiere für alle Zeiten“ die „Teilung der Welt in nukleare ‚Haves‘ und nukleare ‚Have Nots‘.“ Dies sei eine ernste Entwicklung, die alle zukünftigen Rüstungskontrollverhandlungen beeinflussen werde, weil es die Nuklearwaffenstaaten von allen Verpflichtungen auf eine nukleare Abrüstung im Rahmen eines „zeitbegrenzten Phasenprogramms“ entbinde.[70]

Aber noch etwas anderes verärgerte Indien. Die indische Diplomatin Arundhati Ghose fasste es folgendermaßen zusammen: „Es war nicht nur die unbegrenzte Verlängerung eines ungleichen Vertrages, was Indien Sorgen bereitete, sondern auch die Tatsache, dass kein wirkliches Gleichgewicht zwischen den Verpflichtungen der Nicht-Nuklearwaffenstaaten und denen der Nuklearwaffenstaaten hergestellt worden war. (…) Noch ernster war die internationale Reaktion auf die NPT-Verlängerung: Ärger auf Seiten vieler führender nichtpakt-

---

[67] Vgl. M.V. Ramana, The Indian Nuclear Bomb – Long in the Making, 1998 (http://www.geocities.com/CollegePark/5409/precis98.pdf)

[68] T.V Paul, The Systemic Bases of India's Challenge to the Global Nuclear Order, in: Nonproliferation Review 6: 1, 1998, S. 1-11, S. 2.

[69] Vgl. Gaurav Kampani, From Existential to Minimum Deterrence: Explaining India's Decision to Test, in: Nonproliferation Review 6: 1, 1998, S. 12-24.

[70] Dinshaw Mistry, Domestic-International Linkages: India and the Comprehensive Test Ban Treaty, in: Nonproliferation Review 6: 1, 1998, S. 25-38.

gebundener Länder und der offenbare Triumphalismus einiger Nuklearwaffenstaaten, die offenbar glaubten, dass die Konferenz ihre Machtposition für die vorhersehbare Zukunft gesichert hätte."[71] Auch nach Ansicht Jaswant Singhs, eines wichtigen Beraters von Premierminister Vajpayee hätte Indien weiterhin gut mit einer nuklearen Option und ohne Nuklearwaffen leben können; doch habe die unbefristete Verlängerung die Position der nuklearen Ambivalenz unmöglich gemacht. Sie habe den Nuklearwaffenbesitz legitimiert und ein für Indien unakzeptables System „nuklearer Apartheid" errichtet.[72] Folglich betonte auch Vajpayee in einer schriftlichen Erklärung an das Indische Parlament am 27. Mai 1998, dass „die Verantwortung für Indiens Nukleartest bei den Nuklearmächten (nuclear haves) liege, die sich über Jahrzehnte hartnäckig geweigert haben, über einen Vertrag zur Vernichtung ihrer nuklearen Waffenarsenale zu verhandeln." In der Tat geriet Indien nach der unbefristeten Verlängerung unter den fatalen Zugzwang „to use it or to lose it": die nukleare Option einzulösen oder sie aufzugeben.[73] Das erklärt, warum Indien zwar mehrfach – so unter anderem 1983 – nahe daran war, Nuklearwaffen zu testen, doch sich erst 1998 dazu durchrang.

Man kann nicht behaupten, dass die unbegrenzte Verlängerung des NPT direkt ursächlich für Indiens Nuklearwaffentests und allein für die Krise des Nichtverbreitungsvertrags verantwortlich ist. Aber sie verstärkte die Wahrnehmung, dass die internationale Nuklearordnung ungerecht und das Argument vorgeschoben sei, Nuklearwaffen seien singulär und nur den fünf Nuklearwaffenstaaten vorbehalten. Entscheidend ist dabei, dass die internationale Nuklearordnung in dem Maße instabil und – in den Kategorien Henry Kissingers[74] – „revolutionär" geworden ist, in dem die Nuklearwaffenstaaten versucht haben, Wandel auszuschließen und den nuklearen Status quo festzuschreiben. Denn dadurch ist der alte Legitimitätsgrund – das nukleare Charisma, das auf der Vorläufigkeit des nuklearen Tabu und dem Glauben an die Singularität von Nuklearwaffen beruhte – verschwunden, ohne dass ein neuer Legitimitätsgrund – der auf der Endgültigkeit einer gerechten Norm basiert – gefunden werden konnte.

---

[71] Arundhati Ghose, Negotiating the CTBT: India's Security Concerns and Nuclear Disarmament, in: Journal of International Affairs 51: 2, 1997, S. 239-261, S. 247.

[72] Jaswant Singh, Against Nuclear Apartheid, in: Foreign Affairs 77: 5, 1998, S. 41-52.

[73] Ramesh Thakur, South Asian Nuclear Tests: Accentuating the Positive, in: UNUnexions June 1998 (http://www.unu,edu/hp/ginfo/nex/jun98-e/nex-06-98-a.html), S. 4.

[74] Henry A. Kissinger, Das Gleichgewicht der Großmächte. Metternich, Castlereagh und die Neuordnung Europas 1812-1822, Zürich 1986 [1957].

Schlussbetrachtung

Wenn man die Singularität der Nuklearwaffen nicht an ihren objektiven physikalischen oder politischen Eigenschaften festmacht, sondern ihren subjektiven symbolischen und kulturellen Wert betrachtet und Singularität als eine „soziale Konstruktion" versteht, wird die normative Dynamik der Weltnuklearordnung sichtbar. Dann erschließt sich nämlich, dass der Glaube an die Singularität von Nuklearwaffen sich erst langsam politisch durchsetzte. Auf der Basis dieses Glaubens ist das nukleare Tabu entstanden, das einerseits der weiteren Verbreitung von Nuklearwaffen und dem militärischen Einsatz gewisse Schranken auferlegte, gleichzeitig aber eine ungleiche Herrschaftsordnung etablierte, die den Besitz und zumindest den politischen Einsatz von Nuklearwaffen nur fünf privilegierten Staaten erlaubte. Dieses Tabu ist in die Krise gekommen, weil immer weniger Staaten bereit sind anzuerkennen, dass Nuklearwaffen insofern singulär sind, als sie eine ungleiche und damit letztlich ungerechte Herrschaftsordnung rechtfertigen. Die unbegrenzte Verlängerung des NPT hat diesen Prozess der Entmythologisierung ebenso beschleunigt wie die präventive Kriegführung der USA gegen den Irak und die von einigen Nuklearwaffenstaaten vorgenommene Veränderung ihrer Nuklearstrategien, um die Einsatzmöglichkeiten von Atomwaffen zu vergrößern.[75]

Einen Weg zurück zum nuklearen Tabu wird es ebensowenig geben wie eine Zurückgewinnung des ungebrochenen Glaubens an die Singularität der Nuklearwaffen. Um das Nichtverbreitungssystem langfristig zu stabilisieren ist die Aussicht auf politischen Wandel entscheidend. Dazu hat US-Präsident Obama mit seiner Vision einer Nuklearwaffenfreien Welt einen wichtigen Beitrag geleistet, auch wenn die Implementation langwierig und schwierig sein wird. Entscheidend ist aber zunächst die Zurückgewinnung des Vertrauens und die Selbstverpflichtung, an einer gerechten Weltordnung zu arbeiten.

[75] Harald Müller, Betwen Power and Justice: Current Problems and Perspectives for the NPT Regime, in: Strategic Analysis 34: 2, 2010, S. 189-201.

Kurzbiographien

Dr. Leopold Barleon studierte Allgemeinen Maschinenbau, 1970 Promotion in Nuclear Engineering bei Prof. K. Wirtz, Veröffentlichungen und Vorträge auf dem Gebiet Neutronenphysik, Reaktortechnik, Sicherheit Schneller Brutreaktoren und zur Wiederaufarbeitung von Kernbrennstoffen. Seit 1985 Arbeiten und Veröffentlichungen auf dem Gebiet Magnetohydrodynamik in flüssigen Metallen. Mitglied des Wissenschaftlich-Technischen Rates und des Aufsichtsrates des Kernforschungszentrums Karlsruhe.

Prof. Dr. Hans-Joachim Bieber ist Historiker und lehrte bis 2005 an der Universität Kassel. Hauptarbeitsgebiete: deutsche Sozialgeschichte des 19. und 20. Jahrhunderts, Geschichte der Globalisierung, der Kernenergienutzung und internationaler Kulturbeziehungen.

Dr. Eric Chauvistré studierte Politologie und Internationale Beziehungen in Berlin und Canberra. Er wurde mit einer Arbeit zum Verhältnis von nuklearer Proliferation und militärischen Interventionen promoviert. Chauvistré arbeitete an verschiedenen Forschungsinstituten, als Lehrbeauftragter an der FU Berlin und als Redakteur beim ZDF, bei Reuters und bei der TAZ.

Dr. Constanze Eisenbart ist Historikerin und seit 1958 wissenschaftliche Mitarbeiterin an der Forschungsstätte der Evangelischen Studiengemeinschaft in Heidelberg (1994 emeritiert). Sie hat die nachgelassenen Vorlesungen und Schriften von Georg Picht herausgegeben. Seit 1978 ist sie Herausgeberin und Koautorin von Publikationen zur Nichtverbreitung von Kernwaffen.

Prof. Dr. Christopher Daase ist Politikwissenschaftler. Er ist Professor für Internationale Organisationen im Rahmen des Exzellenzclusters „Normative Ordnungen" an der Universität Frankfurt und Leiter des Programmbereichs „Völkerrecht und Internationale Organisationen" am Leibniz-Institut Hessische Stiftung Friedens- und Konfliktforschung.

Wilhelm Gmelin ist Diplom Ingenieur und studierte Luft- und Raumfahrttechnik. Nach Beendigung seiner Aufgaben in der IAEO und als langjähriger Direktor der EURATOM Sicherheitskontrolle arbeitet er als Consultant in den Bereichen Energiepolitik, Abrüstung und Verifikation sowie im Flugzeugbau.

Prof. Dr. Erwin Häckel lehrt Politikwissenschaft an der Universität Konstanz. Mehrjährige Forschungstätigkeit zu Fragen der internationalen Sicherheit am Internationalen Institut für Strategische Studien (London), an der Harvard University (Cambridge/USA) und am Europäischen Hochschulinstitut (Florenz). Bei der Deutschen Gesellschaft für Auswärtige Politik leitet er die Arbeitsgruppe „Nichtverbreitung von Massenvernichtungswaffen und sensitiven Technologien".

Prof. Dr. Martin Kalinowski ist Kernphysiker und Direktor des Carl Friedrich von Weizsäcker-Zentrums der Universität Hamburg. Sein Hauptinteresse gilt der Weiterentwicklung von Methoden zur Entdeckung heimlicher Aktivitäten zum Bau und Testen von Kernwaffen.

Prof. Dr. Egbert Kankeleit ist Emeritus am Institut für Kernphysik und an der interdisziplinären Arbeitsgruppe Naturwissenschaft, Technik und Sicherheit (IANUS) der Technischen Hochschule Darmstadt. Als Kernphysiker arbeitete er bei TUM, CALTECH, CERN, GSI und am Mars-Experiment der NASA. Sein Interesse gilt außerdem physikalisch-technischen Fragen der Friedenspolitik.

Prof. Dr. Thilo Marauhn studierte Rechtswissenschaft und internationale Beziehungen an den Universitäten Mannheim, Wales (Aberystwyth), Bonn und Heidelberg. 1986 Diploma in International Law and Relations, University College of Wales in Aberystwyth (Großbritannien). Promotion 1994 in Heidelberg. 1995 Master of Philosophy an der University of Wales. Wissenschaftlicher Referent am Max-Planck-Institut für ausländisches öffentliches Recht und Völkerrecht in Heidelberg. Seit 1995 Lehrbeauftragter an der Johann Wolfgang Goethe-Universität in Frankfurt a.M., dort im SS 2000 Habilitation. 2001 Professor of Law an der University of Strathclyde in Glasgow. 2001 Berufung auf die Professur für Öffentliches Recht IV an der Justus-Liebig-Universität Gießen. Forschungsschwerpunkte: Öffentliches Recht, Europarecht, Völkerrecht. (ev. noch Änderungen)

Dr. Christoph Pistner studierte Physik an der Technischen Universität Darmstadt. Er promovierte mit einer Arbeit zu Eliminierungsoptionen für Plutonium aus Abrüstung und ziviler Wiederaufarbeitung. Seit 2005 ist er am Öko-Institut e. V. im Bereich Nukleartechnik und Anlagensicherheit beschäftigt. Er ist Vorstandsmitglied im FONAS und Mitglied im Ausschuss Anlagen- und Systemtechnik der Reaktor-Sicherheitskommission.

Dr. Ulrich Ratsch studierte Physik in Marburg, Göttingen und Karlsruhe. Er promovierte 1973 mit einer Arbeit aus der Festkörperphysik am Institut für Angewandte Physik in Karlsruhe. Seit 1976 ist er Mitglied des wissenschaftlichen Kollegiums der FEST. Schwerpunkte seiner Arbeit im Bereich der Friedensforschung liegen auf den Gebieten Energiepolitik, Ökologie und Entwicklungspolitik.

GPSR Compliance

The European Union's (EU) General Product Safety Regulation (GPSR) is a set of rules that requires consumer products to be safe and our obligations to ensure this.

If you have any concerns about our products, you can contact us on ProductSafety@springernature.com

In case Publisher is established outside the EU, the EU authorized representative is:

Springer Nature Customer Service Center GmbH
Europaplatz 3
69115 Heidelberg, Germany

Batch number: 10809466

Printed by Printforce, the Netherlands